Disseny
de màquines V
Metodologia

Carles Riba Romeva

Temes d'Enginyeria Mecànica 19

Disseny de màquines V Metodologia

Carles Riba Romeva

Responsable de la col.lecció: Carles Riba Romeva

Primera edició: març del 2002
Reimpressió: agost de 2009

Aquest llibre s'ha publicat amb la col·laboració
del Comissionat per a Universitats i Recerca
i del Departament de Cultura de la Generalitat de Catalunya.

En col·laboració amb el Servei de Llengües i Terminologia de la UPC

Producció: LIGHTNING SOURCE

Dipòsit legal: B-13156-2002
ISBN (obra completa):   84-8301-190-5
ISBN: 978-84-8301-599-5

Presentació

Una de les activitats més apassionants, i sovint més complexes, en l'àmbit de l'enginyeria és el procés de creació i desenvolupament d'un producte o una màquina a partir d'unes funcions i d'unes prestacions prèviament establertes.

Constitueix una matèria pluridisciplinària que inclou, entre d'altres, la teoria de màquines i mecanismes, el càlcul i la simulació, les solucions constructives, els accionaments i el seu control, l'aplicació de materials, les tecnologies de fabricació, les tècniques de representació, l'ergonomia, la seguretat, i la reciclabilitat, que s'integren en la forma d'un projecte.

Aquest text forma part d'un conjunt de cinc treballs que tracten el *disseny de màquines* des de diferents punts de vista complementaris, cada un dels quals presenta un tractament autònom que fa que pugui ser llegit o consultat amb independència dels altres. Aquests temes són:

1. *Mecanismes*
2. *Estructura constructiva*
3. *Accionaments*
4. *Selecció de materials*
5. *Metodologia*

L'objecte d'aquests treballs és proporcionar ajudes conceptuals i metodològiques per aquelles persones amb nivell de formació universitària que, en algun moment de la seva activitat professional, han d'emprendre el disseny o la fabricació d'un producte o una màquina. El present text, el darrer dels treballs esmentats, està dedicat a la metodologia de disseny, un dels aspectes més determinants en el desenvolupament de nous productes i màquines.

En els últims anys, s'ha anat obrint una nova perspectiva de l'enginyeria en què el disseny ha anat acumulant responsabilitats. Una correcta definició i concepció global d'un producte o una màquina que tingui en compte, tant els requeriments del seu cicle de vida, com la gamma fabricada per l'empresa o sector, sol ser la millor garantia del seu bon funcionament i encert comercial.

Aquesta nova perspectiva pren el nom d'*enginyeria concurrent* i se suporta en nous mètodes (disseny per a la fabricació i el muntatge, DFMA; per a la qualitat, DFQ; per a l'entorn, DFE), noves eines basades en les tecnologies de la informació i la comunicació (eines assistides per ordinador: disseny CAD, enginyeria CAE; fabricació CAM; eines integradores: PDM, xarxes locals, internet) i noves formes organitzatives (equips pluridisciplinaris, cap de projecte, organització matricial, o per línies de projecte), moltes de les quals són objecte d'atenció en el text. Cal no oblidar, però, que la concepció de productes i serveis continua essent essencialment una tasca humana i punt de trobada entre la tècnica, la ciència i les humanitats.

Aquest treball té l'origen en l'encàrrec de Rafael Ferré Masip, professor de la UPC i director del CentreCIM, de preparar una conferència sobre enginyeria concurrent per a una jornada amb empreses que va tenir lloc l'any 1993. Posteriorment es va transformar en un mòdul del màster CIME del CentreCIM i en un curs contractat per l'empresa Martí Lloveras S.A. de Terrassa per, més endavant, entrar a formar part del màster EMEI impulsat pel Centre de Disseny d'Equips Industrials (CDEI-UPC) que actualment dirigeixo.

El text que teniu a les mans és, doncs, una revisió i ampliació de materials anteriors enriquits amb els nombrosos punts de vista, exemples i casos sorgits dels treballs de col·laboració amb empreses, especialment aquelles en què hi ha hagut una relació més intensa amb els responsables d'enginyeria (Girbau S.A., especialment amb Ramon Sans i Antoni Girbau; projecte SRIC, finançat pel CDTI; Ferrocarrils de la Generalitat de Catalunya S.A., amb Enric Domínguez; Ros Roca S.A., amb Ezequiel Rufes i Domènec Casellas; Ibersélex S.A., amb Sergi Pons; Airtecnics S.L, amb Jordi Oltra; Ecotècnica, amb Pere Viladomiu; i Serra Soldadura S.A., amb Joaquim Suazo). Aquests treballs no haurien estat possibles sense les aportacions dels membres i col·laboradors del CDEI-UPC.

També s'ha beneficiat de les recerques de doctorat que he dirigit (Francesc Ferrando Piera, professor de la Universitat Rovira i Virgili (URV); Quim de Ciurana Gay, professor de la Universitat de Girona (UdG); Joan Cabarrocas Bualous, també professor de la UdG, desgraciadament traspassat el 2000; i Heriberto Maury Ramírez, professor de la Universidad del Norte, Colòmbia) o d'aquelles investigacions actualment en curs o a punt d'iniciar-se (Pere Caballol Escuer, anterior col·laborador; Roberto Pérez Rodríguez, professor de la Universidad de Holguin, Cuba; Felip Fenollosa Artés, professor de la UPC i membre del CentreCIM; i Judit Coll Raich, gestora del CDEI-UPC).

Altres aportacions significatives es deriven dels contactes i intercanvis mantinguts amb professors de la UPC (Josep Fenollosa, Joan Vivancos, Joaquim Lloveras, Xavier Tort-Martorell), de la UdG (Quim de Ciurana) i de la Universitat Jaume I (UJI) de Castelló (Fernando Romero, Pedro Company) especialment per articular un doctorat interuniversitari a l'entorn de l'enginyeria de producte i de procés.

De forma molt especial agraeixo a Judit Coll Raich i a Roberto Pérez Rodríguez que hagin llegit l'original i m'hagin fet interessants observacions, l'ajuda d'Ivan Podadera en la darrera fase de la preparació del text, i la paciència de les persones del meu entorn familiar.

Només em resta desitjar que el contingut del llibre sigui d'interès per als lectors.

ÍNDEX

Presentació

Bibliografia

15 L'emmarcament del disseny

15.1 Nova dimensió del disseny

Introducció

En les darreres dècades del segle XX (i, en un procés que encara avui dia continua), la forma de concebre i produir els béns i serveis ha experimentat una gran transformació, influïda sens dubte pel desenvolupament de les tecnologies de la informació i de la comunicació (TIC), però que va molt més enllà i abasta noves concepcions, noves eines, noves metodologies i noves formes organitzatives.

Un dels aspectes més rellevants d'aquesta nova situació és la importància que van adquirint les etapes de *disseny* i *desenvolupament* de nous productes i serveis (i, molt especialment, l'*especificació* i el *disseny conceptual*) en el context de les activitats de les empreses, i el fet que en aquestes etapes s'hi incorporin els requeriments i condicionants dels diferents contextos on conviuran aquests productes i serveis, com ara l'entorn productiu (fabricació, muntatge, qualitat, transport), l'entorn d'utilització (funcions, prestacions, fiabilitat, manteniment), o l'entorn social (ergonomia, seguretat, impactes ambientals i fi de vida).

En les dècades dels anys 1970 i 1980, els progressos de la informàtica es va orientar vers l'abaratiment de costos i la millora de la qualitat a través del desenvolupament de l'automatització flexible (control numèric, robots industrials, centres de mecanització, cèl·lules de fabricació flexible). Però, tot i els resultats espectaculars, aviat es va percebre que la principal dificultat per obtenir millores provenia del fet que molts dels productes i serveis havien estat concebuts per a processos manufacturers tradicionals, on la intervenció de l'home amb la seva enorme capacitat d'adaptació resolia les incidències que es produïen.

Aquest fet va reorientar l'atenció dels responsables empresarials i dels investigadors vers la importància de les tasques de disseny no tan sols per assegurar les funcions i prestacions dels productes i serveis, sinó per facilitar aquells aspectes relacionats amb la seva producció o execució.

L'exploració d'aquest canvi de perspectiva (disseny per a la fabricació i muntatge, en la producció de béns; disseny per a una fàcil execució, en la prestació de serveis) va mostrar immediatament les seves enormes potencialitats de millora. Sorprenia constatar que, amb aquesta nova perspectiva (disseny per a la funció, però també disseny per a la producció), es trencaven els clàssics compromisos entre alternatives (si es vol més qualitat, cal dedicar més recursos) i, simultàniament, s'aconseguien millores significatives en les funcions i prestacions del producte i en els processos per a la seva fabricació.

Exemple 15.1
Incidència de l'atomatització i del disseny en els costos de muntatge

Encara que esquemàtica, les Figures 15.1 [Boo, 1986] i 15.3 mostren les diferents repercussions que la doble perspectiva de l'automatització i de la millora del disseny (en aquests exemples, disseny per al muntatge) tenen en els costos.

D'entrada s'observa que el muntatge manual de la darrera solució del conjunt (D, Figura 15.1) té un cost més baix que l'automatització rígida amb mitjans específics de la solució inicial (A, Figura 15.1). Això mostra la capacitat d'estalvi a què pot donar lloc un redisseny ben orientat. I, a més, això s'aconsegueix amb una inversió molt més baixa en utillatge per a muntatge (procés de redisseny, enlloc d'inversió en un equip d'automatització específic) i amb una flexibilitat molt més gran (muntatge unitat a unitat, si cal, enlloc de la necessitat de grans sèries per rendibilitzar la inversió). Aquest exemple també fa veure la complexitat de les interrelacions que es donen entre diferents aspectes de la fabricació del producte i que cal ponderar convenientment:

a) Les peces de la solució inicial A són més senzilles (la fabricació és menys cara), però el seu nombre és més elevat; cal avaluar quin d'aquests dos aspectes pesa més en els costos, tot i que, en principi, sembla ser l'eliminació de peces.

b) L'element base de la solució D requereix mitjans de producció més sofisticats que, probablement, tan sols són rendibles amb sèries mitjanes o elevades.

c) La menor complexitat de la solució D redunda en una més gran precisió del conjunt i en la fiabilitat del component.

d) Si fos necessari muntar grans sèries, la inversió per automatitzar el muntatge de la solució D seria molt més baixa que la de la solució A, ja que presenta una sola direcció de muntatge (enlloc de tres de la primera solució).

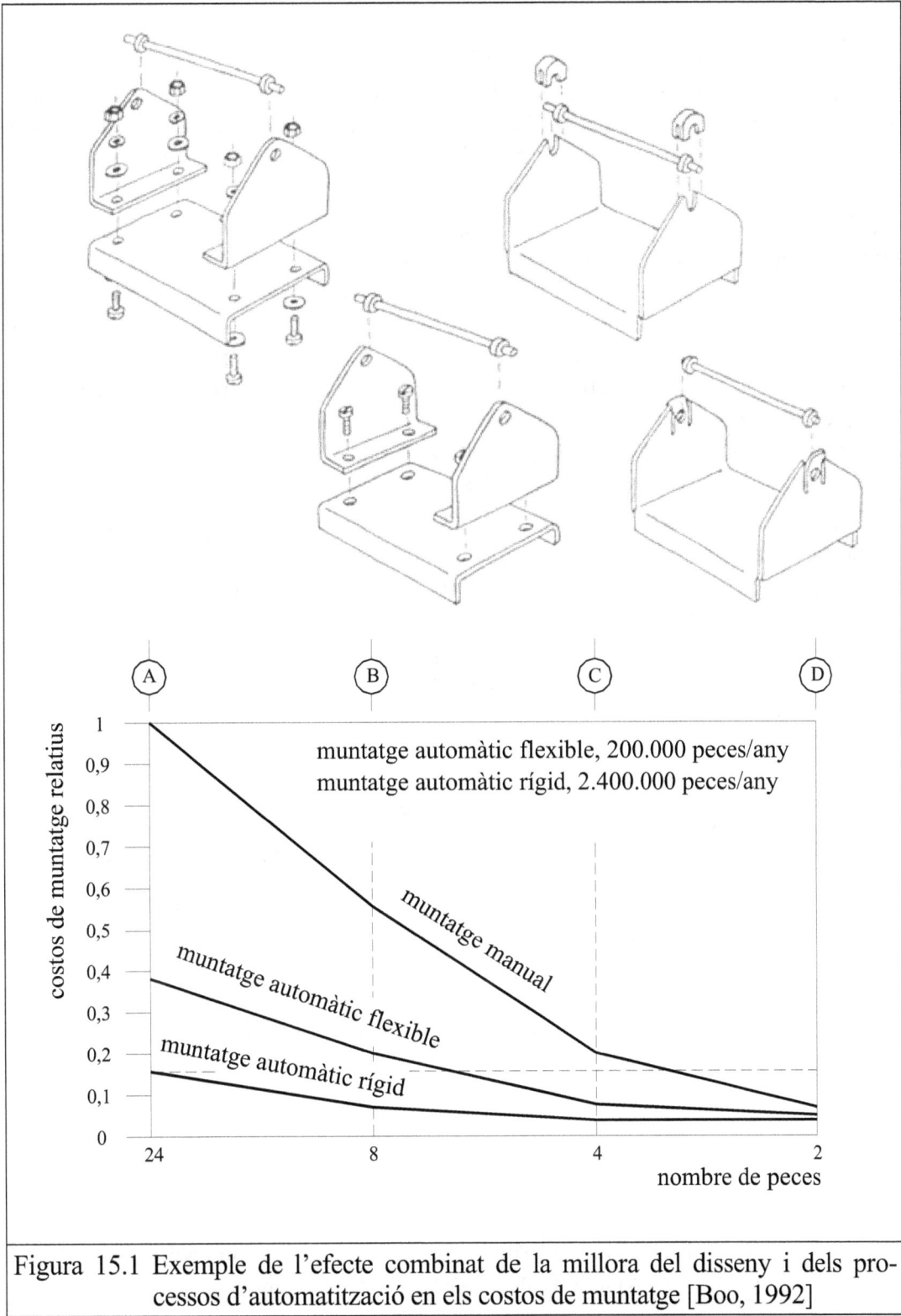

Figura 15.1 Exemple de l'efecte combinat de la millora del disseny i dels processos d'automatització en els costos de muntatge [Boo, 1992]

Exemple 15.2
Muntatge, flexibilitat i costos en la fabricació d'automòbils de joguina

En aquest segon exemple s'analitzen les interrelacions entre el muntatge, la flexibilitat i els costos en la fabricació d'una gamma d'automòbils de joguina que poden adoptar diferents carrosseries i, també, diferents nombres d'eixos i distàncies entre eixos (Figura 15.2).

En la Figura 15.3 es presenten tres tipus de muntatge. En la solució A es preveu una peça de xapa que fa de terra, unida a la carrosseria per quatre cargols, on s'insereten els eixos i després es calen les rodes a pressió sobre els eixos. En les solucions B i C, els eixos i les rodes han estat muntats prèviament per formar uns conjunts. En al solució B, els conjunts eix-rodes es col·loquen en unes entalles de la carrosseria i després una planxa fixada per dos cargols n'impedeix la sortida, mentre que en la solució C, els conjunts eix-rodes es fixen directament a la carrosseria per mitjà d'ecliquetatges (unions per forma en què les peces entren al seu lloc per deformació elàstica d'una d'elles o de les dues).

Més enllà de la simplicitat creixent i dels costos decreixents de les solucions B i C respecte de la A, cal dir que la solució C també és millor des del punt de vista de la formació de gammes de producte (vehicles de 2 eixos, de tres eixos, de diferents batalles i, si cal, de diferents amplades) i millora les possibilitats d'automatització flexible (evita la planxa del fons, diferent per a cada model de la gamma, elimina els cargols, i té una sola direcció de muntatge).

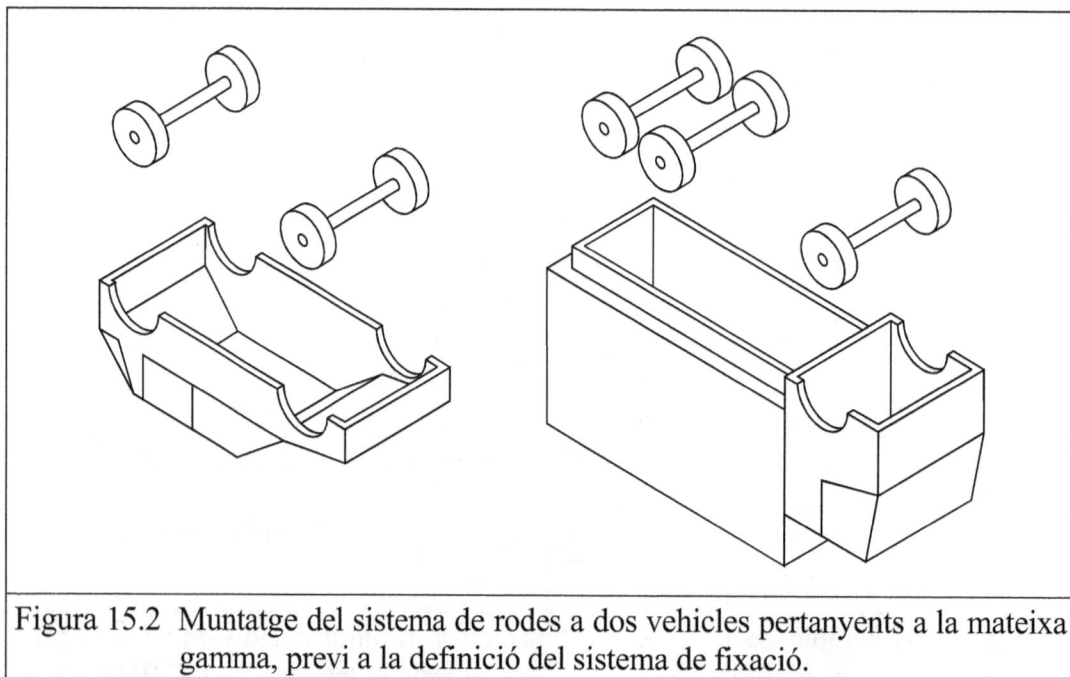

Figura 15.2 Muntatge del sistema de rodes a dos vehicles pertanyents a la mateixa gamma, previ a la definició del sistema de fixació.

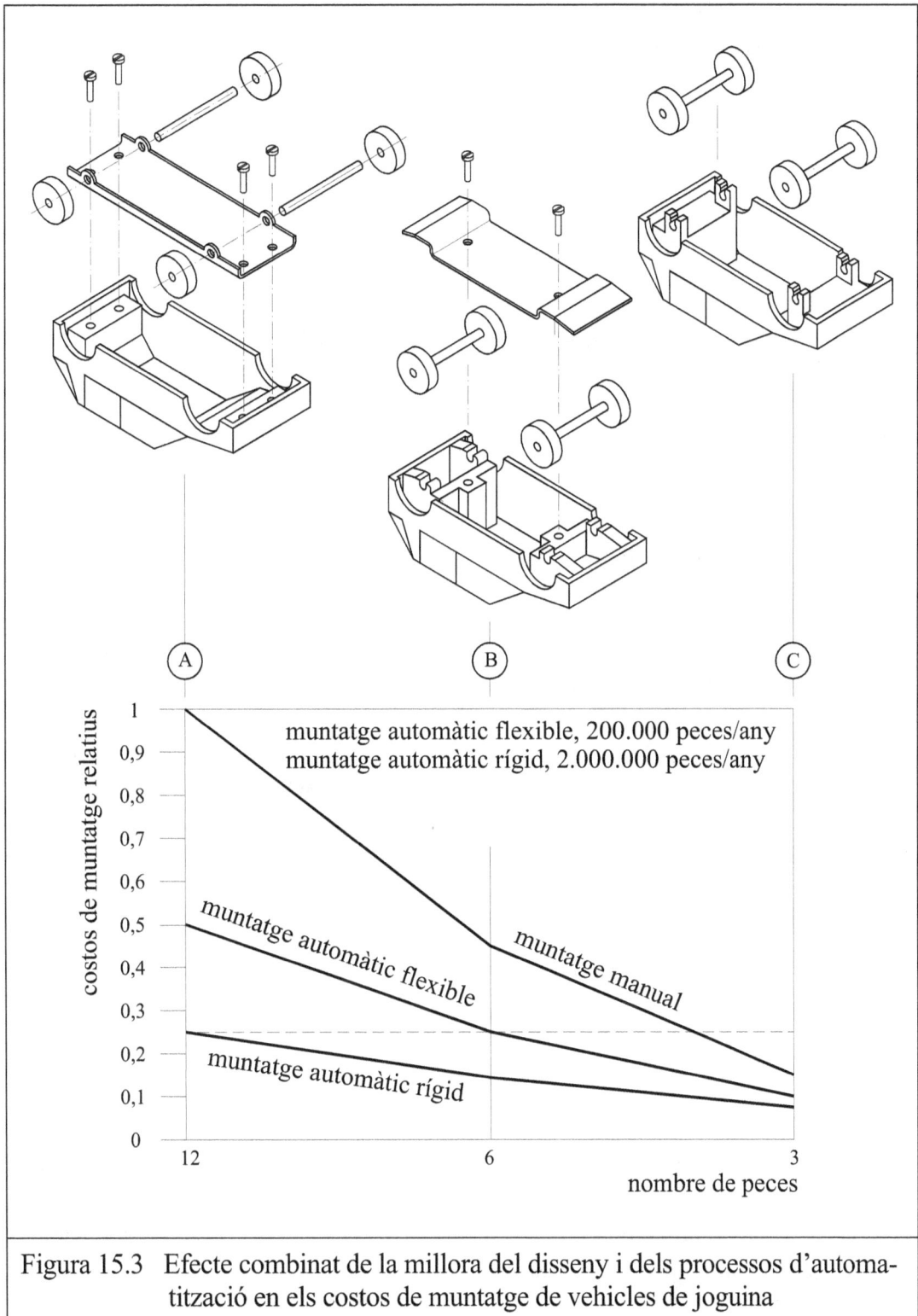

Figura 15.3   Efecte combinat de la millora del disseny i dels processos d'automa-
titizació en els costos de muntatge de vehicles de joguina

15.2 Enginyeria concurrent

Integració de perspectives

La nova perspectiva del disseny que pren en consideració de forma simultània els requeriments funcionals i els de fabricació es denomina *disseny per a la fabricació i el muntatge* (DFMA de l'anglès *design for manufacturing and assembly*) i, gràcies als bons resultats que ha obtingut, aquests mateixos principis s'han anat aplicant progressivament a altres aspectes dels productes i dels serveis com ara, assegurar que donguin resposta a les necessitats dels usuaris, que facilitin el manteniment o que minimitzin els impactes ambientals. Aquests principis, juntament amb noves formes organitzatives i noves eines integradores, han anat confluint en un nou concepte que pren el nom d'*enginyeria concurrent*.

Definició d'enginyeria concurrent

Nova forma de concebre l'enginyeria de disseny i desenvolupament de productes i serveis de forma global i integrada on hi concorren les següents perspectives:

1. Des del punt de vista del producte, es prenen en consideració tant la gamma que fabrica i ofereix l'empresa com els requeriments de les diferents etapes del cicle de vida i els costos o recursos associats

2. Des del punt de vista dels recursos humans, hi col·laboren professionals que actuen de forma col·lectiva en tasques d'assessorament i de decisió (amb presència de les veus significatives) o de forma individual en tasques d'impulsió i gestió (cap de projecte), ja pertanyin a l'empresa o siguin exteriors (altres empreses, universitats o centres tecnològics que col·laboren)

3. I, des del punt de vista dels recursos materials, hi concorren noves eines basades en tecnologies de la informació i la comunicació sobre una base de dades i de coneixements cada vegada més integrada (modelització 3D, eines de simulació i càlcul, comunicació interior, internet).

Per designar aquesta nou concepte, a més del terme d'*enginyeria concurrent*, en la literatura especialitzada apareixen altres denominacions com ara la d'*enginyeria simultània*, el *disseny total* o el *disseny integrat* (vegeu referències bibliogràfiques).

Tanmateix, ens inclinem per la primera denominació ja que, a més de gaudir d'una bona acceptació, incideix en el fet de la concurrència de punts de vista, de metodologies, d'actors humans i d'eines de suport.

Tot i que molts d'ells seran tractats amb més extensió al llarg del text, a continuació es descriuen breument determinats conceptes relacionats amb l'enginyeria concurrent que posen l'èmfasi en alguna de les seves perspectives.

Enginyeria simultània
Forma d'enginyeria concurrent que sol aplicar-se en projectes de gran complexitat (el disseny d'un automòbil, per exemple) on es prima com a factor clau de competitivitat la disminució del temps de disseny i desenvolupament (*time to market*; o *lead time*). A tal fi, es defineix inicialment una estructura modular del producte i es divideix la tasca en subprojectes de menys complexitat que poden desenvolupar-se en paral·lel. Aquesta metodologia facilita la subcontractació no tan sols de la fabricació de components i subsistemes, sinó també del seu disseny i desenvolupament.

Disseny per a la qualitat
Perspectiva de l'enginyeria concurrent que, més enllà de buscar la conformitat d'un producte o servei amb les especificacions previstes, incideix en el mateix disseny per a fer-lo més apte per a la qualitat (eliminació o simplificació de controls, disseny robust). El concepte més recent de qualitat fa referència tant al grau de satisfacció que el producte o servei proporciona a les expectatives del client o usuari com a la rendabilització general dels recursos i a l'eliminació de les pèrdues.

Disseny per a l'entorn. Factor humà
Perspectiva de l'enginyeria concurrent que pren en consideració en el disseny les creixents limitacions que comporten l'escassetat d'energia i recursos naturals, els impactes al medi ambient i els requeriments que s'engloben sota el concepte del factor humà (ergonomia, seguretat, intel·ligibilitat), aspectes tots ells que cada cop estan més sotmesos a normatives i a legislacions.

Disseny en el context de la gamma de producte
Perspectiva de l'enginyeria concurrent que inscriu el disseny i desenvolupament del producte o servei en el context de l'oferta de l'empresa o del sector. Cal tenir present la tendència a desplaçar l'oferta de productes cap a una oferta més global de serveis, la prestació de la qual requereix sovint de nous i més sofisticats productes. Això impulsa moltes empreses a associar-se o a formar grups per completar i millorar la seva gamma i coordinar la concepció i desenvolupament dels seus productes.

Equips pluridisciplinaris de decisió i assessorament
Des de la perspectiva dels recursos humans i, atesa la complexitat de les noves formes de disseny, l'enginyeria concurrent ha fomentat la formació d'equips pluridisciplinaris amb les veus més significatives (direcció, màrqueting, finances, disseny, fabricació, qualitat, comercial, postvenda, usuaris) per a l'assessorament, debat i presa de decisions en els principals aspectes dels projectes d'innovació.

Cap de projecte i organització matricial

També des de la perspectiva dels recursos humans i, atesa la necessitat d'una visió global i amb continuïtat del producte o servei, se sol designar un cap de projecte que es responsabilitzi de la impulsió i gestió de tot el procés de disseny i desenvolupament d'un producte. Alhora, aquesta persona utilitza de forma transversal recursos de diferents departaments de l'empresa (màrqueting, R+D, producció, prototipus i assaigs, comercial, postvenda) en una organització d'estructura matricial (els projectes impulsen el què fer, i els departaments ordenen el com fer).

Èmfasi en la definició del producte i en el disseny conceptual

En relació al procés de disseny, la integració de les perspectives anteriorment esmentades obliga a centrar l'atenció i els esforços en les etapes de definició i disseny conceptual dels productes i serveis, i a elaborar en profunditat un principi de solució abans de passar a les etapes posteriors (disseny de materialització i disseny de detall). És bo, però, d'avançar-se en alguna d'aquestes etapes més concretes si les conclusions són determinants per a l'avaluació d'una alternativa conceptual.

Estructura modular i subprojectes

Els productes o serveis complexos se solen subdividir en parts més simples (o mòduls) en el marc d'una estructura modular. Les tasques de disseny, desenvolupament i fabricació dels mòduls poden organitzar-se en subprojectes que són duts a terme per diversos equips (propis, subcontractats, o subministradors). L'establiment de l'estructura modular requereix criteris i mètodes per repartir les funcions i establir les connexions (o interfícies) entre els mòduls, així com tècniques per a transmetre correctament la informació entre els diferents equips de disseny.

Eines basades en la informàtica i les comunicacions

Des de la perspectiva de les eines, el disseny i desenvolupament han incorporat nombroses eines assistides per ordinador (CAx, *computer aided x*: CAD, CAE, CAM) que han reforçat les activitats de prototipatge virtual i simulació, amb el conseqüent estalvi de temps i de proves amb prototipus físics. També s'obren noves possibilitats per a l'enginyeria concurrent gràcies a l'establiment de bases de dades sobre els productes cada cop més integrades (modelització 3D aptes per a simulacions i càlculs, ús de dades de disseny per a simulació i programació d'operacions de fabricació, o per activitats comercials o de postvenda) i de les noves facilitats d'informació i comunicació (xarxes locals, internet, altres tècniques CIM).

Prototipatge i utillatge ràpids

També, des de la perspectiva de les eines, darrerament s'han desenvolupat nombroses tècniques per facilitar la realització de prototipus en un temps més breu (i, generalment, també a un cost més reduït). Aquest fet invita a una utilització més decidida de les activitats d'avaluació i validació per mitjà d'assaigs amb prototipus físics com a darrera comprovació, fet que es tradueixen en assegurar la qualitat dels productes i serveis. En aquest sentit és de destacar el recent desplegament de tècniques de realització de prototipus i d'utillatges ràpids per a peces i components de materials plàstics i també metàl·lics.

Les Seccions 15.3 i 15.4 tracten dels dos principals conceptes sobre els que es construeix l'enginyeria concurrent: El concepte diacrònic del *cicle de vida* i el concepte fonamentalment sincrònic de la *gamma* de producte.

Principals orientacions de l'enginyeria concurrent

Tot i que les diferents perspectives i metodologies de l'enginyeria concurrent tenen per objecte concebre els productes i serveis d'una forma global en benefici dels usuaris, el cert és que repercuteixen d'una manera diferent sobre els interessos de les empreses i de les col·lectivitats.

En efecte, hi ha metodologies i punts de vista que beneficien a tothom, com és fabricar amb més qualitat i a menys preu, o obtenir millors prestacions al mateix cost, ja que tots els aspectes considerats milloren al mateix temps i augmenta la relació entre prestacions i preu.

Però, també hi ha altres metodologies i punts de vista que, tot i col·laborar decididament en una concepció global dels productes i serveis, són el resultat de compromisos entre requeriments contradictoris, molts d'ells condicionats per l'entorn i, per tant, les empreses es resisteixen a incorporar-los i més quan poden donar lloc a pèrdues de competitivitat.

Les dues orientacions descrites anteriorment poden ser denominades per:

A) *Enginyeria concurrent orientada al producte* (fabricació, costos, inversió, qualitat, comercialització, aparença)

B) *Enginyeria Concurrent orientada a l'entorn* (ergonomia, seguretat, medi ambient, fi de vida)

Enginyeria concurrent orientada al producte

Aquesta primera orientació de l'*enginyeria concurrent* fa referència a la integració de tots aquells aspectes que poden tenir una incidència positiva en el producte i, especialment, les seves funcions i la relació entre prestacions i cost.

Hi incideix de forma molt directa el:

- *Disseny per a la funció*
- *Disseny per a la fabricació*

Però també hi incideixen altres perspectives relacionades amb les finances, la producció i la comercialització com poden ser:

- *Disseny per a la qualitat*
- *Política comercial i màrqueting*
- *Política de compres i de subcontractació*

Els trets principals de l'*Enginyeria concurrent orientada al producte* són:

a) En primer lloc, ha d'assegurar que el producte o servei respongui a les necessitats manifestades pels usuaris; per tant, és fonamental la intervenció del *departament de màrqueting* en la seva definició.

b) En segon lloc, ha de prendre en consideració des de l'inici els processos de fabricació i l'equipament i la inversió necessaris; per tant, és fonamental la intervenció del *departament d'enginyeria de fabricació* des de l'inici del projecte.

c) I, en tercer lloc, cal assegurar la qualitat del producte i la rendibilitat dels recursos per fabricar-lo i comercialitzar-lo; per tant, cal preveure la intervenció del *departament de qualitat* en la definició i desenvolupament del projecte.

Enginyeria concurrent orientada a l'entorn

La saviesa popular sap que, abans de l'acord, el venedor està disposat a negociar aspectes del producte o servei que ofereix però que, un cop venut, les incidències que se'n derivin les assumeix el comprador. En correspondència, també hi ha la percepció que les empreses (que tenen per objectiu obtenir beneficis) eviten dedicar recursos a temes sobre els quals després no els caldrà responsabilitzar-se.

L'*enginyeria concurrent orientada a l'entorn* tracta precisament d'aquells aspectes relacionats amb l'entorn del producte que, malgrat que amb un disseny concurrent adequat podrien millorar-se, no es donen els incentius suficients per implantar-los ja que els seus efectes incideixen fora de l'empresa i normalment són suportats pels usuaris i, indirectament, per la societat (consums elevats, contaminacions, fallades, faltes de seguretat, problemàtica de la fi de vida).

És evident que aquest és un esquema simplista ja que els bons fabricants no abandonen els sues clients (garanties, serveis postvenda, manteniment), però també és cert que hi ha temes que continuen essent massa absents (manques de seguretat, consums excessius, emissions contaminants, impactes de l'eliminació)

Exemple 15.3
Catalitzador en el sistema d'escapament dels automòbils
Sense catalitzador en el sistema d'escapament dels gasos del motor dels automòbils, la contaminació de l'aire de les nostres ciutats i del nostre entorn va esdevenint cada vegada més nociu per al medi ambient.

Però, quin interès pot mostrar un constructor d'automòbils per incorporar aquest dispositiu si comporta inconvenients per al fabricant i per a l'usuari:

- Un cost no desdenyable incorporat al preu de venda
- Una lleugera disminució de la potència
- L'obligació de canviar-lo després d'un cert ús, també amb un cost elevat.

Són uns costos suplementaris i uns desavantatges competitius que pràcticament cap fabricant vol assumir en solitari.

Tanmateix, si l'administració obliga a adoptar aquest dispositiu (com és el cas a Europa), aleshores totes les empreses tornen a estar en les mateixes condicions de competència i, fins i tot, moltes marques fan ostentació de dur el catalitzador com a mostra de la sensibilitat de la companyia pel medi ambient.

La intervenció de l'administració

Afortunadament, la sensibilització ciutadana sobre els temes de l'entorn és cada dia més important i això empeny a cercar solucions. Tanmateix, mentre hi hagi la possibilitat de no adoptar solucions costoses en benefici de l'entorn (i encara més si els seus efectes no són percebuts directament pels usuaris), les empreses evitaran incorporar-los ja que les situa en un pla de competitivitat desfavorable.

L'única manera de resoldre aquest tipus de problemes és que els poders públics i les administracions, després de negociar-los, regulin aquests temes per, d'aquesta manera, obligar el seu compliment per a tothom. Quan això s'esdevé, les empreses solen esgrimir aquestes millores respecte l'entorn com a reclam comercial.

Les principals metodologies i punts de vista que incideixen en l'*enginyeria concurrent orientada a l'entorn*, són:

a) *Ergonomia*. Tracta de la relació entre l'home i la màquina. Són tècniques ja desenvolupades des de fa més de quatre dècades amb una incidència creixent en el disseny.

c) *Seguretat*. Estudia la manera d'evitar el risc de danys personals o materials. Les normatives europees de seguretat en les màquines fa responsable al fabricant de les incidències i accidents imputables al disseny (a partir del 1995)

d) *Medi ambient*. Propugna l'ús sostenible de materials i energia (tant en la fabricació com en la utilització), i disminuir les emissions contaminants. Aquests aspectes ja disposen de regulacions més o menys severes, especialment en alguns sectors, i la seva importància en el disseny no farà més que augmentar.

e) *Eliminació o reciclatge*. Estudia la forma de reutilitzar, reciclar o recuperar els materials a la fi de visa dels productes i tot indica que la seva incidència en el disseny anirà creixent. L'automoció i l'embalatge marquen la pauta.

15.3 Cicle de vida i recursos associats

Conceptes i definicions

Cicle de vida (en anglès, *life-cycle*)

És el conjunt d'etapes que recorre una determinada entitat des que inicia la seva existència fins que l'acaba, i és aplicable a realitats molt diverses com ara, persones, edificis, empreses o organitzacions. En el present text s'analitzen el *cicle de vida d'un producte* (o *servei*) i el *cicle de vida d'un projecte*, que sovint apareixen confosos en la literatura tècnica.

Cicle de vida d'un producte

Conjunt d'etapes que recorre un producte (considerat com a objecte individual) des que és creat fins a la seva fi de vida. El cicle de vida d'un producte recorre unes primeres etapes en el si de l'organització empresarial que el produeix (definició, disseny i desenvolupament, fabricació, embalatge, transport) fins a la seva venda (o transferència a l'usuari) i, després, recorre unes altres etapes postvenda (o post transferència) que corresponen a l'usuari (o usuaris) i, eventualment, a la col·lectivitat.

Cicle de vida d'un projecte

Conjunt d'etapes que recorre un projecte (en aquest text interessen aquells que comporten la fabricació de productes o la prestació de serveis) des que s'inicia fins que finalitza o és abandonat. Les etapes del cicle de vida d'un projecte se solen recórrer en el si d'una empresa o organització i inclouen l'evolució de l'activitat o negoci (producció i vendes) fins que aquest finalitza.

Cost (o *recursos*) *del cicle de vida*

De manera anàloga al concepte de cicle de vida, es pot establir el concepte de cost (o recursos) del cicle de vida. Correspon a l'avaluació dels recursos implicats en el cicle de vida d'un producte (se sol parlar de cost) o d'un projecte (se sol parlar d'inversions, ingressos i despeses).

En el cas dels projectes, amb una organització i una activitat empresarial al darrera, se sol dur la comptabilitat dels ingressos i despeses i, per tant, l'avaluació dels recursos del cicle de vida es pot conèixer amb un cert rigor.

Tanmateix, en el cas dels productes, amb la discontinuïtat que representa la venda o transferència entre el fabricant i l'usuari i la manca de control comptable amb què se sol desenvolupar la seva utilització fa que, la major part de les vegades, el cost del cicle de vida d'un producte sigui desconegut.

Etapes del cicle de vida d'un producte

Més enllà de les múltiples classificacions i matisacions que es poden fer sobre aquesta qüestió, en aquest text s'ha cregut convenient d'agrupar el cicle de vida d'un producte en les sis etapes següents:

1. *Decisió i definició*
2. *Disseny i desenvolupament*
3. *Fabricació*
4. *Distribució i comercialització*
5. *Utilització i manteniment*
6. *Fi de vida*

A continuació es realitza una breu descripció de cada una d'elles alhora que se n'assenyalen els aspectes més rellevants.

Decisió i definició

La primera de les etapes del *cicle de vida* d'un producte correspon a la decisió de crear-lo i a la tasca de definir-lo per mitjà d'especificacions.

L'origen d'un producte pot ser divers (encàrrec d'un client; redisseny d'un producte existent propugnat per la direcció; detecció d'una nova necessitat o oportunitat en el mercat per part del departament comercial).

L'etapa de decisió i definició no és en absolut trivial ni senzilla i, probablement, és la que té conseqüències posteriors més importants al llarg de tota la seva vida:

a) El llançament d'un producte va associat a invertir una determinada quantitat de recursos materials, humans i de temps. Abans de fer la decisió, l'empresa ha de respondre's preguntes com ara: Hi ha prou clients potencials per cobrir les despeses de disseny i desenvolupament? L'empresa té capacitat per emprendre el projecte? Té a l'abast ajudes exteriors?

b) La definició del producte és una etapa crucial del procés de desenvolupament i conté en gran mesura l'encert o desencert que més endavant s'anirà manifestant durant la resta del cicle de vida (connecta o no amb una necessitat del mercat?; la definició fa el producte fàcilment fabricable i a baix cost?; presenta seguretat en la utilització?; dóna lloc a consums acceptables?)

Disseny i desenvolupament

El *disseny* agrupa aquelles activitats que tenen per objecte la concepció d'un producte adequat a les especificacions i al cicle de vida previst, i la seva concreció en totes aquelles determinacions que permetin la seva fabricació.

El *desenvolupament* inclou, a més del disseny, totes aquelles accions destinades a posar el producte en el mercat o a disposició de l'usuari (preparació dels processos de fabricació, llançament de la producció, preparació de la distribució, la comercialització i la postvenda).

a) El disseny és el responsable en darrera instància que el producte tingui les funcions i prestacions per a les quals ha esta concebut i el seu funcionament sigui l'adequat durant tot el cicle de vida.

b) La coordinació entre el disseny i les restants tasques del desenvolupament conté els elements per millorar i fer el més rendible possible els processos de fabricació i comercialització de l'empresa, aspectes que, en darrera instància, redunden favorablement en el preu i la qualitat del producte.

Fabricació

Són el conjunt d'activitats destinades a la realització efectiva del producte amb unes condicions acceptables de qualitat, costos i temps. Entre aquestes activitats hi ha les següents:

a) La preparació dels processos productius, la planificació i programació de la producció i la preparació de l'equipament i utillatge

b) La fabricació de peces i components, o la seva eventual subcontractació amb l'establiment de les corresponents especificacions tècniques i els contractes.

c) El muntatge de peces, subconjunts i conjunts per a formar un producte que respongui a la funcionalitat.

d) El control de qualitat en la recepció de materials i components, en els processos de fabricació, de muntatge o com a garantia de la qualitat global del producte. Eventualment, realitzar les inicialitzacions i les postes a punt.

e) L'expedició. Comprèn la inclusió de la documentació (manual d'instruccions i manteniment, garanties), l'embalatge i la preparació per al transport.

Distribució i comercialització

És una etapa del cicle de vida del producte que, tot i no augmentar el seu valor, té una gran importància per a fer efectiu el seu ús. Comprèn les següents activitats:

a) El transport i la distribució, activitats imprescindibles, que sovint afegeixen un valor no menyspreable en el cost del producte

b) La comercialització inclou activitats com ara les accions destinades a fer conèixer el producte i a convèncer el client, l'acord sobre el preu (o altres modalitats: lloguer, *leasing*) i les condicions sobre garanties, revisions i manteniment.

Utilització i manteniment

La utilització és l'exercici de la funció per a la qual ha estat dissenyat el producte i, per tant, és una etapa d'una gran importància en el context del seu cicle de vida. Sovint, la utilització d'un producte queda interrompuda per la seva fallada: les activitats de manteniment són les destinades a mantenir o reposar aquest ús. En aquesta etapa són importants aspectes com ara:

a) Funcions i prestacions adequades a la utilització efectiva. Espais ocupats, especialment en els moments de no utilització (electrodomèstics, automòbil).

b) Relació amb l'usuari; facilitat de comprensió de l'ús (manual d'instruccions); seguretat en l'ús; maniobrabilitat; Bona presència, bon tacte.

c) Consums de materials i d'energia moderats; costos derivats d'aquests consums; eventuals efectes contaminants; producció de residus i la seva eliminació.

d) Necessitat de manteniment i de atencions especials; existència de manual de manteniment; garanties.

e) Disponibilitat del producte; fallades en el funcionament; facilitat de detecció i reparació; facilitat de subministraments i recanvis; existència de tallers de reparació preparats.

Fi de vida

La darrera etapa d'un producte és la fi de la seva vida útil i la seva eliminació, la qual pot presentar diverses formes amb conseqüències econòmiques i ambientals molt diferents com s'analitzarà més endavant (Secció 17.5): reutilització del producte; reciclatge dels materials; recuperació d'energia per mitjà de combustió; abocament (en principi controlat).

Fins entrat el segle XX, la majoria dels productes tenien un adequat *fi de vida* per mitjà de reutilitzacions dels propis productes o d'alguns dels seus components, el reciclatge dels materials o la combustió, mentre que la part eliminada per abocament era mínima.

Però, l'increment incessant de les produccions industrials, per un costat, i la introducció de nous materials sense mercats de reciclatge ben establerts (especialment els plàstics i elastòmers) i la proliferació de components d'alta complexitat on la imbricació de materials no fa possible la seva separació, per l'altre, han fet que l'eliminació de molts productes a la fi de vida hagi esdevingut un problema.

És per això que, especialment a remolc de la indústria de l'automoció i de l'embalatge, hagin sorgit noves metodologies orientades al disseny per a la fi de vida.

Cost del cicle de vida d'un producte

Hi ha la tendència a avaluar el *cost* d'un producte per mitjà del seu *preu de venda*. Certament, el *preu de venda* d'un producte (si no és objecte d'especulació) inclou la suma de *costos* de les etapes del seu *cicle de vida* fins a la venda:

- Cost de *definició*
- Cost de *disseny i desenvolupament*
- Cost de *fabricació*
- Cost de *distribució i comercialització*
- A més del benefici industrial

Habitualment, l'empresa fabricant estudia aquests costos de forma precisa, ja que després els repercuteix en el *preu de venda* del producte. De la seva correcta avaluació en depèn en gran mesura la rendibilitat de l'activitat de l'empresa.

Però, el *cost del cicle de vida* inclou, també, els costos de les etapes següents:

- Cost d'*utilització i manteniment*
  Recau sobre l'usuari, normalment durant un període de temps dilatat i en unes circumstàncies en què no se sol dur la comptabilitat. Es fa difícil, doncs, de responsabilitzar el fabricant d'un disseny que comporta un ús ineficient.

- Cost de la *fi de vida*
  Recau habitualment sobre l'usuari o la societat, en unes circumstàncies en què el producte ja no té valor d'ús i, per tant, no és fàcil d'exigir responsabilitats ni a l'usuari ni al fabricant (problema dels vehicles abandonats al carrer).

L'avaluació del *cost del cicle de vida* d'un producte mostra que, sovint, els costos no inclosos en el *preu de venda* són superiors a aquest. Així, doncs, en un context de creixent consciència per l'escassetat de recursos materials i d'energia, la preocupació dels usuaris (en general, les empreses solen portar el control del cost del cicle de vida del seu equipament) per conèixer els costos totals en què incorren en el moment de la compra d'un producte serà cada cop més gran (les associacions de consumidors poden tenir un paper mediador molt important en aquest tema), i els dissenyadors hauran d'anar incorporant aquesta consideració en les seves activitats i actuar en conseqüència.

En el diagrama de la Figura 15.4 s'observa que el disseny conceptual sol comprometre (a causa de les decisions preses) més de la meitat de la inversió necessària mentre que en realitza (consumeix) una fracció molt petita. També s'observa que el temps que transcorre entre el compromís i la realització d'una inversió és, en general, molt gran. Això pot fer perdre la consciència de la importància del disseny conceptual en el desenvolupament d'un producte.

Per altra part, la manca de comunicació tradicional entre departaments fa que producció i comercial comencin a intervenir en els punts *P* i *C*, respectivament (Figura 15.2), quan normalment la major part dels costos ja han estat assignats. L'*enginyeria concurrent* propugna que les veus d'aquests dos departaments intervinguin des de l'inici del projecte (punt *I*).

Cas 15.1:
Avaluació del cost del cicle de vida d'un automòbil

L'automòbil és un producte que, per la seves múltiples incidències sobre l'entorn, ha obligat ja a fer un important esforç de disseny concurrent que tingui en compte una part cada cop més determinant del *cost del cicle de vida*. A continuació se'n fa una avaluació genèrica per a un automòbil mitjà:

Taula 1. Cost del cicle de vida d'un automòbil

Preu de venda:	12.000 €
Impostos de compra (IVA/matriculació):	4.000 €
Total preu de venda	16.000 €
Consums (benzina/pneumàtics/manteniments) (10 anys; 15000 km/any; 0,12 €/km)	18.000 €
Assegurances+ impostos (10 anys; 750 €/any)	7.500 €
Aparcament, peatges (10 anys; 500 €/any)	5.000 €
Imprevistos (reparacions/multes) (10 anys; 600 €/any)	6.000 €
Total usuari	36.500 €
Costos derivats de la contaminació Assumits per la societat (?)	2.000 €
Costos derivats de la fi de vida Assumits per la societat (?)	2.000 €
Total impactes socials	4.000 €
Cost del cicle de vida (350% del preu de venda)	56.500 €

La crisi de l'energia dels anys 1970 va obligar a les indústries de l'automòbil europea i japonesa a fer un important esforç per aconseguir disminucions en els consums de combustible. Darrerament també s'han eliminat costos de manteniment (més fiabilitat, sistemes d'autodiagnòstic), s'han disminuït els impactes ambientals de la combustió i s'ha millorat les possibilitats de reciclatge a la fi de vida.

Tanmateix, resten moltes altres possibilitats d'acció per disminuir els costos del cicle de vida de l'automòbil, moltes d'elles externes a l'empresa, com ara: limitació de la velocitat màxima (la resistència de l'aire a una velocitat de 180 km/h és el 2,25 vegades més elevada que a 120 km/h); evitar aturades (semàfors, encallades de circulació); o formes d'ús compartit que en rendibilitzin la inversió.

Cas 15.2:
Balanç energètic d'una banyadora de xocolata

Alguns fabricants xocolaters usen una màquina, anomenada *banyadora*, que té per objecte dipositar una capa de xocolata sobre galetes o productes anàlegs.

El seu funcionament bàsic és el següent: el producte a banyar és transportat per una malla sense fi que es mou damunt d'un gran cubell amb calefacció que conté xocolata líquida; per mitjà d'una bomba i uns conductes, també escalfats, es condueix la xocolata líquida a un dispositiu situat sobre la malla i la reparteix uniformement sobre el producte el qual, més endavant, és sotmès a diverses accions (vibració, bufatge) per controlar la quantitat de xocolata dipositada.

En un nou disseny de la màquina es van estudiar els costos de dues alternatives: mantenir el cubell calent durant les hores d'inactivitat laboral, o buidar la xocolata del cubell al dipòsit de reserva (opció que comportaria certes operacions de neteja en iniciar cada nova jornada laboral). L'avaluació de costos va ser favorable a mantenir la xocolata en el cubell, alternativa que es va adoptar; les conseqüències en relació al disseny van consistir en la simplificació del sistema de vàlvules i en l'optimització de l'aïllament tèrmic del conjunt de la màquina.

Etapes del cicle de vida d'un projecte i recursos associats

Cal no confondre el *cicle de vida d'un producte* amb el *cicle de vida d'un projecte*. El primer incideix fonamentalment en les activitats de disseny, mentre que el segon incideix en la gestió de les activitats de producció i comercialització.

En el primer cas, l'objecte considerat és un producte individual que, després de participar de les etapes de definició i disseny (col·lectives), es fabrica i comercialitza. A partir de la venda, el producte individual continua el seu cicle fora de l'empresa, primer de la mà de l'usuari (ús i manteniment) per, finalment, acabar-lo sota la responsabilitat de la col·lectivitat (reciclatge, recuperació, abocament).

En el segon cas, l'objecte considerat és el producte col·lectiu (el conjunt d'unitats que es fabriquen) i el seu cicle de vida comença amb les mateixes etapes que un producte individual (definició i disseny), per després recorre altres etapes relacionades amb la gestió de la fabricació i la comercialització fins a la retirada del producte del mercat, totes elles de la mà de l'empresa.

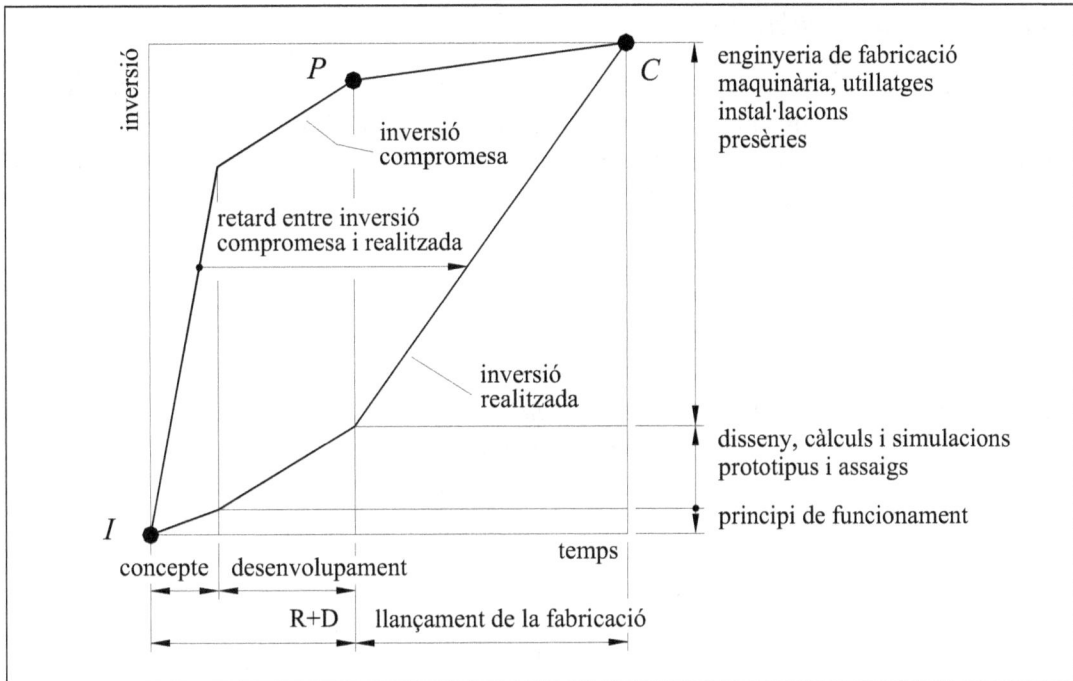

Figura 15.4 Relació entre la inversió compromesa i la inversió realitzada al llarg de les etapes del desenvolupament d'un producte

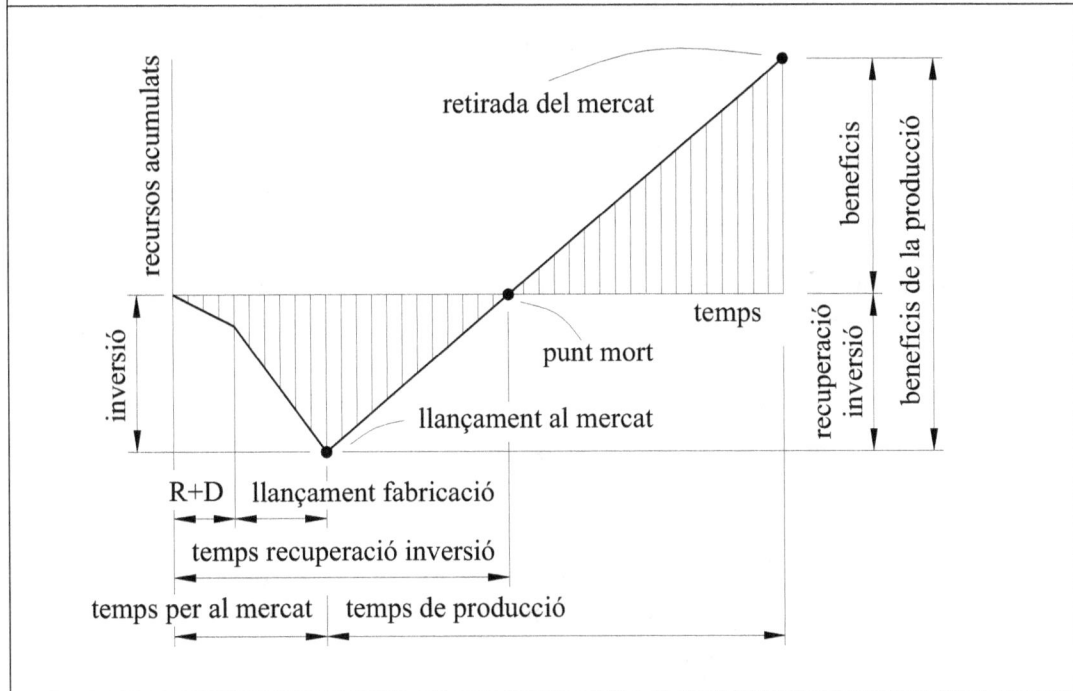

Figura 15.5 Evolució típica dels recursos en el cicle de vida d'un projecte. Punts determinants: llançament al mercat; punt mort; retirada del mercat

Etapes del cicle de vida d'un projecte

El cicle de vida d'un projecte va des del moment de la decisió d'iniciar-lo fins al moment en què el producte es deixa de fabricar (en alguns casos, com ara el projecte d'un automòbil, fins que s'acaba el període de garantia de recanvis) i les etapes podrien ser les que es descriuen a continuació:

1. *Decisió i definició*
2. *Disseny i desenvolupament*
3. *Preparació de la fabricació i la comercialització*
4. *Introducció del producte en el mercat*
5. *Estabilització de la producció i les vendes*
6. *Baixada de les vendes i retirada del producte del mercat*
(7. *Eventualment, període de garantia de recanvis*)

Recursos del cicle de vida d'un projecte

L'anàlisi de l'evolució dels *recursos del cicle de vida d'un projecte* constitueix una eina molt important per a determinar la seva viabilitat econòmica.

Cal tenir en compte que, fins al llançament del producte al mercat, l'empresa ha de suportar una inversió que, especialment per a fabricacions en grans sèries, pot arribar a ser molt important. Per fer rendible el projecte, cal que els beneficis acumulats de les vendes fins a la retirada del producte del mercat, recuperi amb escreix la inversió realitzada. La Figura 15.5 invita a fer els següents comentaris:

a) Convé no escanyar les activitats de disseny, ja que comporten uns costos relativament baixos en relació a la inversió total i, per altre costat, són la garantia d'un disseny del producte adequat i de qualitat.

b) Les inversions en desenvolupament poden ser molt variables, en funció dels mitjans de producció adoptats. En general, una inversió més gran redunda posteriorment en beneficis més elevats per unitat de producte, però el risc que s'assumeix és molt més elevat.

c) En el llançament de productes nous (amb disseny original) on es desconeix la reacció del mercat, un camí a seguir pot ser començar amb una versió del producte fabricada amb mitjans econòmics (inversions moderades) i, en cas de reacció favorable del mercat, reconsiderar el disseny i adoptar mitjans de fabricació de més gran productivitat (però també d'inversió més elevada).

Exemple: Començar fonent una peça d'alumini amb motlle de sorra (cost unitari relativament elevat) per després passar a fabricar-la amb una conquilla per gravetat (cost unitari inferior i d'utillatge superior) o per injecció (gran abaratiment de la peça però cost d'utillatge de 40 a 100 vegades superior).

15.4 Gamma de producte

Concepte de gamma de producte

En general, un determinat producte o servei rarament actua de forma aïllada, sinó que sol formar part d'un conjunt de productes o serveis que presenten certes semblances i/o que interaccionen entre ells a diversos nivells. Aquest conjunt de productes prenen el nom de *gamma* (en anglès, *range*).

Implícitament, el concepte de gamma quasi sempre és present en les primeres decisions sobre la creació dels productes i serveis, però hi ha molt poc escrit sobre aquesta qüestió (excepte pel que fa a l'esglaonament) i és bo d'intentar esbossar un marc conceptual.

Es defineix la *gamma* com aquell conjunt de productes que incideixen en un mateix mercat i/o que es fabriquen en un mateix context productiu i que contemplen una o més de les tres dimensions següents:

1. *Tipologia*
2. *Esglaonament*
3. *Opcions*

Tipologia

Són els diferents tipus de producte (amb arquitectura i/o funcions diferents) que actuen de forma coordinada en un mateix mercat, i que sovint es fabriquen en un mateix context productiu.

Exemple 15.4:
Tipologies de gamma de màquines en bugaderies industrials

En les bugaderies industrials de petita i mitjana instal·lació, hi ha diversos tipus de màquines (rentadores-centrifugadores, assecadores, planxadores) que solen vendre's de forma conjunta formant instal·lacions completes. Per tant, la seva concepció, disseny, fabricació i comercialització ha de realitzar-se de forma coordinada tenint en compte aquestes interrelacions comercials i d'ús (Figura 15.6).

En les bugaderies industrials de grans instal·lacions, hi ha una tipologia de màquines diferent (túnel de rentar, premsa, assecadores, calandra, plegadora) que també se solen vendre i utilitzar conjuntament. Per tant, també cal realitzar la concepció, disseny, fabricació i comercialització de forma coordinada.

Tanmateix, són mercats diferents i, per tant, constitueixen dues tipologies de gamma diferents (Figura 15.7).

Esglaonament

En molts sectors industrials, una determinada tipologia de producte es fabrica en diverses dimensions. El conjunt de productes d'un determinat tipus però de diferents dimensions pren el nom d'esglaonament.

Exemple 15.5:
Esglaonament de gamma de rentadores

Tornant a l'exemple de la bugaderia industrial, una empresa pot fabricar un esglaonament de 6 rentadores-centrifugadores de dimensions de: 7, 12, 22, 40, 55 i 110 kg (cas de la gamma de rentadores flotants d'alta velocitat de Girbau S.A.)

Opcions
És una tercera dimensió de la gamma de producte que té a veure amb les diferents opcions i prestacions addicionals que pot oferir un determinat producte (un tipus de producte d'una determinada dimensió).

Exemple 15.6:
Opcions de gamma d'una rentadora

En l'exemple d'una rentadora-centrifugadora, les variants podrien ser sobre el programador (manual, automàtic, nombre de programes), la possibilitat d'escalfament de l'aigua per vapor, el reciclatge d'aigua.

Condicions o serveis d'entorn

Sense formar part pròpiament de la gamma, hi ha altres aspectes (denominats *condicions o serveis d'entorn*) que tenen una gran transcendència en la definició, disseny i desenvolupament del producte i de la seva gamma.

Exemple 15.7:
Condicions i serveis d'entorn d'una bugaderia industrial

Seguint amb l'exemple d'una bugaderia industrial, les condicions i serveis d'entorn podrien ser: la duresa de l'aigua, les condicions admissibles de les aigües residuals, el subministrament elèctric (monofàsic, trifàsic, 50 Hz, 60 Hz, potència, eventuals baixades de tensió), les condicions de les estructures de suport (pesos admissibles, absorció de les vibracions creades per la centrifugació).

Les definicions relacionades amb la gamma i les condicions d'entorn poden semblar una simple descripció dels productes d'un determinat sector; tanmateix, constitueixen la base per a establir criteris de gran importància en la determinació de la gamma de producte a fabricar i comercialitzar i per a establir la seva estructura o arquitectura modular.

Figura 15.6 Tipologia de gamma de màquines per a bugaderia de petita i mitjana instal·lació: rentadores-centrifugadores, assecadores, planxadores.

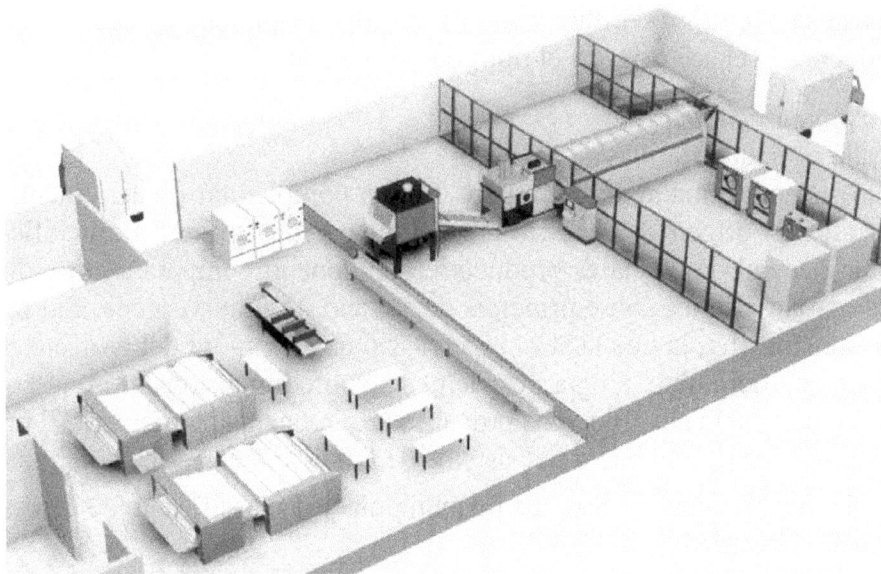

Figura 15.7 Tipologia de gamma de màquines per a bugaderia de gran instal·lació: túnel de rentar, premsa, assecadores grans, calandres i plegadors.

15.5 Producte, empresa i mercat

Introducció

Les relacions entre el producte, l'empresa i el mercat, junt amb el grau d'innovació en els productes i processos de fabricació, fan que els projectes d'enginyeria de disseny i desenvolupament esdevinguin realitats complexes que poden ser observades des de diverses perspectives.

Cada un dels punts de vista caracteritza un aspecte del projecte i la multiplicitat de combinacions que en resulten fa que el dissenyador es trobi davant de situacions molt diferents que ha de saber entendre, valorar i adaptar-s'hi.

En aquesta secció interessa analitzar els productes des de diversos punts de vista que tenen incidència en les activitats de disseny, i que són:

- Origen del producte i tipus de fabricació
- Grau d'innovació en el producte
- Grau d'innovació en el procés
- Relació amb el mercat

Origen del producte i tipus de fabricació

Un dels aspectes que més influeix en els treballs de disseny i desenvolupament d'un producte són el seu origen i el tipus de fabricació:

Sistema o màquina única
(o fabricada en poques unitats)
Sol ser un sistema o màquina de mitjana o gran complexitat (generalment, un bé d'equip) que té l'origen en un encàrrec definit per un conjunt d'especificacions inicials. En general, la venda es produeix en un context competitiu entre diverses empreses que fan ofertes sobre principis de solució, terminis i preus. Cal optimitzar el cost del disseny, ja que la seva repercussió en el conjunt del projecte és molt elevada. Davant del dubte, s'opta per elements sobredimensionats (ja que qualsevol retoc és molt car) i per solucions provades (components de mercat). El projecte requereix una bona programació i el sistema de fabricació és bàsicament manual.

Exemple: Tren de laminació; Sistema de manipulació i classificació de caixes per a una aplicació específica

Productes fabricats en petites i mitjanes sèries
Molts productes i béns d'equip són fabricats en sèries compreses entre 50 i 5000 unitats per any, i solen comprendre un cert nombre de variants.

Figura 15.8 Producte fabricat en petita sèrie: *mòdul d'andana de geometria varia-ble* mòdul i banc d'assaig (Ferrocarrils Generalitat de Catalunya S.A.)

Figura 15.9 Producte fabricat en grans sèries: *actuador de vàlvula*; prototipus fun-cional obtingut amb tècniques de prototipatge ràpid (Airtecnics S.L.)

En principi, l'empresa fa una oferta al mercat en base a una definició del producte i a l'establiment de l'especificació abans d'iniciar les vendes i amb independència de clients concrets, però no és rar que es negociïn determinats aspectes amb clients importants. El disseny i desenvolupament del producte, de cost no tan crític ja que es repercuteix en un nombre major d'unitats, pot permetre una optimització i la validació de les solucions en base a prototipus i assaigs. La producció pot fer-se en sèries curtes i l'automatització ha de ser forçosament limitada.

Exemple: Pinça de robot de soldadura per punts; Mòdul d'andana de geometria variable (Ferrocarrils de la Generalitat de Catalunya S.A., 15.8).

Productes fabricats en grans sèries
En aquest cas, la definició del producte i l'establiment de les especificacions es produeixen de forma totalment deslligada de la venda als futurs compradors i, per tant, han de ser determinades per mitjà de tècniques de màrqueting. El disseny ha de ser molt acurat i contemplar de forma equilibrada tots els punts de vista del producte, ja que qualsevol error o manca de qualitat té conseqüències econòmiques de grans dimensions. Les variants són contemplades pel fabricant, però no es negocien amb el comprador fora de les proposades. Tot i que l'acció comercial està condicionada per l'encert en les etapes de definició i concepció del producte, hi ha importants accions de màrqueting que la faciliten (política de preus, facilitats financeres, garanties, serveis de postvenda).

Exemple: Productes de consum: una nevera, un automòbil, un radiocasset; i també productes industrials: un pany, un actuador de vàlvula (Airtecnics S.L., Figura 15.9)

Grau d'innovació del producte

Segons el grau d'innovació del producte, que determina en gran mesura el procés de disseny i desenvolupament, es poden distingir els casos següents:

Disseny original
Implica l'elaboració d'un principi de funcionament original per al producte o per a un subconjunt seu, tant si aquest realitza una funció nova com una funció similar. Els dissenys originals es caracteritzen pel fet que no es disposa de precedents que serveixin de guia i, per tant, comporten un treball laboriós i imaginatiu en les etapes de definició del producte i de disseny conceptual.

Exemple: Màquina universal de classificar monedes. L'enunciat del projecte especificava el requeriment de classificar qualsevol tipus de moneda, independentment del material, forma i dimensions. Existien precedents sobre la forma de detecció de les monedes, però els principis de classificació coneguts es basaven en ginys mecànics (per tant, no universals, en dependre de la forma i dimensions). Es va haver d'idear un transport de les mo-nedes d'acció positiva per mitjà d'un nou concepte de cadena formada per baules accionades per fricció i que s'empenyen mútuament unes a altres (sistema paten-tat; Ibersélex S.A., Figura 15.10).

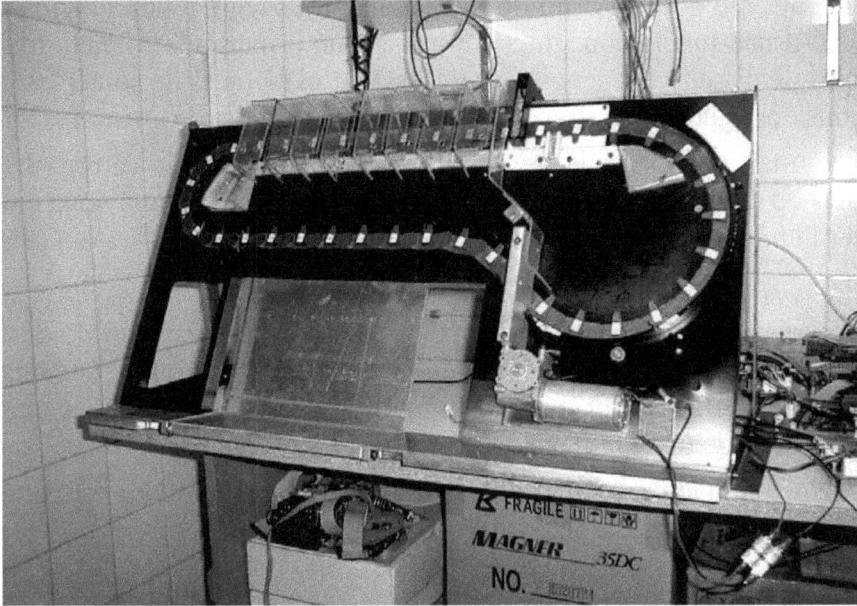

Figura 15.10 Disseny original: *màquina universal de classificar monedes*; proto-
tipus funcional (Ibersélex S.A.)

Figura 15.11 Disseny d'adaptació: *unitat monooperada de recollida d'escombraries
de càrrega lateral*; modelització 3D (Ros Roca S.A.)

Disseny d'adaptació

Implica l'adaptació d'un principi de funcionament conegut a una funció diferent o la resolució d'una funció coneguda per mitjà d'un principi de solució diferent. En aquest tipus de disseny, en general, és necessari l'elaboració de solucions originals per a alguns dels elements o subconjunts.

Exemple: Unitat monooperada de recollida d'escombraries de càrrega lateral. Es va proposar de dissenyar l'aixecador de contenidors en base a una nova cinemàtica i un motor hidràulic rotatiu (Ros Roca S.A., Figura 15.11).

Disseny de variant

Tan sols implica la variació de les dimensions o de la disposició de determinats elements o subconjunts, sense que hi hagi un canvi de principi de funcionament ni de funció. L'etapa de disseny conceptual és mínima, mentre que el pes recau en les etapes de disseny de materialització i de detall.

Exemple: Nova rentadora-centrifugadora d'alta velocitat de 40 kg per completar la gamma existent de 7, 12, 22, 55 i 110 kg (Girbau S.A.)

Grau d'innovació en els processos

Els productes madurs operen en un mercat fortament competitiu on els elements claus solen ser l'augment de la productivitat i la millora de la qualitat, a través dels processos de fabricació i de la maquinària i utillatge. La innovació en la producció es dóna en tres àrees principals:

Noves formes de gestió

Les noves formes d'organització (grups de disseny pluridisciplinaris, estructura matricial, organització per línies de producte), de gestió (establiment del cap de projecte) i metodològiques (implantació de sistemes de qualitat) indueixen unes millores de la productivitat més espectaculars.

En general aquestes noves formes de gestió se suporten amb eines informàtiques que proporcionen la màxima eficàcia a les gestions (sistemes CAD/CAE, i CAD/CAM; PDM, o gestió de dades dels productes; tècniques CIM de gestió integrada de la fabricació; i, darrerament, enginyeria col·laborativa basada en internet).

Nous processos de fabricació

Hi ha nous processos (tall amb làser i per aigua, tècnica MIM, hidroconformació, projecció tèrmica) o altres ja més coneguts (electroerosió, tall fi, sinterització, microfusió, coextrusió, soldadura per ultrasons, termoconformació, punxonament amb CN) que tenen potencialitats per impulsar salts importants de productivitat i de qualitat si s'apliquen amb coneixement de causa i amb imaginació.

Exemple: un procés de fabricació més precís pot evitar dispositius de referència en el muntatge o de regulació en el producte.

Automatització de la producció

De la mà de les noves tecnologies basades en la informàtica i les comunicacions (control numèric, robots industrials, magatzems automatitzats, logística) s'està aconseguint una constant millora dels processos de conformació, de muntatge i d'inspecció automatitzats, amb els conseqüents estalvis de costos de mà d'obra.

Relació amb el mercat

No tots els productes incideixen de la mateixa manera en el mercat ni segueixen la mateixa dinàmica. En aquest apartat es comenten els següents casos:

Mercat nou
Productes que es dirigeixen a una necessitat no coberta pel mercat o no manifestada fins ara. El llançament d'un producte en un mercat nou comporta un gran risc i cal estudiar bé la forma de fer-ho. Tanmateix, si el producte irromp amb força, els beneficis de l'empresa poden ser molt elevats, ja que no existeix competència.
Inicialment les produccions solen ser baixes si bé el creixement és molt ràpid fins que s'exhaureixen els potencials compradors o entren en el mercat noves empreses. Tot i que no sempre és així, molts dels productes que cobreixen un mercat nou incorporen un fort component d'innovació tecnològica.
Exemple: Les càmeres fotogràfiques digitals han obert un mercat nou especialment dirigit a sectors de professionals que requereixen de forma ràpida imatges de qualitat acceptable i que siguin fàcilment tractables per sistemes informàtics.

Mercat d'ampliació
Productes que cobreixen un mercat existent en fase d'extensió a nous compradors. Generalment, els productes que es dirigeixen a un mercat d'ampliació incorporen noves prestacions i/o disminucions de preus per incentivar l'adquisició per nous compradors.
Exemple: Telèfons mòbils amb noves funcions de comunicació han eixamplat el mercat vers el sector dels joves.

Mercat madur
Productes que atenen una necessitat ja coberta del mercat en règim de forta competència i preus molt ajustats.
En general, són productes d'elevada qualitat i preus molt ajustats, basats en tecnologies madures, que competeixen en gran mesura gràcies a la introducció d'innovacions en les tecnologies i processos de fabricació i en la seva gestió.
Exemple: L'automòbil, la nevera, el televisor (competeixen en preu i qualitat)

Cal dir que els conceptes exposats en relació al mercat tenen caràcter dinàmic i, el que avui és un mercat nou, dintre de poc serà un mercat d'ampliació i més tard un mercat madur. Les empreses han de saber situar-se en aquest context dinàmic per aprofitar les millors possibilitats en funció de les seves capacitats.

15.6 Fonts d'informació i antecedents

Introducció

Un aspecte clau per al correcte desenvolupament d'un producte és disposar d'una informació adequada i suficient. Per exemple, dedicar esforços en un projecte sense haver fet prèviament una cerca de patents o sense haver analitzat els productes de la competència constitueix un gran risc i, en el millor dels casos, una pèrdua de temps i de recursos. Atès que, normalment, part de la informació necessària no existeix o no està disponible, les empreses han d'impulsar activament la creació i l'alimentació d'una base d'informació que suporti les seves activitats i projectes.

La informació en una empresa, tant si procedeix dels entorns industrials i del mercat com dels àmbits científic i tecnològic, presenta dos vessants diferents: per un costat, hi ha cerca genèrica i constant d'informació que incideix en la seva estratègia general; i, per altre costat, hi ha la cerca de la *informació específica* necessària per al desenvolupament d'un determinat projecte. El tractament sistemàtic de la informació, especialment de l'estratègica, pren el nom de *vigilància de l'entorn*.

Fins no fa massa, la informació s'obtenia bàsicament en suport paper (llibres, revistes, catàlegs) i d'activitats presencials (visites a clients i instal·lacions, productes de la competència, visites a fires).

Sense treure valor a aquests mitjans tradicionals, avui dia *internet* està esdevenint el mitjà més àgil per a obtenir informació, no tan sols per la facilitat de connexió a un gran nombre de *bases de dades* (articles de revistes, tesis doctorals, treballs de recerca, arxius de patents) i de *webs comercials* (informació d'empreses, catàlegs de productes, llistes de preus, consultes) sinó també per les eines cada dia més sofisticades i potents de cerca metòdica de la informació.

Durant el procés de disseny d'un producte, les fonts d'informació i els continguts més útils en la generació d'alternatives i en la presa de decisions, són:

Fonts d'informació

- Bibliografia: textos de referència; revistes especialitzades; comunicacions a congressos; patents; catàlegs; manuals d'instruccions i de manteniment.
- Estudis de mercat (existents o encarregats per l'empresa): tendències de la demanda; avaluacions aportades pels clients; incidències i reparacions.
- Fires i visites: observació de novetats; visites a clients; comentaris i reaccions sobre punts forts i punts dèbils dels productes.
- Productes de la competència: anàlisi de solucions; deducció de materials i processos de fabricació; obtenció de dades sobre funcionament i sobre materials a partir d'assaigs.

Continguts de les informacions

- Mercat: volum de vendes, preus i tendències
- Competència: productes que ofereix i prestacions
- Tecnologies: evolució de les tecnologies usades en el sector
- Processos: evolució dels processos usats en el sector
- Legals: reglaments i normes aplicables al sector; limitacions per patents
- Costos: de la pròpia empresa i de la competència; (materials i mà d'obra)

Comentaris sobre la informació en relació al procés de disseny

Les fonts genèriques (textos, articles) solen tractar aspectes bàsics sense baixar a l'aplicació, mentre que les informacions específiques sobre productes (catàlegs, propaganda) solen explicar allò que se suposa que té un valor comercial.

Les patents (més abundants del que es pensa) proporcionen dos tipus d'informació útil: per un costat, expliquen amb detall l'objecte patentat i, per l'altre, constitueixen una referència legal d'allò que està protegit. Tanmateix, una patent no és cap garantia d'aplicabilitat, ja que les bones idees les sanciona l'ús i el mercat.

Cal relativitzar les solucions adoptades per la competència, ja que responen als seus punts forts i dèbils (capacitat de l'equip de disseny; materials i processos de fabricació disponibles, requeriments del seu mercat local).

Atès que la cerca en fonts externes (bases de dades, webs, documentació comercial) rarament proporciona la informació clara, precisa i completa que hom desitja, cal construir la informació a partir d'accions directes (estudis de mercat, anàlisis de productes) i d'accions indirectes no menys importants (detecció d'indicis, establiment d'hipòtesis, reconstrucció d'escenaris de la competència).

Algunes de les bases de dades que es troben a internet

Articles	Direcció	Àmbit
Citeseer	http://citeseer.nj.nec.com	Articles amb text complet
First	http://www.inist.fr	Sumaris de revistes
CBUC	http://www.cbuc.es	Sumaris de revistes
British Library	http://blpc.bl.uk	Articles de revistes
UPC-bases dades	http://bibliotecnica.upc.es/bdades	Resums d'articles
Library of Congress	http://lcweb.loc.gov/z3950	Sumaris de revistes
SIGLE	http://www.cas.org/online/dbss/sigless.html	Literarura grisa
REBIUN	http://www.uma.es/rebiun	Sumaris de revistes
Patents	Direcció	Àmbit
USA Patents	http://www.uspto.gov/	Patents USA
USA Patents FullText	http://www.uspto.gov/patft/	Patents USA amb text complet
European Patent Office	http://www.european-patent-office.org/	Base de dades de patents europees
Espacenet	http://es.espacenet.com/	Oficina espanyola marques i patents

Anàlisi de productes de la competència (o benchmarking)

Una de les activitats més interessants en iniciar un nou projecte és l'anàlisi dels productes de la competència líders en el mercat, ja que les seves solucions contenen (implícitament) informacions concretes de gran valor.

La metodologia per a l'anàlisi de productes de la competència (o *benchmarking*) comprèn, entre d'altres, les següents activitats:

1) *Posar-lo en marxa i estudiar-ne el funcionament*
   Aquest primer pas informa sobre la usabilitat del producte (és o no fàcil de manejar?; les instruccions són clares?), i sobre el seu funcionament (compleix adequadament la seva funció?; dóna les prestacions enunciades?)

2) *Desmuntar-lo i analitzar-ne les solucions*
   El desmuntatge, que cal fer ordenadament i anotant les incidències, aporta informacions importants sobre els principis de funcionament, les solucions constructives i els components de mercat adoptats, així com també permet fer unes primeres suposicions sobre els materials i processos utilitzats en la fabricació de peces i components

3) *Simular o fer proves del conjunt o d'alguns components*
   Es poden obtenir informacions complementàries a partir de sotmetre el producte (o algunes de les seves parts) a simulació amb eines informàtiques o per mitjà de proves i assaigs al laboratori. D'aquesta manera es poden precisar, entre d'altres, la composició, propietats i estats d'alguns materials o la durabilitat de determinats components.

L'anàlisi dels productes de la competència, que segueix el cicle bàsic de disseny (vegeu Secció 16.4), cerca explicacions als fets i solucions observades tenint present que, en general, no es fabrica res que no tingui un motiu. Cal fer l'exercici de reconstruir el procés de disseny de la competència a la llum del cicle de vida del producte i de la gamma fabricada (perspectiva concurrent).

Exemple 15.8
Benchmarquing de rentadores-centrifugadores

Del procés d'anàlisi d'una rentadora-centrifugadora de la competència s'obtenen nombroses informacions d'interès, entre les quals es donen alguns exemples:

a) La velocitat de centrifugació és lleugerament inferior a l'enunciada (970 min^{-1} enlloc de 1000 min^{-1}; pot donar arguments al departament comercial)

b) El suport del bombo té forma d'estrella de tres braços i és d'alumini (dóna indicis de la viabilitat d'aquesta solució pel que fa a la resistència a les sol·licitacions i a la corrosió, aspectes dels quals se'n tenia dubtes).

c) S'observa que els suports de suspensió tenen un forat no utilitzat. Després de diverses suposicions, es dedueix que aquest forat de més permet que el suport no tingui mà (els suports esquerre i dret són iguals).

d) Durant un assaig amb càrregues severes s'observa que el sistema de control detecta l'excés de càrrega i no permet fer la centrifugació. Queda per descobrir el principi de funcionament per mitjà del qual detecta la sobrecàrrega.

Vigilància de l'entorn

La *vigilància de l'entorn*, també coneguda amb el terme més restrictiu de *vigilància tecnològica*, és una activitat estratègica de l'empresa orientada a la competitivitat i que té per objectiu el mantenir una finestra oberta al desenvolupament humà, social i tecnològic de l'entorn per detectar aquells canvis i discontinuïtats en la percepció de les persones, la transformació dels mercats i l'evolució de les tecnologies que puguin tenir incidència en les activitats de l'empresa així com en els productes i serveis que produeix.

Si bé les empreses estan atentes al seu mercat, les enormes possibilitats d'informació d'avui dia fa que sovint tan sols s'utilitzin quan és imprescindible i, aleshores, sol ser massa tard. La *vigilància de l'entorn* propugna unes eines i procediments específics tant per a mantenir viu l'estat d'alerta, com per utilitzar eficaçment la informació en les decisions de l'empresa, especialment en aquelles de caràcter estratègic (introducció de noves tecnologies, reordenació de la gamma de productes, introducció en nous mercats o canvi d'orientació del negoci).

Alguns dels mètodes utilitzats per fer efectiva la *vigilància de l'entorn*, són:

A nivell d'estratègia d'empresa:
- *Grup de prospectiva tecnològica* (grup intern per a obtenir i analitzar informació estratègica)
- *Grups de creativitat* (entre tècnics propis de l'empresa i experts d'universitats)
- *Comitès assessors externs* (formats per experts d'universitats i centres tecnològics)
- *Serveis d'informació especialitzats* (serveis externs per a obtenir informació especialitzada)

A nivell general de l'empresa
- *Servei de documentació* (servei intern de cerca d'informació)
- *Estudis de mercat* (estudis per detectar necessitats i preferències del mercat)
- *Xarxes de tecnòlegs* (contactes amb universitats i centres tecnològics)

A nivell de desenvolupament de producte:
- *Tallers amb clients* (discutir amb clients idees preliminars de nous productes)
- *Anàlisi de patents* (seguiment i anàlisi de noves patents)
- *Benchmarking* (anàlisi de productes de la competència)

Exemple 15.9
Opcions per a un fabricant de càmeres fotogràfiques convencionals

Si un fabricant de càmeres fotogràfiques convencionals (imatge sobre clixé), amb una posició sòlida en el mercat, no està atent a l'aparició de les noves càmeres fotogràfiques digitals, les vendes poden caure de cop en pocs anys (el temps que les càmeres digitals baixin de preu). L'empresa pot seguir diverses estratègies:

a) *Preparar-se per competir en la nova tecnologia*
Aquesta opció tot i ser la més arriscada és la que té més futur. Tanmateix, exigeix que l'empresa prengui decisions estratègiques com ara adquirir la nova tecnologia (eventual col·laboració amb universitats i centres tecnològics), adequar l'equip humà a la nova tecnologia (formació, noves contractacions), transformar els sistemes productius (nous processos, nou equip) i establir noves formes comercials (adaptació al nou perfil d'usuaris, nous canals de venda, associació amb una empresa informàtica).

b) *Cercar un nínxol en el mercat de fotografia convencional*
Per exemple, identificar un mercat de càmeres fotogràfiques convencionals de qualitat per a sectors artístics o artesans de la fotografia. Aquesta opció no evita la vigilància sobre els mercats alternatius ni el seguiment de l'evolució de la fotografia digital, ja que aquesta tecnologia pot acabar incidint en aquests sectors tradicionals, ni que sigui en el posterior tractament de la imatge.

c) *Incorporar-se a un grup més gran*
Aquesta és una opció raonable per a aquelles empreses que han arribat tard o que ni la seva estructura ni la seva dimensió els permet abordar aquest canvi.

d) *Preparar-se per abandonar el negoci*
Sol ser el cas d'empreses amb poc dinamisme i plantilles d'edat avançada.

Exemple 15.10
Vigilància de l'entorn per a un fabricant de recol·lectores de canya de sucre

En una empresa d'aquestes característiques, la vigilància de l'entorn significa recopilar informació per respondre a preguntes com ara les següents:

- Quines són les tendències quantitatives i qualitatives en el consum de sucre en els diferents països i en les diferents cultures?
- Com evoluciona i on la producció de sucre de canya i de remolatxa)?
- Com evolucionen les tècniques de cultiu de la canya de sucre?
- Quines innovacions introdueix la competència en aquestes màquines o en productes anàlegs (altres recol·lectores, maquinària d'obres públiques)?
- Quines millores ofereixen els subministradors de components?
- Com evolucionen les normes i directives que afecten aquestes màquines? Com ser present en els Comitès de Normalització?

15.7 Simulació, assaig i avaluació

Simulació virtual

Simular és representar el funcionament d'un sistema per mitjà d'un altre que es comporta de forma anàloga. Avui dia, la major part de simulacions en el disseny de productes es basen en models i càlculs informàtics (*simulació virtual*, prediuen el comportament dels sistemes abans de la seva realització física). El recent desenvolupament de les noves tecnologies de la informació i de les telecomunicacions ha fet possible eines molt potents en aquest camp, on la capacitat i la velocitat han estat decisives per als avenços en la modelització i la simulació dels productes.

Les eines de simulació virtual (o *sistemes CAE*, enginyeria assistida per ordinador) van esdevenint més complexes i abasten un nombre creixent de camps de l'enginyeria alhora que tendeixen a considerar de forma simultània diferents aspectes del disseny. Tot fa pensar que l'evolució dels sistemes CAE serà un de les principals impulsors de la innovació en el disseny durant els propers anys.

Entre les principals eines de simulació virtual a l'enginyeria de disseny, han adquirit una gran popularitat i acceptació els sistemes de *visualització i animació*, especialment útils en el disseny industrial (formes i aspecte, abans de materialitzar el producte), i els sistemes d'*anàlisi per elements finits* (o *FEA*) útils per simular el comportament i estimar la vida de peces i conjunts (abans de l'assaig). Darrerament s'estan generalitzant els sistemes de *simulació mecànica* (integren animació i càlcul) i els sistemes de *realitat virtual* que estan cridats a convertir-se en eines de gran potencialitat. També cal destacar les *simulacions específiques* que cada usuari es construeix per modelitzar i simular aspectes bàsics del seu problema.

Simulacions específiques

En les aplicacions concretes, i en base al bon coneixement que les empreses solen tenir dels seus productes, són molt útils les simulacions numèriques que relacionen els principals paràmetres d'un sistema (valors de l'especificació, determinació de potències i de consums, càlculs de resistència i deformació d'elements crítics, estimació de la vida o avaluació de costos). Per a aquestes simulacions, que solen constituir unes magnífiques eines de disseny en les etapes d'elaboració d'alternatives conceptuals, generalment n'hi ha prou amb un simple full de càlcul.

Cas 15.4
Simulació específica de dispositiu per ajustar la força entre dos corrons

En una aplicació determinada, calia regular la distància entre dos corrons entre 0 i 0,5 mm tot mantenint una força de 250 N amb una variació màxima admesa molt petita. Es va pensar en solucionar-ho mitjançant l'actuació de 4 molles per a la qual cosa es disposava d'espais relativament limitats en diàmetre i llargada.

En base a un full de càlcul, com a eina de suport al disseny, es va crear el petit programa específic de simulació on hi són presents tots els paràmetres de l'entorn del problema. A continuació es mostra l'exploració de les repercussions de la variació de la tolerància de la força entre els corrons en els resultats (longituds de la molla, tensions de treball, control del vinclament per esveltesa).

Simulació de dispositiu per estrènyer dos corrons

paràmetres d'entrada								
Camp de regulació de la separació dels corrons	$\Delta\delta$		mm	0.5	0.5	0.5	0.5	0.5
Força entre els corrons	F		N	250	250	250	250	250
Tolerància de la força entre els corrons	ΔF		N	4	5	6	7	8
Nombre de molles	N		(--)	4	4	4	4	4
Mòdul de rigidesa material de la molla (AISI 301)	G		MPa	75000	75000	75000	75000	75000
paràmetres de disseny								
Gruix del fil de la molla	d		mm	1.25	1.25	1.25	1.25	1.25
Diàmetre de l'espira de la molla	D		mm	10	10	10	10	10
Factor d'esveltesa de la molla (segons extrems)	ν		(--)	0.50	0.50	0.50	0.50	0.50
resultats								
Rigidesa de la molla	K	$\Delta F/(4\cdot\Delta\delta)$	N/mm	2.00	2.50	3.00	3.50	4.00
Longitud precompressió inicial de la molla	δ	$F\cdot\Delta\delta/\Delta F$	mm	31.25	25.00	20.83	17.86	15.63
Relació d'enrotllament	C	D/d	(--)	8.0	8.0	8.0	8.0	8.0
Nombre d'espires útils de la molla	N	$d^4\cdot E/(8\cdot D^3\cdot K)$	(--)	11.4	9.2	7.6	6.5	5.7
Tensió cisallament material de la molla	τ	$8\cdot D\cdot((F+\Delta F)/4)/(\pi\cdot d^3)$	MPa	828	831	834	838	841
Longitud de bloc de la molla	Lb	$(N+2)\cdot d$	mm	16.8	13.9	12.0	10.7	9.7
Longitud inicial de la molla (marge 20%)	Lo	$Lb+(\delta+\Delta\delta)\cdot 1{,}2$	mm	54.9	42.0	35.5	30.9	27.4
Longitud final de la molla	Lf	$Lo-\delta$	mm	23.7	17.0	14.7	13.0	11.8
Deformació unitària màxima de la molla		$(\delta+\Delta\delta)/Lo$	(--)	0.58	0.61	0.60	0.59	0.59
Esveltesa de la molla		$\nu\cdot Lo/D$	(--)	2.75	2.10	1.78	1.54	1.37

Visualització, animació i realitat virtual

Les eines de *visualització* (o de *rendering*) permeten, en base a models de CAD tridimensionals, crear imatges fotorealistes de productes i escenaris que incorporen efectes com ara: punts de vista, focus de llum, creació d'ombres, textures de les superfícies, transparències, reflexions de la llum i aplicació de rètols.

Moltes d'elles també inclouen eines d'*animació* (cinemàtica) per simular aspectes com ara moviments durant el funcionament habitual del producte, seqüències de muntatge/desmuntatge, interacció entre els components, i explosionats.

Els sistemes de *realitat virtual* constitueixen les eines més evolucionades en el camp de la visualització i l'animació i estan destinades a tenir un gran desenvolupament en el futur. Com a trets destacats cal dir que l'observador pot interaccionar amb els objectes simulats que percep en escenaris tridimensionals.

Mètode dels elements finits

Eines de simulació que, a partir d'una descomposició en elements senzills (o *elements finits*), permet aplicar diverses lleis físiques (mecànica, fluids, calor, electromagnetisme) a sistemes de formes geomètriques complexes i arbitràries.

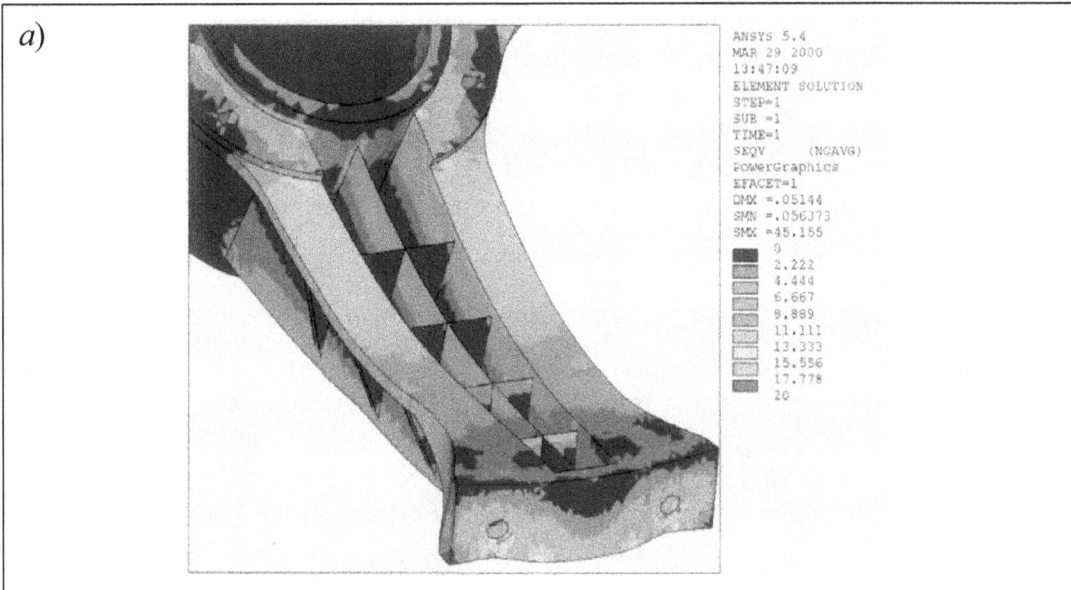

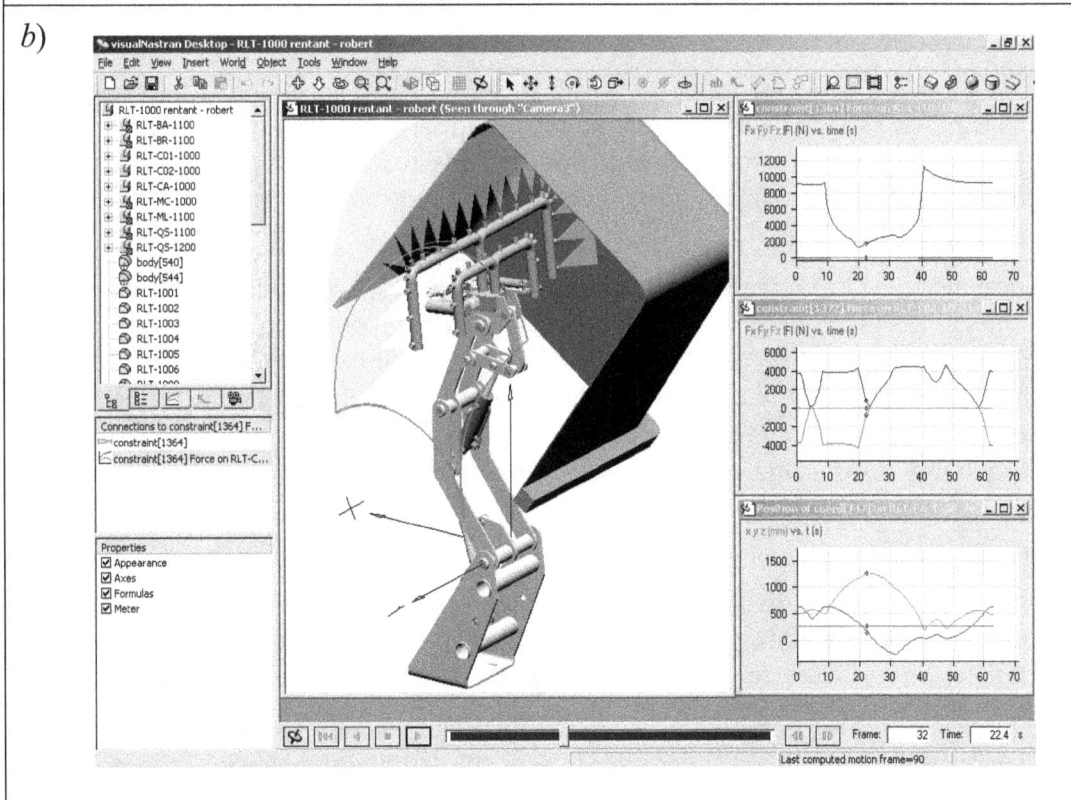

Figura 15.12   *a*) Simulació de tensions del suport de rodaments d'una rentadora-centrifugadora per mitjà de l'anàlisi per elements finits (ANSYS); *b*) Simulació cinemàtica i dinàmica (VisualNastran) d'un robot rentacontenidors de Ros Roca S.A.

La seva aplicació més habitual és l'anàlisi de tensions i deformacions en sistemes elàstics, però cada dia són més freqüents altres aplicacions com ara les deformacions plàstiques en els xocs i en la conformació de peces; el comportament dels fluids, l'omplerta de motlles de plàstic, el flux de la calor, l'estudi de les dilatacions tèrmiques, els camps elèctric i magnètic, així com la consideració simultània de dos o més d'aquests fenòmens (tensions d'origen tèrmic, piezoelectricitat).

Cas 15.3
Simulació i assaig del suport de rodaments d'una rentadora-centrifugadora

La Figura 15.12*a* mostra el resultat de l'anàlisi per elements finits de les tensions del suport de rodaments d'una rentadora-centrifugadora sotmesa a les càrregues més crítiques de centrifugació. Aquesta peça va ser fabricada i assajada en una màquina i les mesures extensiomètriques dels assigs es van comparar amb els resultats de la simulació. El cicle de simulació, assaig, mesura i correlació de resultats ha permès establir criteris per a l'optimització de components anàlegs de futures màquines (treballs realitzats a Girbau S.A.).

Simulació dinàmica

Consisteix en la simulació dinàmica de prototipus virtuals en tres dimensions que inclouen mecanismes i sistemes mecànics mòbils formats per diversos membres i elements específics per simular els enllaços, els motors i receptors, i altres dispositius com les corretges.

Aquest sistemes CAE permeten obtenir, entre d'altres, l'evolució de les posicions, velocitats, acceleracions, forces, moments, energia i potència durant el cicle de treball del sistema (vegeu la Figura 15.12*b*), així com eventuals col·lisions entre els membres del conjunt estudiat. Cada cop serà més habitual la integració amb el càlcul per elements finits dels elements del mecanisme més sol·licitats. També poden incloure altres utilitats com ara el càlcul de fatiga

Simulació i disseny

Les *simulacions virtuals* tenen un triple objectiu en el procés de disseny: *a*) Comprovar que les solucions generades estan d'acord amb els principis de la ciència i de la tècnica; *b*) Preveure els efectes desitjats; *c*) Optimitzar les solucions.

Però, atesa l'enorme complexitat de la realitat, les simulacions parteixen de models necessàriament simplificats. Per exemple, es poden avaluar tensions i deformacions, però difícilment es pot tenir en compte la influència d'aspectes com ara la corrosió dels materials al llarg del temps, o les variacions causades pel comportament humà o per l'entorn. Per tant, les eines de simulació proporcionen una aproximació a la solució, però no sempre és recomanable de prendre els seus resultats (al menys de forma exclusiva) com a base per a la validació final del producte.

Prototipatge i assaig

L'assaig amb prototipus físics té dos avantatges en relació a la simulació virtual:

a) Reprodueix amb molta més fidelitat el comportament real del futur producte

b) I, posa de manifest circumstàncies i modes de funcionament difícils d'imaginar en un context de simulació virtual.

Per tant, abans de validar un producte i d'iniciar la seva producció en sèrie, convé realitzar assaigs amb prototipus físics que, més enllà de confirmar o no els resultats de les simulacions, poden fer aparèixer fenòmens (sorolls, encallades, escalfaments, desgasts) o utilitzacions (manipulacions, sobresforços, cops) no previstos.

L'inconvenient és que, prèviament, cal construir els prototipus i preparar el banc d'assaig i la instrumentació aspectes que, generalment, consumeixen importants recursos econòmics i de temps. Tanmateix, la temptació d'eludir aquesta etapa pot tenir conseqüències molt greus i costoses quan, més endavant, el producte ja és al mercat. Tan sols si es disposa d'una bona correlació entre el comportament del producte en el mercat i els resultats de la simulació, es pot acceptar aquests resultats (i sempre amb prudència) com a base de l'avaluació final del producte.

Sistemes més àgils per a fabricar prototipus i utillatges

La realització de molts prototipus (alguns dels metàl·lics i la majoria dels basats en polímers) comporta la construcció prèvia d'utillatges específics (models, motlles, matrius) d'elevat cost i temps de fabricació que, sovint, cal refer a conseqüència de les modificacions derivades del resultat dels assaigs.

Això es deu en gran mesura a les diferències de característiques i de comportament que presenten els components fabricats amb processos i utillatges de producció (fosa, forja, extrusió, injecció, termoconformació) respecte als prototipus fabricats amb mitjans artesanals (mecanització, encolada, soldadura). Aquestes diferències, especialment acusades en els components de plàstic i elastòmer (estabilitat dimensional, guerxament, resistència mecànica, comportament tèrmic, condicions de lliscament, textures superficials, transparència, detalls constructius), fan difícils les decisions ja que el risc de les noves inversions resulta ser molt elevat.

Per a resoldre aquesta dificultat, darrerament s'estan posant a punt diverses tecnologies per a la fabricació de *prototipus ràpids* en l'etapa de desenvolupament i, d'*utillatges ràpids* (o *utillatges prototipus*), en l'etapa d'industrialització. El principal avantatge d'aquests sistemes és que permeten obtenir prototipus i sèries petites de peces, quasi idèntiques al model de CAD 3D, en un temps molt curt i amb una relació qualitat/preu favorable.

El principal inconvenient dels prototipus ràpids és que no sempre reprodueixen totes les característiques de les futures peces de sèrie (resistència mecànica, transparència, propietats superficials), mentre que la principal limitació dels utillatges ràpids és que tan sols poden fabricar un nombre limitat de peces abans de deteriorar-se. Tanmateix, permeten validar diversos aspectes del disseny (estètica, dimensions i muntatge; en certs casos, resistència mecànica) i de la fabricació (partició, facilitat d'emmotllament), de manera que escurcen els temps, disminueixen el risc de les inversions i, en definitiva, fomenten la innovació en els productes.

Prototipus ràpids (en anglès, *rapid prototyping*)

Són tècniques que permeten convertir un model virtual de CAD 3D directament en un prototipus físic. A diferència d'altres processos que eliminen material (mecanització a elevada velocitat, electroerosió), els sistemes de prototipatge ràpid es basen en la superposició de capes fines de material que componen la forma de la peça, i la geometria del model virtual traduïda al format STL proporciona la forma de les successives seccions. Un dels grans avantatges d'aquests sistemes és la simplicitat del procés en una sola operació, enlloc de la multiplicitat d'eines i operacions que requereixen els processos de prototipatge convencionals. Els sistemes de prototipatge ràpid més habituals són:

SLA, estereolitografia
Les capes es formen per polimerització d'una resina líquida fotosensible (epoxi o acrílica) a causa de la incidència d'un raig làser que recorre cada secció (Figura 15.13*a*; carcassa de la Figura 15.9). Reprodueixen fidelment les formes i detalls i, si bé inicialment les propietats divergien molt de les dels materials definitius (resistència mecànica baixa, fragilitat, propietats lliscants pobres), darrerament s'estan obtenint importants millores en relació a les propietats mecàniques.

SLS (*selective laser sintering*), *sinterització*
Procés molt versàtil pel que fa a materials (PA, PS, elastòmer, coure-poliamida, acer inoxidable infiltrat amb bronze). Les capes es formen per fusió (o sinterització) de la superfície del material gràcies a l'acció d'un raig làser que recorre les successives seccions. Els prototipus són funcionals (admeten l'assaig) i la producció de sèries reduïdes de peces petites comença a ser econòmica. La sinterització amb metall permet construir utillatges ràpids.

FDM (*fused deposition modelling*), *extrusió*
Les successives capes es formen per l'extrusió de material fos damunt de la superfície i, fora de l'ABS, no s'acaben. Permet realitzar prototipus funcionals (Figura 15.13*b*) amb materials definitius (PC, PSU, ABS) però el procés és costós a causa del temps que comporta el desplaçament físic del capçal d'extrusió. Si es resol aquest inconvenient, pot esdevenir una alternativa molt interessant en el futur.

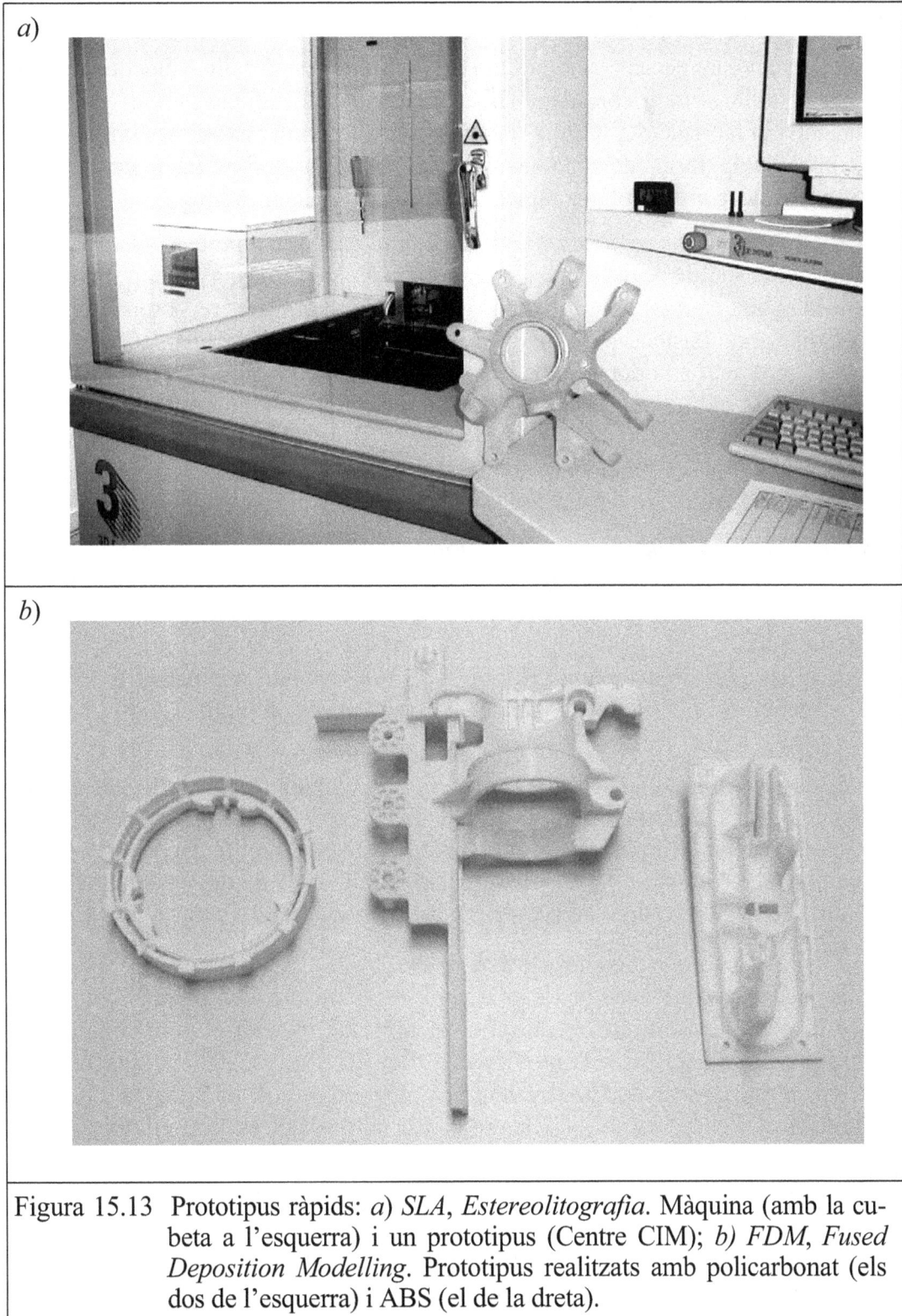

a)

b)

Figura 15.13 Prototipus ràpids: *a*) *SLA, Estereolitografia*. Màquina (amb la cubeta a l'esquerra) i un prototipus (Centre CIM); *b*) *FDM, Fused Deposition Modelling*. Prototipus realitzats amb policarbonat (els dos de l'esquerra) i ABS (el de la dreta).

Utillatges ràpids (en anglès, *rapid tooling*)

L'electroerosió, la mecanització per làser o la mecanització a alta velocitat han donat lloc a millores molt considerables en la fabricació d'utillatges convencionals. Tanmateix, la fabricació d'*utillatges ràpids* (o els inseriments amb les impromptes del punxó i de la cavitat dels motlles i matrius) es basen en l'aportació de material, de forma anàlega als prototipus ràpids. Els principals sistemes són:

RTV (room temperature vulcanization), colada al buit amb motlle de silicona
Procés d'obtenció de peces de resina de poliuretà a partir d'un model per mitjà de la colada al buit en un motlle de silicona. Per crear el motlle es recobreix un model prototipus (peça existent, o obtingut per prototipatge ràpid) amb silicona que, un cop curada, es parteix i dóna lloc a la cavitat del motlle (Figura 15.14*a*). La ràpida degradació del motlle fa que tan sols es pugui obtenir un nombre limitat de peces (de 10 a 40), però el sistema ofereix una gran versatilitat pel que fa a les característiques de les peces funcionals obtingudes (des d'elastòmer fins a components reforçats) i a les seves dimensions (des de peces petites fins a peces grans).

Deposició electroquímica de níquel i coure
Procés que consisteix en recobrir per electrodeposició un model d'estereolitrografia amb níquel o coure, fixar el conjunt a un portamotlles i omplir d'un material de reforç de baix punt de fusió per, finalment, extreure'n el model. El CENTRE CIM utilitza el sistema *Coproin-mold* (Figura 15.14*b*), basat en una patent espanyola, que permet fabricar entre 500 i 2000 peces amb el plàstic definitiu.

SLS (selective laser sintering), sinterització amb poliamida-coure
Procés de sinterització anàleg al descrit en el prototipatge ràpid però que utilitza unes pólvores de material compost de poliamida-coure (sense procés posterior al forn) per a obtenir les impromptes del punxó i cavitat del motlle. Es poden fabricar un nombre molt limitat de peces funcionals (100 a 200) de dimensions reduïdes amb unes condicions d'injecció properes a les de fabricació definitiva.

SLS (selective laser sintering), sinterització d'acer
S'inicia amb la sinterització per làser d'un acer inoxidable amb polímer com a lligam i continua amb un procés posterior al forn que elimina el polímer i infiltra bronze per acció capil·lar. Els motlles permeten fer fins a 25000 injectades amb materials plàstics i prop de 100 amb alumini, magnesi o zenc. La principal limitació del sistema està en les reduïdes dimensions dels motlles que es poden fabricar.

DMLS (direct metal laser sintering), sinterització amb acer
Procés anàleg al SLS que es distingeix pel fet que el material usat en les pólvores que constitueixen les diferents capes dóna lloc a una baixa contracció i a una elevada densitat, per la qual cosa no requereix infiltrant i simplifica el procés. Permet fabricar sèries de fins a unes 50000 peces amb el material definitiu.

a)

b)

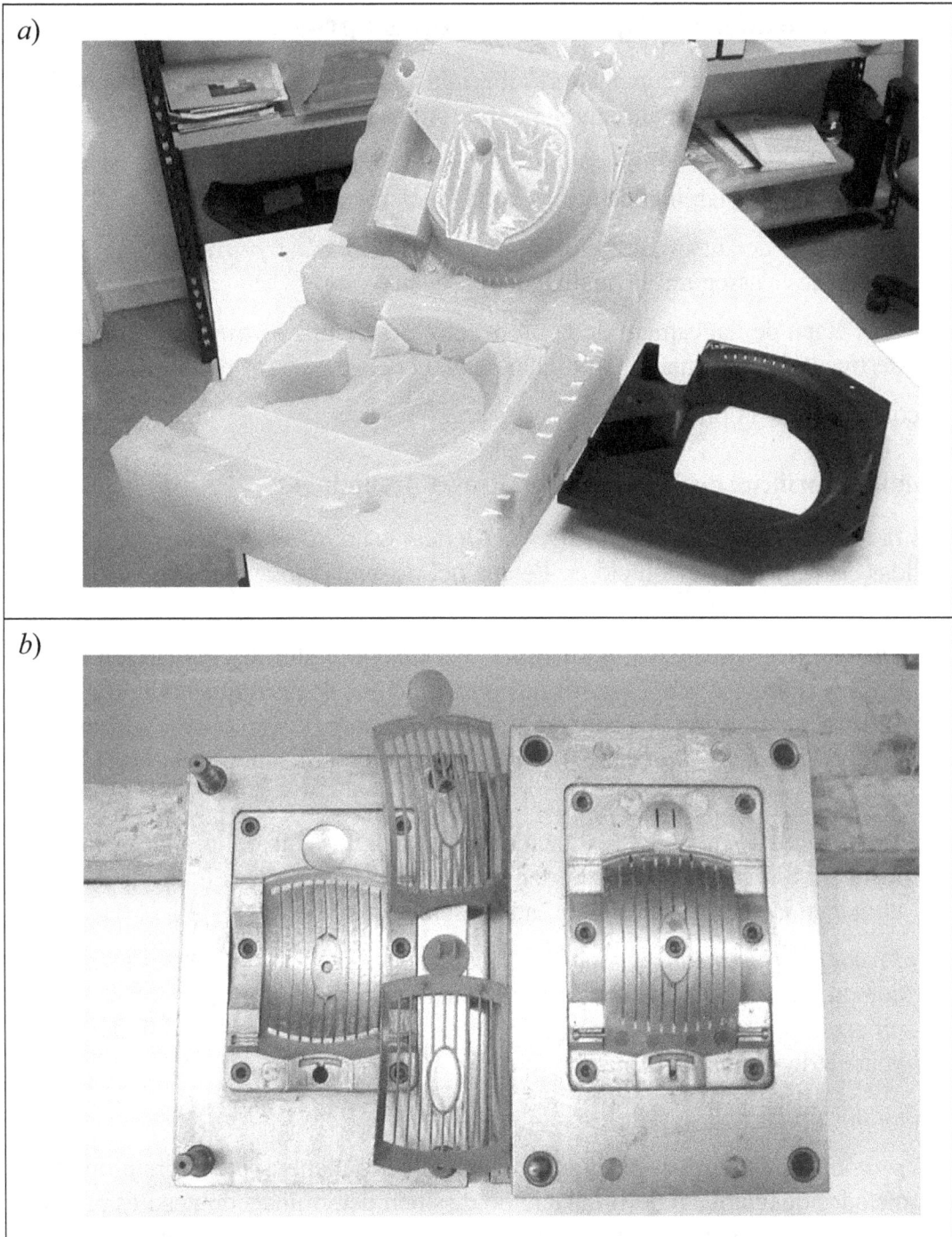

Figura 15.14   Utillatges ràpids: *a*) *RTV, Colada al buit amb motlle de silicona.* Motlle i prototipus (CENTRE CIM) de tramuja per a màquina universal de classificar monedes (Ibersélex S.A.); *b*) Sistema *Coproin-Mold*, motlle prototipus i peces fabricades (CENTRE CIM).

Funcions de diferents tipus de prototipus i proves

En el procés de desenvolupament d'un producte es poden distingir tres situacions en què pot ser convenient desenvolupar prototipus i realitzar proves:

a) En l'etapa conceptual: *prototipus preliminars* i *proves preliminars*, destinades a confirmar la viabilitat de principis de funcionament.

b) En l'etapa de materialització: *prototipus funcionals* i *proves de durabilitat*, destinades a assegurar la qualitat del producte.

c) En l'etapa de llançament de la producció: *preséries* i *proves de fabricabilitat*, destinades a confirmar el bon funcionament dels processos de fabricació.

A continuació s'amplien aquests conceptes.

Validar el principi de funcionament. Proves preliminars

Els productes que inclouen un *disseny original*, o un *disseny d'adaptació*, han de validar els principis de solució en l'etapa del *disseny conceptual* a través d'algun dels següents mètodes:

a) *Qualitatius*. Es realitzen, normalment per un equip pluridisciplinari, en base al disseny d'un producte i a partir de consideracions de tipus qualitatiu, o per mitjà de mètodes estimatius com ara l'*anàlisi de valor* (VA) o el *desenvolupament de la funció de qualitat* (QFD). En molts casos és suficient per avaluar i validar les solucions.

b) *Simulacions virtuals*. Es realitzen sobre models virtuals del producte, forçosament simplificats, i poden aportar avaluacions quantitatives i criteris de molta utilitat en la decisió de validar o no les solucions.

c) *Prototipus i proves preliminars*. Es realitzen sobre prototipus físics i permeten comprovar les hipòtesis sobre determinats principis de funcionament o nous processos de fabricació, alhora que posen de manifest aspectes difícils de preveure o de simular pels mètodes anteriors.

Prototipus preliminar

Els *prototipus* i les *proves preliminars* són, en certa manera, un recurs últim quan els mètodes qualitatius o de simulació no dissipen determinats dubtes i es produeixen punts morts en el projecte, o quan el desconeixement de determinats paràmetres paralitza les decisions. Aleshores, com més aviat es realitzin, millor. Els principals avantatges dels *prototipus* i *proves preliminars* són les següents:

a) Eviten avançar en una solució on romanen dubtes sobre la seva viabilitat *b)* Viceversa, donen solidesa als principis de solució provats

c) Permeten detectar problemes no previstos des d'etapes inicials del disseny

d) Permeten ajustar paràmetres de disseny (dimensions, pesos, velocitats).

Cas 15.5

Prototipus preliminar d'una arrencadora d'herbes

El projecte final de carrera d'un alumne de l'ETSEIB partia del següent enunciat:

"La mala herba creix molt ràpidament entre les rengleres d'arbres fruiters (els treu força i dificulta la recol·lecta). Per eliminar-les, l'ús d'un motocultor malmetria les arrels dels arbres fruiters i, una segadora, deixaria les arrels de les males herbes; es proposa desenvolupar una màquina que arrenqui les males herbes amb arrel atrapant-les entre dues bandes mòbils (Figura 15.15)."

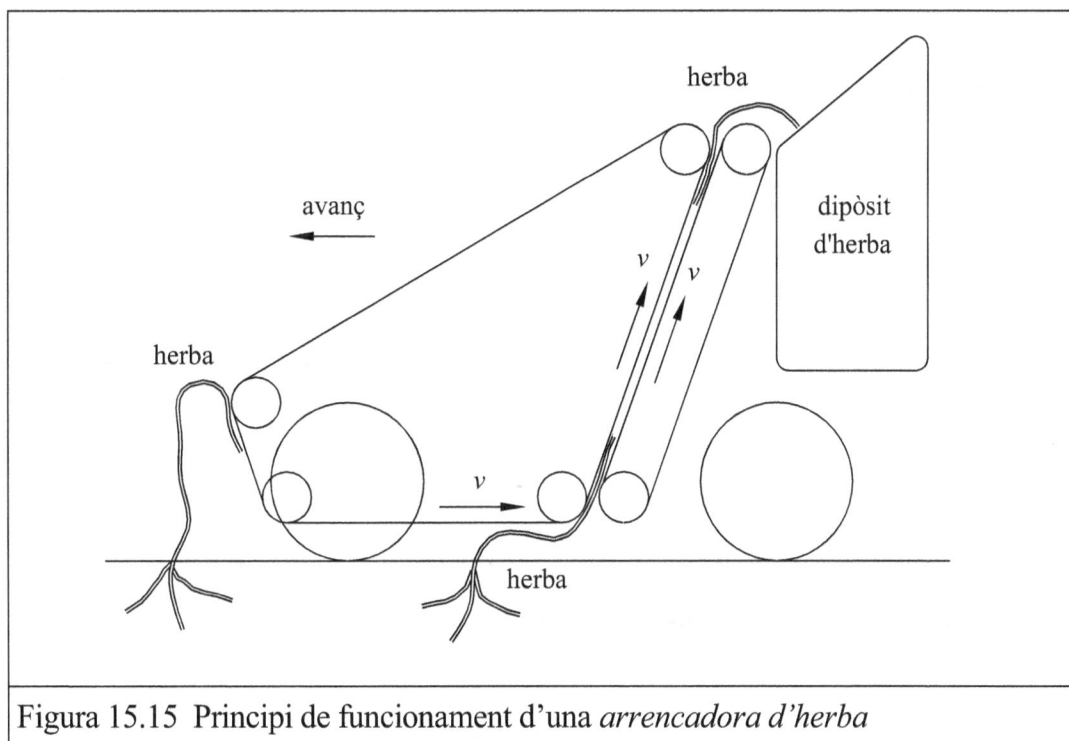

Figura 15.15 Principi de funcionament d'una *arrencadora d'herba*

La idea, en principi, sembla factible però no hi ha cap garantia que funcioni. El director del projecte suggereix de fer un *prototipus preliminar* i unes *proves preliminars*. L'alumne construeix un prototipus a partir d'un motor de motocicleta i de components de desballestament i realitza unes proves en el hort del seu pare. El prototipus aconsegueix arrencar les arrels de les males herbes en més d'un 70% dels casos; el projecte va continuar, i la màquina va ser patentada.

Assegurar la fiabilitat. Assaigs de durabilitat

Un cop establerts el disseny de materialització d'un component, d'un subgrup, o d'una màquina completa, cal realitzar un *prototipus funcional* i els corresponents *assaigs de durabilitat* que es relacionen amb el deteriorament que experimenta el producte i els seus components al llarg del seu funcionament.

La *fiabilitat* és l'aptitud d'un sistema o component per funcionar correctament durant un temps predeterminat. L'assegurament de la fiabilitat és un dels requisits més importants del *disseny per a la qualitat*, i és fruit de l'aplicació de tecnologies d'assaig ben establertes. Alguns dels *assaigs de durabilitat* més usuals són:

a) *Assaigs de fatiga*. S'apliquen cicles repetits de càrregues de treball sobre determinats components o sobre el producte sencer, i es comprova que resisteixen a la fatiga durant un temps suficient (avanç de la fissura o ruptura).

b) *Assaigs de desgast*. S'apliquen cicles repetits de moviments, o de circulacions de fluids, sobre determinats components o sobre el producte sencer, i es comprova que el desgast dels diferents elements (especialment els contactes en els enllaços o les conduccions) sigui acceptable.

c) *Assaigs de corrosió*. Es sotmeten determinats components o el producte sencer a ambients corrosius (humitat, atmosferes oxidants, o altres atmosferes), i s'analitzen els efectes de la corrosió amb el temps.

d) *Assaigs de maniobres*. S'estableixen seqüències repetides d'operacions sobre determinats components (especialment sobre els dispositius electrònics) o sobre el producte sencer, i es comprova que mantinguin el funcionament correcte durant un nombre de maniobres previst.

Dificultats dels assaigs de durabilitat

Hi ha dos tipus de dificultats inherents als *assaigs de durabilitat*:

1. *Condicions d'assaig*. És difícil de conèixer i reproduir en l'assaig les condicions reals de funcionament i d'utilització (usos no previstos, influència de variables de l'entorn). La simulació d'aquestes condicions en el laboratori constitueix un dels punts més crítics dels *assaigs de durabilitat* i, per això, sovint se'n realitza una part en condicions operatives.

2. *Acceleració de l'assaig*. Molts dels productes tenen una vida de 5, 10, 15 o més anys, i és evident que no es pot disposar d'aquest temps per a realitzar els *assaigs de durabilitat*. Cal, per tant, aplicar tècniques per accelerar-los (eliminació de cicles que no produeixen dany, com en el mètode de *rain-flow*; o, aplicació de condicions més severes que les reals, com en la corrosió en *càmera salina*), i establir criteris per a interpretar els resultats.

Les tècniques d'assaig acaben constituint part del *know-how* de les empreses i solen fixar-se per mitjà de la redacció de procediments. En casos on hi ha relacions de subcontractació, s'estableixen acords sobre càrregues de referència, procediment, dispositius, temps i condicions ambientals per mitjà d'un *protocol d'assaigs.*

Funció estratègica dels assaigs de durabilitat

La realització d'*assaigs de durabilitat* d'un sistema i dels seus components durant la fase de desenvolupament és la garantia per obtenir una elevada *fiabilitat* del producte, un dels aspectes principals de la qualitat.

Els assaigs de durabilitat acostumen a consumir una part important dels recursos i de temps en el desenvolupament d'un producte i, per tant, hi pot haver la temptació d'eludir-los. Algunes empreses, apressades per les urgències de comercialització, poden cometre l'error de no fer assaigs abans de llançar el producte al mercat. Aquest fet sol comportar inconvenients greus:

a) *Pèrdua de prestigi.* Una manca de fiabilitat greu (ruptura d'elements, desgasts prematurs, corrosió de peces vitals) produeix unes pèrdues de prestigi del producte i de l'empresa difícils de recuperar. En tot cas, l'empresa ha d'assumir la responsabilitat i reparar els danys sense cost per a l'usuari.

b) *Correccions a casa de l'usuari.* Les reparacions a casa de l'usuari, a més de ressaltar les deficiències del producte, comporten dificultats logístiques importants en relació als utillatges i materials i costos elevats de desplaçament.

c) *Multiplicació de variants.* Un disseny no contrastat amb *assaigs de durabilitat* acostuma a desencadenar una pluja de modificacions posteriors (diverses variants d'un mateix recanvi, diferents procediments de muntatge) que tenen una repercussió molt negativa en la gestió general de l'empresa.

Assegurar la fabricabilitat. Presèries

Els productes produïts en grans sèries (automòbils, electrodomèstics, determinats components industrials), que solen pertànyer a mercats madurs, a més de respondre a la seva funció i d'assegurar la seva qualitat, també han de ser fabricats de forma fiable i poc costosa. És per això que, en aquests casos, s'estableix un tercer tipus de prototipus (les *presèries*) i de proves on el *banc d'assaig* és la pròpia línia de fabricació, i que tenen per missió assegurar la *fabricabilitat.*

Hi ha diversos aspectes que cal tenir en compte en el llançament de les presèries:

a) *Inici de la presèrie*
Les presèries s'orienten a assegurar la fabricabilitat i, per tant, tots els aspectes bàsics de funcionalitat i de fiabilitat han d'estar ja resolts

b) *Dimensió de la presèrie*

Convé no llançar presèries excessivament grans, ja que qualsevol modificació afecta a un gran nombre d'unitats; però tampoc han de ser excessivament curtes ja que han de confirmar tendències. Una possibilitat és fer la presèrie seqüencial amb l'anàlisi prèvia de cada unitat abans d'iniciar la següent.

c) *Homologacions i variants*

Les presèries són l'instrument ideal per gestionar les homologacions i per avaluar el desplegament de variants prèvies a la producció.

Cas 15.6
Prototipus i presèries en el llançament d'un nou model de NISSAN

A continuació es descriu un exemple de procés de desenvolupament d'un nou vehicle, amb la funció que hi juguen els diferents prototipus i presèries. NISSAN estableix 5 fases, les 3 primeres de les quals corresponen al *disseny* i, les 2 darreres, a la *industrialització*, amb una durada total de 32 mesos:

Disseny	Fase 1.	Concepte	(Lot 0 Preliminar)
	Fase 2.	Planificació	(Lot 1 Desenvolupament)
	Fase 3.	Proves del disseny	(Lot 2 Confirmació)
Industrialització	Fase 4.	Sèrie de proves d'enginyeria (A)	
	Fase 5.	Sèrie de proves de producció (B-C)	

Al final de cada etapa s'estableixen reunions de *revisió del disseny*, amb la presència de persones de tots els departaments afectats, i es decideix de seguir a la fase següent o, eventualment, de cancel·lar el projecte.

Fase 1. Concepte (Lot 0; Preliminar)

Abraça el període entre els mesos 32 i 25 abans de l'inici de la producció i l'objectiu és comprovar si el desenvolupament preliminar ha estat correcte, fet que es verifica al final del Lot 1 (un o dos vehicles).
Activitats:
S'estableixen unes reunions entre els departaments de disseny i de fabricació per posar en comú experiències de disseny i de fabricació precedents. S'analitzen les dades de qualitat respecte a la producció, i es tenen en compte les queixes o desigs manifestats sobre productes fabricats amb anterioritat.
Se sol·licita dels subministradors propostes tecnològiques que incorporin millores en les prestacions o costos del vehicle.
Es construeix un model a escala natural i es presenta al departament comercial.
Després de la validació, es dibuixa la carrosseria en el CAD.
Paral·lelament, es desenvolupen els plànols preliminars de les principals unitats del vehicle (motor, estructura del xassís, suspensions, direcció).

Lot 0 (preliminar). Es munten 1 o 2 prototipus a partir d'un vehicle modificat (la carrosseria no és la definitiva) i es fan tests de mercat i assaigs en pista; Es revisa la Fase 1, a partir de la qual s'autoritza la construcció del Lot 1.

Fase 2. Planificació (Lot 1; Desenvolupament)

Abraça el període entre els mesos 25 i 17,5 abans de l'inici de la producció. L'objectiu és avaluar les prestacions i funcions del vehicle muntat per a verificar el disseny de les seves parts i sistemes (*Lot 1*: uns 25 vehicles).

Activitats:

El departament de control del projecte planifica i controla el disseny. El departament d'enginyeria prepara la documentació de base per a la relació amb els proveïdors (especificacions per a l'acceptació de peces i components).

Els vehicles són muntats per personal de fabricació amb els mateixos mètodes que seguirà la producció normal. El muntatge dura uns 3,5 mesos.

Es fan diverses proves, entre elles de carretera (3 mesos), amb l'objecte de verificar les prestacions i la qualitat dels diferents components.

Es presta atenció a pintures, tapisseries, acabaments interiors. S'actualitzen els objectius de qualitat, cost i terminis, que es discuteixen amb els subministradors. Se sol·liciten modificacions de les especificacions, i s'estableix la corresponent negociació amb els subministradors (qualitats i preus).

Després dels assaigs se sol·liciten les modificacions al departament de disseny i als subministradors amb l'objecte d'aprovar els plànols que seran la base per a la fabricació del Lot 2 de confirmació.

Fase 3. Prova de disseny (Lot 2; Confirmació)

Abraça el període entre els mesos 17,5 i 9,75 abans de l'inici de la producció. L'objectiu és finalitzar l'etapa de desenvolupament tot establint mesures que solucionin els defectes identificats en el Lot 1, per així procedir posteriorment a les *proves d'enginyeria*. (*Lot 1*: uns 60 vehicles).

Activitats:

S'avaluen les solucions als problemes identificats en el Lot 1 mitjançant la utilització de vehicles reals. Es dóna per finalitzada l'etapa de desenvolupament.

El departament d'enginyeria munta en les instal·lacions de prototipus els 60 ve-hicles del Lot 2, adaptats als diferents mercats de destinació final, tenint en compte les legislacions específiques dels diferents països.

Es passen demandes als proveïdors per tal que preparin l'inici de la producció (especialment la preparació dels utillatges definitius).

S'estableixen els procediments per aprovar les peces de la carrosseria fabricades amb les matrius (del 60 al 70 % de la inversió del projecte). Es fabrica un Lot específic per aprovar la carrosseria, i les modificacions passen al Lot 2.

Les modificacions es comuniquen als subministradors perquè lliurin les peces per a la sèrie de proves d'enginyeria.

Després de l'avaluació del Lot 2, es realitzen les modificacions finals que fixen les especificacions definitives per a la sèrie de proves de producció B.

Fase 4. Presèrie de Proves d'Enginyeria (A)

L'objectiu és muntar diversos vehicles en la planta de producció, amb les peces i utillatges de fabricació per ajustar i corregir les variacions que es produeixen en la fabricació i muntatge. Es fabriquen els vehicles per a l'homologació. Presèrie: 15 vehicles fabricats seqüencialment + vehicles per a l'homologació.

Activitats:

Es crea un grup de control (màrqueting, enginyeria de disseny, enginyeria de producció, qualitat, control de producció, i compres), dirigida per un membre del departament de coordinació de projectes, a fi d'assegurar l'èxit de la industrialització. Té per objecte donar solució als problemes que apareguin en aquestes fases.

Presèrie A: Primera fabricació en planta amb els utillatges de producció per detectar variacions en la producció en sèrie i corregir els plànols i utillatges.

Es fabriquen seqüencialment uns 15 vehicles en un temps de 1½ mesos (l'objectiu és millorar el procés i no la rapidesa de lliurament). Abans de cada nou vehicle, es revisen els processos i temps per procedir a ajusts o modificacions.

Es fabriquen vehicles amb les especificacions corresponents per a l'homologació en els diferents països de destí en funció de les seves legislacions.

El departament de fabricació defineix els llocs de treball, les longituds de les línies i elabora els fulls de procés amb els corresponents temps.

La retroacció obtinguda en aquesta fase autoritza el llançament de les *presèries de proves de producció B i C*.

Fase 5. Sèrie de Proves de Producció (B-C)

L'objectiu és muntar en la planta de producció un nombre suficient de vehicles dels diferents models usant peces definitives dels subministradors i ajustar els darrers detalls relacionats amb la comercialització.

Presèrie B: Es fabriquen en planta uns 250 vehicles segons models, colors i països de destí. S'envien als concessionaris amb un compromís de confidencialitat durant 6 mesos, que permet planificar la introducció del model en la xarxa, així com satisfer algunes suggeriments en la nova presèrie.

Presèrie C: Es fabrica una nova presèrie (de xifra no determinada) en la planta on s'introdueixen les darreres modificacions. La finalització de la presèrie C fixa l'*Inici de la Producció*.

Les Presèries B i C tenen per objectiu, també, que els operaris de planta progressin en la seva corba d'aprenentatge i adaptació.

Mètodes d'avaluació de solucions

En les diferents etapes del procés de disseny, després de cada desplegament d'alternatives, correspon fer-ne una avaluació com a base per a la posterior presa de decisions. En general, aquestes avaluacions no se centren sobre un determinat element, sinó que han de ponderar diferents aspectes del sistema en base a criteris que sovint impliquen judicis de valor.

Per a prendre una decisió sempre han de ser presents els dos elements següents:

a) *Alternatives*. Com a mínim cal disposar de dues alternatives (el més adequat és entre 3 i 6) les característiques de les quals han de ser diferents.

b) *Criteris*. S'han d'establir els criteris en base als quals aquestes alternatives han de ser avaluades, així com també la ponderació relativa d'aquests criteris.

Atès que en totes les solucions d'enginyeria hi intervenen múltiples aspectes que cal considerar de forma global, en tots els mètodes d'avaluació apareix el problema de la ponderació de criteris. Existeixen nombrosos mètodes d'avaluació que es poden agrupar en:

1. *Mètodes ordinals*. L'avaluador classifica per ordre les diferents solucions alternatives per a cada criteri. L'inconvenient d'aquests mètodes consisteix en la dificultat d'integrar els resultats dels diferents criteris en una avaluació global, ja que no és sensible a les ponderacions de criteris.

2. *Mètodes cardinals*. L'avaluador ha de quantificar els seus judicis en relació a l'efectivitat de les alternatives i a la importància dels criteris. Aquests mètodes faciliten la integració de les avaluacions parcials en un resultat global, però sovint la quantificació pot resultar arbitrària, especialment en les etapes inicials del disseny.

Mètode ordinal corregit de criteris ponderats

Per decidir entre diverses solucions (especialment en l'etapa de disseny conceptual), moltes vegades n'hi ha prou en conèixer l'ordre de preferència de la seva avaluació global. És per això que es recomana el *mètode ordinal corregit de criteris ponderats* que, sense la necessitat de quantificar els paràmetres de cada propietat i, sense haver d'estimar numèricament el pes de cada criteri, permet obtenir resultats globals suficientment significatius.

Es basa en una regla que consisteix en establir unes taules comparatives on cada criteri (o solució, per a un determinat criteri) es confronta amb els altres criteris (o solucions) i s'assignen els valors següents:

1   Si el criteri (o solució) de les files és superior (o millor; >) que el de las columnes

0,5   Si el criteri (o solució) de les files és equivalent (=) al de les columnes

0   Si el criteri (o solució) de les files és inferior (o pitjor; <) que el de les columnes

A continuació, per a cada criteri (o solució), se sumen els valors assignats en relació als restants criteris (o solucions) i se li afegeix una unitat (per evitar que el criteri o solució menys favorable tingui una valoració nul·la); després, en una nova columna, es calculen els valors ponderats per a cada criteri (o solució).

Finalment, l'avaluació total per a cada solució resulta de la suma de productes dels pesos específics de cada solució pel pes específic del criteri respectiu (Cas 15.7).

Cas 15.7
Banc transportable per al rodatge de motocicletes de competició
Aquest exemple és extret del projecte final de carrera de l'enginyer Xavier Nadal Ferré que va presentar l'any 1994.
Es tractava de dissenyar un banc transportable per simular el rodatge i escalfament de les motocicletes de competició previ a la cursa, amb independència de la presència del pilot.
L'avaluació que es presenta a continuació fa referència a les solucions alternatives establertes en la fase conceptual. En aquest disseny es buscava un banc que simulés correctament els efectes d'inèrcia i la resistència de l'aire.

Entre els principis de solució generats durant el disseny conceptual, uns simulen la inèrcia i la resistència a l'aire amb dispositius independents mentre que, d'altres, simulen totes les resistències amb un únic dispositiu essent el control l'encarregat d'adaptar-lo a cada situació:

- Solució A: *Volant d'inèrcia i circuit oleohidràulic*
- Solució B: *Volant d'inèrcia i fre aerodinàmic*
- Solució C: *Fre de corrents paràsits*
- Solució D: *Fre hidràulic*
- Solució E: *Generador de corrent i resistències de dissipació d'energia.*

I, els criteris de valoració que es van considerar més determinants, foren:
a) *Baix pes*, ja que la màquina ha de ser transportable i ha de poder ser manejada per 1 o 2 persones, de vegades en espais molt reduïts
b) *Alta fiabilitat*, ja que el seu funcionament s'emmarca en la competició on qualsevol fallada constitueix un contratemps molt seriós
c) *Possibilitat de regulació del fre*, per adaptar les característiques del banc a diferents motocicletes

d) *Preu moderat*, ja que és un aparell prescindible que tan sols serà adquirit per un equip de competició si la relació utilitat/preu és acceptable.

A partir d'aquestes dades inicials es procedeix a través dels següents passos:

1. *Avaluació del pes específic de cada criteri*

	pes	>	*regulació*	>	*manteniment*	=	*preu*

Criteri	*pes*	*regulació*	*manten.*	*preu*	Σ+1	ponderat
pes		1	1	1	4	0,400
regulació	0		1	1	3	0,300
manteniment	0	0		0,5	1,5	0,150
preu	0	0	0,5		1,5	0,150
				suma	10	1

Avaluació dels pesos específics de les diferents solucions per a cada criteri:

2. *Avaluació del pes específic del criteri* **pes**

	solució B	>	*solució A*	=	*solució C*	>	*solució D*	>	*solució E*

Pes	*soluc. A*	*soluc. B*	*soluc. C*	*soluc. D*	*soluc. E*	Σ+1	ponderat
solució A		0	0,5	1	1	3,5	0,233
solució B	1		1	1	1	5	0,333
solució C	0,5	0		1	1	3,5	0,233
solució D	0	0	0		1	2	0,133
solució E	0	0	0	0		1	0,066
					suma	15	1

3. *Avaluació del pes específic del criteri* **regulació**

	solució C	=	*solució D*	>	*solució C*	>	*solució D*	=	*solució E*

Regulació	*soluc. A*	*soluc. B*	*soluc. C*	*soluc. D*	*soluc. E*	Σ+1	ponderat
solució A		0,5	0	0	0	1,5	0,100
solució B	0,5		0	0	0	1,5	0,100
solució C	1	1		0,5	1	4,5	0,300
solució D	1	1	0,5		1	4,5	0,300
solució E	1	1	0	0		3	0,200
					suma	15	1

4. Avaluació del pes específic del criteri **manteniment**

solució B	>	solució C	=	solució A	=	solució D	>	solució E

Mantenim.	soluc. A	soluc. B	soluc. C	soluc. D	soluc. E	Σ+1	ponderat
solució A		0	0	0,5	1	2,5	0,166
solució B	1		1	1	1	5	0,333
solució C	1	0		1	1	4	0,266
solució D	0,5	0	0		1	2,5	0,166
solució E	0	0	0	0		1	0,066
					suma	15	1

5. Avaluació del pes específic del criteri **preu**

solució B	=	solució A	>	solució C	=	solució D	>	solució E

Preu	soluc. A	soluc. B	soluc. C	soluc. D	soluc. E	Σ+1	ponderat
solució A		0,5	1	1	1	4,5	0,300
solució B	0,5		1	1	1	4,5	0,300
solució C	0	0		0,5	1	2,5	0,166
solució D	0	0	0,5		1	2,5	0,166
solució E	0	0	0	0		1	0,066
					suma	15	1

I, el càlcul de la taula de conclusions:

6. Taula de conclusions

Conclusions	pes	regulac.	menten.	preu	Σ	prioritat
solució A	0,233·0,40	0,10·0,30	0,166·0,15	0,300·0,15	0,1933	3=4
solució B	0,333·0,40	0,10·0,30	0,333·0,15	0,300·0,15	0,2583	1
solució C	0,233·0,40	0,30·0,30	0,266·0,15	0,166·0,15	0,2483	2
solució D	0,133·0,40	0,30·0,30	0,166·0,15	0,166·0,15	0,1933	3=4
solució E	0,066·0,40	0,20·0,30	0,066·0,15	0,066·0,15	0,1067	5

La solució B és la més ben situada, a poca distància de la solució C. Segueixen les solucions A i D (igualades), mentre que la solució E queda a molta distància.

Per completar la comparació entre les solucions B i C, es pot variar la relació en l'ordre d'algun criteri (o solució) on es tingui algun dubte i contrastar els nous valors obtinguts. Per exemple, donant la mateixa ponderació al criteri pes per a les solucions A i B, s'obtenen aquests nous resultats: Solució A: 0,2317; Solució B: 0,2617. Ara, els resultats s'han invertit.

15.8 Organització i equip humà

Modificacions en l'organització interna

L'organització tradicional de les empreses en departaments per funcions i amb una direcció jeràrquica és adequada per promoure la professionalitat i l'eficiència de les actuacions però no assegura l'eficàcia del producte en el mercat.

La implantació de l'enginyeria concurrent, amb la necessitat de fomentar una visió i una gestió globals dels projectes, ha acabat afectant les formes d'organització de les empreses que l'adopten. Apareixen dos elements organitzatius nous: l'*equip pluridisciplinari de disseny*, i el *cap de projecte* (en anglès, *project manager*). El primer, assegura una orientació col·legiada i plural del projecte mentre que, el segon, n'assegura una gestió global i integrada.

Equip pluridisciplinari de disseny
Està format per un nombre reduït de membres (sol ser de 3 a 8), generalment de bona qualificació professional i d'elevada responsabilitat funcional, de dintre o fora l'empresa, que responen a diferents punts de vista en relació al projecte (les diferents veus). Les seves missions col·lectives són les de debatre, assessorar, i col·laborar en prendre les principals decisions en relació al projecte. Les seves reunions són escasses (ja que els costos són elevats) però requereixen una bona preparació.

Cap de projecte
És un tècnic gestor orientat al producte i al mercat, que té la responsabilitat d'impulsar i coordinar el dia a dia del projecte en tots els seus aspectes des del principi a la fi, tot facilitant el flux d'informació i assegurant el compliment dels objectius i terminis assenyalats. Generalment respon davant del gerent de l'empresa o del responsable de R+D i, entre les seves missions figuren la de procurar els mitjans materials i humans necessaris, tant de dintre l'empresa (diferents departaments i serveis) com de fora (empreses subministradores, enginyeries, col·laboracions amb universitats i centres tecnològics), així com la de coordinar-se amb l'equip pluridisciplinari de disseny.

Com a conseqüència de la introducció d'aquestes noves figures a les empreses, s'estan perfilant dues noves formes d'organització que articulen fonamentalment la situació del cap de projecte dintre de l'estructura de funcions de l'empresa: l'*organització matricial*, i l'*organització per projectes*.

A continuació es descriuen i s'avaluen els avantatges i inconvenients del sistema tradicional, i dels sistemes alternatius propugnats per un enfocament concurrent:

Sistema tradicional:
organització per funcions

Aquesta organització posa l'èmfasi en els departaments per funcions (finançament, màrqueting, disseny, producció, comercial, postvenda) i en la presa de decisions jeràrquica.

Els projectes avancen de forma lineal i la responsabilitat passa per diferents departaments sense coordinació prèvia: disseny crea un producte en funció dels requeriments, producció es responsabilitza de fabricar-lo (i de fer-lo fabricable), comercial s'esforça per col·locar el producte en el mercat i, finalment, postvenda intenta resoldre les incidències derivades del seu ús.

Això pot generar importants desajusts. Per exemple, producció pot trobar-se amb la necessitat de refer part del disseny per a fer-lo fabricable, però alhora en pot desnaturalitzar la funcionalitat. Aquesta forma de procedir és coneguda com *comunicar-se per damunt de la paret* (Figura 15.16)

Sistema mixt:
organització matricial (Figura 15.17*a*)

Sistema mixt que manté l'organització tradicional per funcions i responsabilitats jeràrquiques (l'eix del *com fer les coses*), on s'hi superposa una organització per projectes (o línies de projecte) amb un *cap de projecte* al front de cada un d'ells (l'eix del *què cal fer*). Els tècnics que intervenen en els treballs depenen dels directors dels departaments en els aspectes professionals i del cap de projecte pel que fa a la consecució d'objectius i al compliment dels terminis. Els caps de projecte se suporten i assessoren en un equip de disseny pluridisciplinari i responen davant d'un director de projectes d'innovació.

Tot i que la gestió resulta més complexa i la doble dependència obliga a resoldre i a superar molts conflictes, pot ser una forma de mantenir els avantatges professionals de la divisió per funcions i alhora introduir el principi de la gestió per projectes que requereix l'enginyeria concurrent.

Sistema concurrent
Organització per línies de productes (Figura 15.17*b*)

Aquesta alternativa fa un pas més i el pes de l'organització recau en divisions de l'empresa (com si fossin petites unitats de negoci el seu si), cada una de les quals es responsabilitza globalment d'una línia de producte i gaudeix d'una gran llibertat d'acció. El responsable de la divisió fa les funcions de *cap de projecte* i dirigeix un equip que sol caracteritzar-se per la motivació i l'entusiasme. Pot assessorar-se en un equip de disseny pluridisciplinari i respon davant de la direcció. Aquesta estructura sol funcionar satisfactòriament mentre no esdevé excessivament gran.

Una versió més radical d'aquest model consisteix en organitzar cada divisió com una empresa independent. Pot ser adequada per al desenvolupament de projectes de risc molt elevat o projectes de gran envergadura i complexitat.

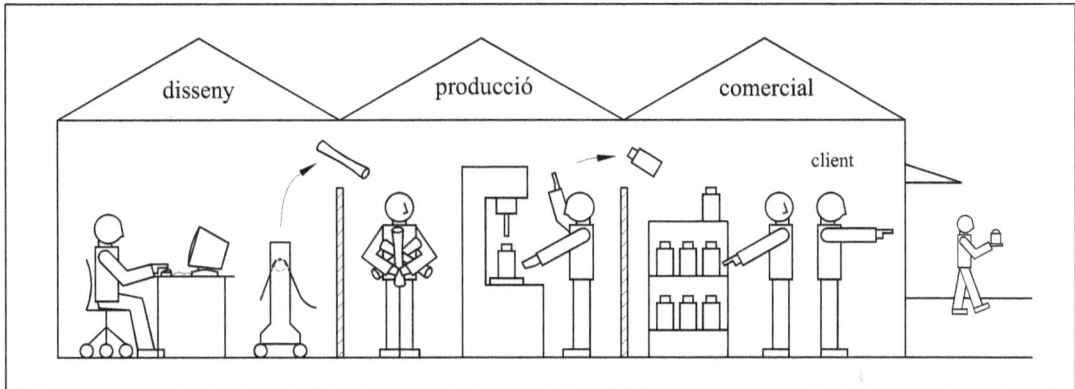

Figura 15.16 Una conseqüència de l'organització tradicional per funcions: *comunicar-se per damunt de la paret*

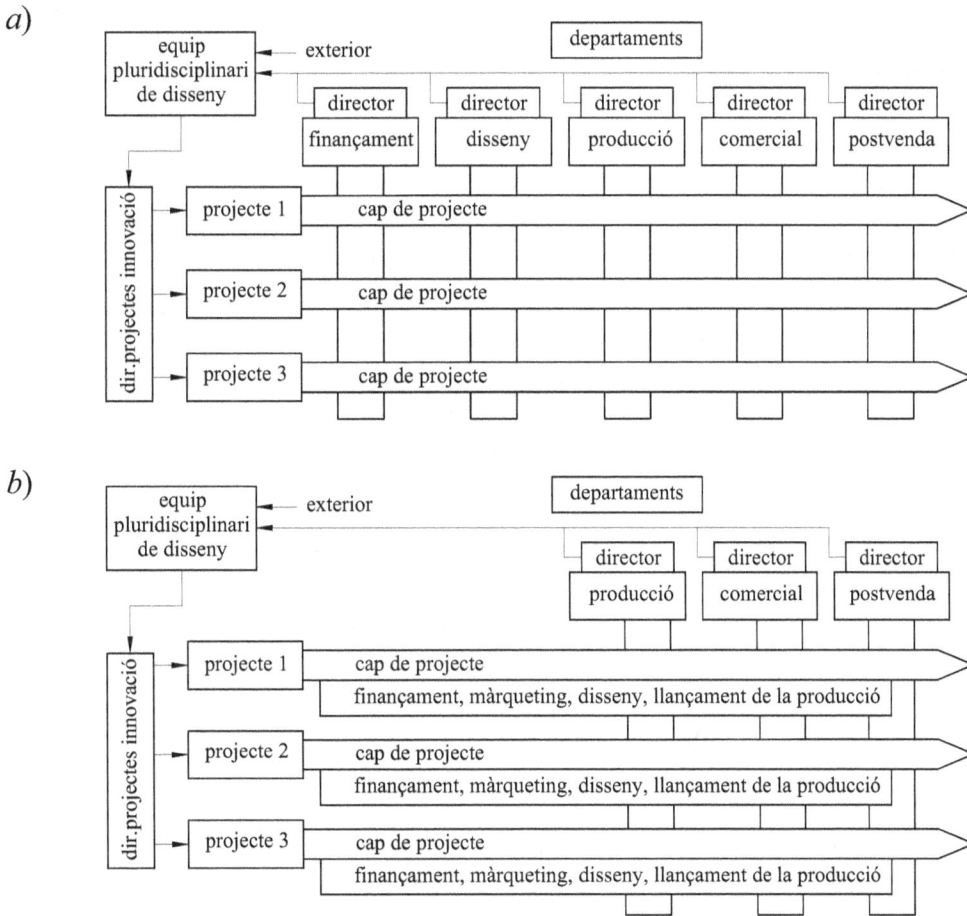

Figura 15.17 Sistemes d'organització propugnats per un enfocament concurrent: *a*) Organització matricial; *b*) Organització per línies de producte

Modificacions en les relacions exteriors

Fa unes dècades, les grans indústries es basaven en processos integrals en els quals es fabricava la major part de les peces i components dels seus productes. Progressivament, aquests processos van anar incorporant components de mercat i subcontracten la fabricació de determinades peces específiques de tal forma que, avui dia, moltes indústries amb producte propi centren les seves activitats en el disseny, el muntatge i la comercialització. En aquest context, els preus i els terminis prevalen en les relacions exteriors.

Tanmateix, l'enginyeria concurrent (desenvolupada durant les dues darreres dècades), fa un pas més i no tan sols contracta la fabricació de peces i de components sinó que recorre als subministradors per a compartir (o delegar) part dels seus desenvolupaments tecnològics.

Consolidats els mercats de components i de subcontratació, en el marc de l'enginyeria concurrent apareixen altres mercats probablement encara amb més capacitat de transformació com són els de serveis a les indústries i els mercats de tecnologies coberts per assessories, agents de patents, enginyeries, centres tecnològics i universitats, entre d'altres. La indústria de l'automoció, pionera en molts aspectes, ha impulsat molt enllà aquestes tendències i, en aquests moments es parla d'*enginyeria col·laborativa* on, a més dels preus i dels terminis, s'incorporen altres aspectes relacionats amb el servei, la qualitat i l'entorn.

Les noves tecnologies de la informació i de la comunicació, el paradigma de les quals és *internet*, estan donant un impuls definitiu per deixar l'anterior sistema productiu jeràrquic (autosuficient) i entrar en un nou sistema productiu en xarxa (tothom necessita de tothom) en el marc del qual cal saber moure's i on probablement trauran més partit les petites empreses que s'organitzin en xarxa (o en grup) que las multinacionals.

Així, doncs, les relacions exteriors de les empreses deixen de ser l'excepció per esdevenir la regla i, per tant, els aspectes tecnològics i organitzatius relacionats amb l'enginyeria col·laborativa passen a ser elements imprescindibles de les activitats de les empreses i, de forma molt especial, dels processos de disseny i de desenvolupament dels productes i serveis. Entre aquests aspectes hi ha:

- L'estructuració modular dels productes
- L'especificació i el disseny conceptual
- Els equips pluridisciplinaris i els caps de projecte
- La contractació de serveis i de tecnologia
- Les eines de modelització i de simulació
- Els controls de qualitat i els assaigs
- Les bases de dades compartides

En diverses parts del text s'incideix sobre aquests conceptes.

16 Estructuració del disseny

16.1 Metodologia de les ciències i de les tecnologies

Introducció

Una gran part dels productes i serveis més innovadors que s'han desenvolupat recentment estan fortament relacionats amb recerques científiques. És per això que molta gent sol considerar que aquests productes i serveis no són altra cosa que una aplicació pràctica dels coneixements científics i oblida que la majoria dels descobriments de la ciència han necessitat importants desenvolupaments tecnològics en aparells i processos sofisticats per a dur a bon terme els treballs d'experimentació.

No es tracta, doncs, de dilucidar quines són més importants, si les ciències o les tecnologies, ja que les dues es complementen i necessiten i, avui dia, serien impensables les unes sense les altres. Tanmateix, s'ha produït una confusió generalitzada en relació a les metodologies de les ciències i de les tecnologies per la qual cosa, l'observació que es fa a l'inici d'aquest apartat no és anodina.

En efecte, el més gran predicament de les ciències en els mitjans de comunicació, en els àmbits acadèmics i en els centres de formació tant científics com tecnològics, ha dut a pensar que la metodologia de la recerca experimental (de llarga tradició) cobreix tant les activitats científiques com els desenvolupaments de l'enginyeria.

Aquestes circumstàncies han fet que, fins a temps molt recents, s'ha prestar molt poca atenció a les metodologies pròpies de les tecnologies i, de forma destacada dintre d'elles, les de disseny. Tanmateix, des de fa poc més de dues dècades, cada cop és més abundant la literatura sobre les bases i els conceptes de la metodologia per a les activitats tecnològiques i de disseny.

Experimentació i disseny

Els humans vivim en dos móns que estan en contínua interrelació: el món material (de fora, exterior), d'objectes tangibles i els fets observables, i el món mental (de dintre, interior) de coneixements, pensaments, opinions, sensacions, desigs i voluntats.

Aquesta interacció pot tenir dos sentits: *a*) Un procés bàsicament dirigit de *fora-a-dins* que procura obtenir imatges o representacions mentals del món físic (*adquisició de coneixement*; la recerca experimental, base metodològica de les ciències, n'és una de les seves formes sistematitzades); *b*) Un altre procés bàsicament dirigit de *dintre-a-fora* que, a partir de construccions mentals (idees, desigs, voluntats), té per objecte produir canvis en el món físic (*acció*; les tecnologies i, en concret, el disseny, són també una de les seves formes sistematitzades).

A més dels processos descrits, hi ha dos processos més que no entren directament en els objectius d'aquest treball: *c*) Un procés de *dintre-a-dintre* en el domini de la ment (*raonament pur*; matemàtiques, lògica); *d*) I, un altre procés de *fora-a-fora* en el domini físic (*transformació autònoma de la naturalesa*) on no hi intervé la ment humana (vegeu Figura 16.1)

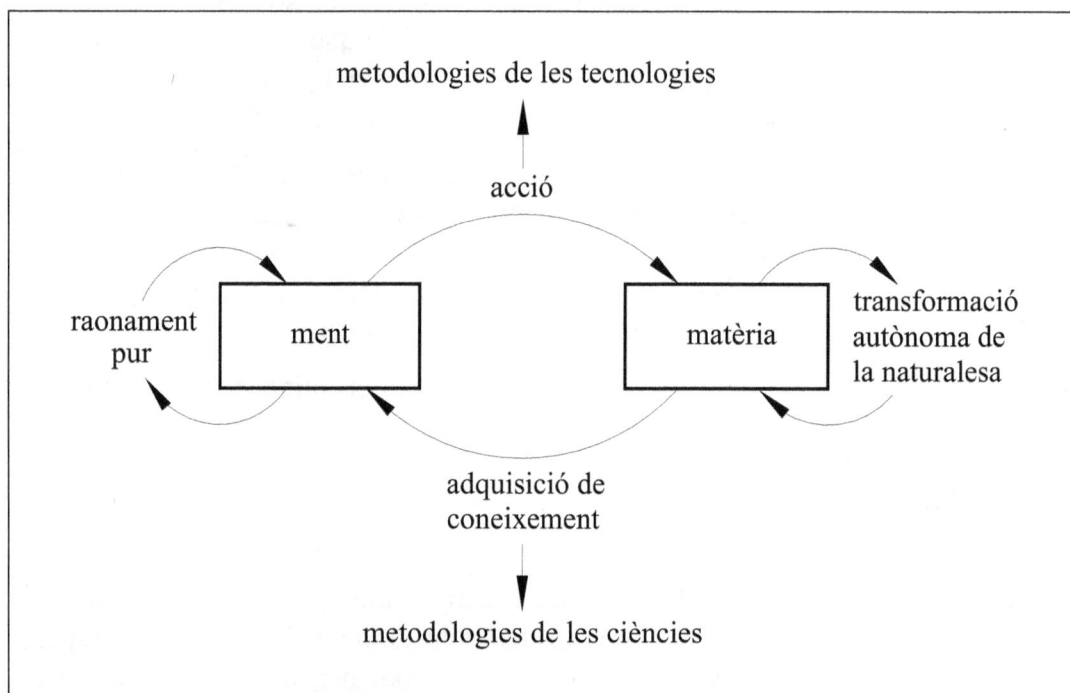

Figura 16.1   Els processos entre la ment i la matèria. Situació de l'acció, pròpia de les tecnologies

Les diferències entre els objectius de les ciències experimentals i de les tecnologies fan que també siguin diferents les metodologies que donen suport a les seves activitats. Així, doncs, els sistemes tecnològics no són el resultat de recerques experimentals (tot i que s'hi basen), sinó de l'aplicació metòdica d'unes activitats amb entitat pròpia que s'inscriuen en el *procés de disseny* y que formen part de l'objectiu del present text.

Més enllà del diferent sentit de la interacció entre ment i realitat, els processos bàsics de la recerca experimental i del disseny responen a una mateixa estructura, organitzada en passos de característiques anàlogues, i que es denominen:

- *Cicle bàsic de recerca experimental*
- *Cicle bàsic de disseny*

En aquest mateix capítol (Secció 16.2) s'analitza amb detall el cicle bàsic de disseny per, després, establir una anàlisi comparativa entre el cicle de disseny i el cicle bàsic de recerca experimental.

Metodologia i mètodes

S'entén per *metodologia* l'estudi del conjunt de *mètodes* que utilitza una determinada branca del pensament o de l'activitat humana. A continuació es defineixen el concepte de mètode i s'estableix una divisió entre *mètodes algorísmics* i *mètodes heurístics* d'interès per a la matèria tractada en aquest text.

Mètode
És una forma específica i ordenada per a arribar a un determinat fi. Les seves característiques principals són: *a*) És un procediment racional; *b*) És un procediment general, aplicable a qualsevol cas particulars; *c*) És observable i reproduïble per qualsevol persona. Els mètodes poden classificar-se en:

Mètodes algorísmics
Basats en algorismes, o sigui, un conjunt no ambigu de regles que han d'executar-se en l'ordre prescrit i que tenen per objecte aconseguir un resultat clarament descrit. Són propis de les recerques experimentals.

Mètodes heurístics
Mètodes d'exploració per al plantejament i la resolució de problemes en els que s'avança en les solucions per mitjà de l'avaluació dels progressos realitzats. Per tant, es defineixen fora del marc de referència de la recerca experimental i no garanteixen necessàriament un resultat. Són propis del disseny.

En general, les regles o els mètodes que no poden ser formulats per mitjà d'algorismes, són heurístiques.

Metodologies de disseny

Els artesans concebien allò que feien al mateix temps que ho construïen. Tanmateix, amb l'augment dels volums de producció i la complexitat dels productes i processos productius, les tasques de creació (o de disseny) van anar requerint una atenció i uns coneixements tècnics cada cop més especialitzats de manera que el sistema productiu les va anar separant, en el temps i en l'espai, de les activitats de fabricació.

Les activitats de *disseny* (separades de les de producció) consisteixen, doncs, en transformar unes necessitats o unes idees en una proposta de producte i expressar-la en una forma que pugui ser materialitzada. Cal destacar que el resultat del disseny no es dedueix de forma unívoca a partir de les premisses o funcions que ha de complir i que, normalment, existeix una multiplicitat de bones solucions.

Les activitats de *desenvolupament* (que inclouen les de disseny), també prèvies al llançament de producte, tenen per objecte preparar l'entorn productiu per a fer possible la seva fabricació i comercialització. La viabilitat d'un producte, a més de basar-se en una bona idea i un bon disseny, depèn que es disposi d'un volum suficient de clients o usuaris potencials que permetin finançar aquestes activitats de desenvolupament.

Com ja s'ha dit en el Capítol 15, les activitats de disseny han anat en augment durant els darrers anys, tot assumint noves funcions de coordinació i tot responsabilitzant-se d'una part cada cop més gran de les tasques d'enginyeria. Així, doncs, la reflexió sobre les metodologies de disseny pren una nova dimensió estratègica, en especial quan es destinen a les seves tasques (i, sobretot, es comprometen en el seu desenvolupament) recursos humans, materials i de temps cada cop més grans.

A continuació es defineixen els conceptes de *producte*, *disseny*, *desenvolupament* i *metodologies de disseny* per a, més endavant, descriure els diferents nivells d'estructuració dels processos de disseny i desenvolupament.

Definicions i conceptes

Producte
És un resultat de l'activitat de l'home (en el context d'aquesta obra, un objecte, aparell, màquina o sistema; en altres contextos, també un material o un servei) concebut i realitzat per a satisfer alguna de les seves necessitats.

Disseny
Conjunt d'activitats destinades a concebre i definir un producte en totes les determinacions necessàries per a la seva posterior realització i utilització. El resultat final s'expressa per mitjà de documents, entre els quals hi ha dibuixos tècnics.

Desenvolupament
Conjunt d'activitats destinades a articular un negoci o servei a la col·lectivitat al voltant d'un nou producte. A més del seu disseny, el desenvolupament d'un producte inclou el planejament, l'organització i l'execució de les activitats financeres, productives i comercials necessàries per al seu llançament o posada en servei.

Metodologia de disseny
És l'estudi dels mètodes que tenen aplicació en les activitats de disseny i que responen a dues qüestions principals: *a*) Què fer? Són les *metodologies descriptives de disseny* que posen de manifest els mètodes utilitzats en el disseny a través d'observar allò que fan els dissenyadors; *b*) Com fer-ho? Són les *metodologies prescriptives de disseny* que, a partir d'opinions basades en una anàlisi descriptiva, recomanen l'aplicació de certs mètodes per a determinats problemes, així com també construeixen nous mètodes quan els de què disposa no són satisfactoris.

Nivells d'estructuració dels processos de disseny i desenvolupament

La literatura especialitzada distingeix tres tipus de models, cada un dels quals s'aplica sobre un determinat àmbit i aporta una llum específica sobre una dimensió diferent de les activitats relacionades amb el disseny:

Model del cicle bàsic de disseny
Forma específica del mètode general de resolució de problemes orientada a la resolució del problema de disseny. És un cicle fonamental que es pot aplicar de forma iterativa a diferents etapes (inicials, intermèdies, finals) del procés de disseny. Hi ha una interessant descripció del cicle bàsic de disseny a l'obra de Roozenburg & Eekels [Roo, 1991].

Model d'etapes del procés de disseny
Aquest model comprèn tan sols el disseny del producte i estableix les etapes del problema a resoldre i la seqüència més recomanable per a dur-les a terme. Fonamentalment s'estableixen les etapes d'especificació, disseny conceptual, disseny de materialització i disseny de detall. Aquesta aproximació l'adopten, entre d'altres, French [Fre, 1985], Pahl & Beitz [Pah, 1984] i la norma dels enginyers alemanys VDI 2221 [1987].

Model d'etapes del procés de desenvolupament
Aquest model comprèn tant el disseny del producte com la planificació de les activitats de producció i comercialització fins a l'inici de la seva fabricació i inclou etapes com ara l'estudi de mercat, la planificació estratègica, el disseny del producte i del procés, la fabricació dels mitjans de producció i el llançament de la fabricació i de la comercialització. Aquesta aproximació ha estat adoptada, entre d'altres, per Archer [Arc, 1971].

16.2 Cicle bàsic de disseny

Mètode de resolució de problemes

Existeix un problema quan algú vol assolir uns objectius i els mitjans per aconseguir-ho no són obvis de forma immediata. En general, els problemes són oberts i es disposa d'una gran llibertat en l'elecció dels mitjans a utilitzar i una gran diversitat en els camins a seguir. La resolució de problemes és el mètode per mitjà del qual aquests mitjans i camins són buscats intencionadament i on és important el procediment de prova-i-error.

En totes les variants del mètode de resolució de problemes es poden reconèixer les següents activitats: examen–suposició–expectativa–comprovació–resolució. El cicle s'inicia amb l'examen de la situació sobre la qual opera, continua amb l'establiment de suposicions sobre les accions que poden resoldre el problema basant-se en l'aprenentatge de cicles anteriors i n'extreu les expectatives, després confronta aquestes expectatives amb el problema examinat i, finalment, considera el resultat del procés a efectes de resoldre la seva continuació.

Algunes de les característiques dels mètodes de resolució de problemes són:

- Les solucions generades són temptatives per després avaluar-ne els efectes i prendre mesures correctives.

- Les solucions no solen dur-se a la realitat abans de completar el cicle de resolució sinó que, normalment, els processos s'articulen en el domini de la ment.

- La cerca de la solució acostuma a fer-se en forma d'espiral convergent, o sigui, amb iteracions successives del cicle bàsic que proporcionen solucions del problema cada cop millors.

Cicle bàsic de disseny

El *cicle bàsic de disseny* és una forma particular del mètode de resolució de problemes les activitats del qual es dirigeixen dels objectius (les *funcions*) vers els mitjans (el *disseny*). El cicle bàsic de disseny utilitza una terminologia pròpia i presenta uns continguts específics en diversos dels seus passos:

Anàlisi
El primer pas parteix de l'enunciat del *problema* i, en base a l'*anàlisi* de les funcions tècniques, socials, econòmiques, psicològiques o ambientals del producte o servei, les formula en *especificacions* (vegeu Secció 16.4) que guiaran els passos següents i constituiran els criteris per avaluar les solucions futures.

Les activitats que duu a terme el dissenyador (o l'equip de disseny) per formar-se una idea del problema (l'anàlisi) són essencials en el procés de disseny. Cal que s'orientin a determinar les possibilitats i els límits del problema i a depurar les especificacions a fi que, en el possible, formin un sistema suficient i no redundant.

Síntesi

El segon pas consisteix en la generació d'una o més propostes de solució (*dissenys inicials*, encara no simulats ni avaluats) a partir de la combinació de diferents elements, idees i filosofies de disseny (*síntesi*) per formar conjunts que funcionin com un tot i que responguin adequadament a les *especificacions*.

Tot i que la síntesi (on la creativitat humana és decisiva) obre les possibilitats de generació d'alternatives i augmenta les perspectives de solució, el cicle bàsic de disseny constitueix una unitat global que tan sols dóna tots els seus fruits si les activitats creatives estan ben articulades i suportades per la resta d'activitats del cicle (anàlisi, simulació, avaluació i decisió).

Simulació

El tercer pas consisteix en l'obtenció dels *comportaments* dels *dissenys inicials*.

Atès que aquests dissenys inicials solen estar definits per uns models (estructura funcional, principis de funcionament, plànols de definició) no sempre adequats per estudiar els seus comportaments, la *simulació* esdevé una activitat complexa que comprèn dos semipassos diferenciats i diversos camins possibles a seguir:

El primer semipas consisteix en l'establiment de models adequats dels dissenys inicials (*prototipus* virtuals o físics) representatius d'un o més dels seus aspectes mentre que el segon semipas consisteix en l'obtenció del comportament d'aquests prototipus (*simulació* pròpiament dita) per mitjà de la deducció o de l'assaig.

Alguns dels camins possibles a seguir són: *a*) La realització de prototipus virtuals (habitualment amb models informàtics) i l'obtenció dels seus comportaments, normalment amb eines informàtiques d'assistència; *b*) La construcció de prototipus físics (totals o parcials, detallats o simplificats) i l'obtenció dels seus comportaments per mitjà d'assaigs; *c*) Per a certs aspectes relacionats amb els judicis de valor (per exemple, l'estètica o altres percepcions), la simulació dels dissenys inicials pot basar-se en enquestes d'opinió o en experiències qualificades.

Avaluació

Consisteix en establir la utilitat, l'eficàcia, la qualitat i l'acceptació de les solucions candidates (*valor dels dissenys*) en base a contrastar els *comportaments*, obtinguts els prototipus dels dissenys inicials per simulació, assaig o opinió, amb les *especificacions* establertes anteriorment.

En el cicle bàsic de disseny, més enllà de contrastar el comportament real amb el desitjat, l'avaluació ha de ponderar el comportament global de diferents aspectes dels dissenys candidats a efectes de la seva comparació i selecció posterior.

Decisió

Un cop avaluats els comportaments de les solucions candidates (*valor dels dissenys*), cal determinar l'alternativa a seguir (*decisió*):
a) Elegir un disseny inicial (esdevé el *disseny acceptat*, origen de l'etapa següent del procés de disseny, o de la fabricació); *b*) Establir una nova iteració en una de les etapes anteriors del cicle bàsic de disseny (normalment l'anàlisi del problema o la síntesi de solucions) amb la incorporació de determinades propostes de millora; *c*) En casos extrems (resultats molt desfavorables i falta de noves perspectives), abandonar el disseny.

Comparació entre els cicles bàsics de disseny i de recerca experimental

Els dos cicles bàsics corresponen a casos particulars de la metodologia de *resolució de problemes* i, per tant, la seva estructura és la mateixa malgrat que les accions concretes de cada un dels seus passos divergeixin en el seu contingut.

Dos problemes diferents

Tots dos s'inicien amb un problema (una necessitat, un desconeixement) que exigeix un canvi perquè la situació esdevingui més satisfactòria.
El problema de partida del disseny és que determinats fets i situacions de la realitat no satisfan les nostres necessitats, valors o preferències. L'objectiu del cicle bàsic de disseny és, doncs, a través d'una acció i d'uns mitjans tècnics, crear unes condicions materials que s'ajustin més als nostres requeriments. L'acció va del domini mental en l'àrea dels judicis de valor al domini material.
El problema de partida de la recerca experimental és el coneixement insuficient per explicar determinats fets empírics. L'objectiu del cicle bàsic de recerca experimental és, doncs, establir *hipòtesis* que proporcionin prediccions més ajustades als fets empírics. L'adquisició de coneixement va del domini material al domini mental en l'àrea del raonament sobre els fets.

Anàlisi enlloc d'observació

En el cicle bàsic de disseny, l'*anàlisi* es basa en judicis de valor inherents a la formulació del problema i es dirigeix a establir els criteris per a crear un producte o un servei en un món possible però alhora més desitjable.
En el cicle bàsic de recerca experimental, l'*observació* sempre parteix del domini material i, assistida o no per instruments i proves, estableix de la forma més objectiva possible (reproduïble per qualsevol altra persona) els fets observats.

Síntesi enlloc d'inducció

La *síntesi* és el pas del cicle bàsic de disseny en la qual es construeixen solucions al problema (generalment més d'una) de caràcter global, o sigui que abracen tots els aspectes significatius. La síntesi es produeix abans de (s'avança a) la realitat física i la pauta de raonament és innoductiva (de fets generals a fets generals, pròpia de les tecnologies i del disseny [Roo, 1995]).

La inducció és el pas del cicle bàsic de recerca experimental per mitjà del qual una diversitat d'observacions referides a un determinat aspecte de la realitat (caiguda dels cossos, conducció de la calor, forces electromagnètiques) són agrupades i resumides en una llei general. La inducció pressuposa i va després de la realitat i, com el seu nom indica, la pauta de raonament és inductiva.

Simulació enlloc de deducció

Partint d'una construcció en el domini de la ment (*disseny inicial*, en el cicle bàsic de disseny; *hipòtesis* en el cicle bàsic de recerca experimental) aquest pas realitza unes accions diferents en els dos cicles (*simulació* i *deducció*) amb uns efectes que tampoc coincideixen (*comportaments* i *prediccions*).

En el cicle bàsic de disseny, la *simulació* té per objecte establir els *comportaments* dels *dissenys inicials* mentre que, en el cicle bàsic de recerca experimental, la *deducció* té per objecte explorar les *prediccions* diferents dels fets inicialment observats a què condueixen les *hipòtesis* elaborades en l'etapa anterior.

Atès que no se sol disposar de models adequats dels *dissenys inicials*, abans de la *simulació* cal crear prototipus virtuals o físics. Els *comportaments* dels prototipus virtuals s'obtenen per deducció (anàloga a la de les prediccions en el cicle bàsic de recerca experimental), sovint amb l'ajut d'eines informàtiques, mentre que els *comportaments* dels prototipus físics s'obtenen per mitjà d'assaigs anàlegs a les proves del cicle bàsic de recerca experimental (en aquest darrer cas, però, l'objectiu és establir el grau de *concordança* entre les *prediccions* de les hipòtesis i els *fets* observats). Per a determinats aspectes qualitatius, la *simulació* també es pot basar en judicis de valor d'usuaris o d'experts.

Avaluació enlloc de proves

En el cicle bàsic de disseny, aquest pas té per objecte comprovar el grau de concordança entre els *comportaments* obtingut per simulació o assaig del disseny inicial i les *especificacions* establertes a l'inici del cicle. L'activitat té lloc en el domini mental i en l'àrea dels judicis de valor.

Com ja s'ha avançat en el pas anterior, en el cicle bàsic de recerca experimental es realitzen *proves* per comprovar el grau de concordança entre *prediccions* basades en les hipòtesis i els *fets* observats. L'activitat té lloc en el domini de la realitat material.

Decisió enlloc de validació

Aquest darrer pas dels cicles bàsics pot desembocar en diferents sortides en funció dels resultats del pas anterior.

En el cicle bàsic de disseny aquestes sortides són: *a*) L'acceptació d'una determinada solució després de ponderar diverses alternatives i d'escollir-ne una d'elles; *b*); La retroacció (o una nova iteració) per millorar una determinada solució o per generar noves alternatives *c*) La suspensió o l'abandó del projecte.

En el cicle bàsic de recerca experimental, si les proves mostren una millor concordança entre les prediccions i els fets experimentals que amb les teories i hipòtesis anteriors, es valida la nova teoria que passa a augmentar el coneixement; en cas contrari, es procedeix a una nova iteració o s'abandona la recerca.

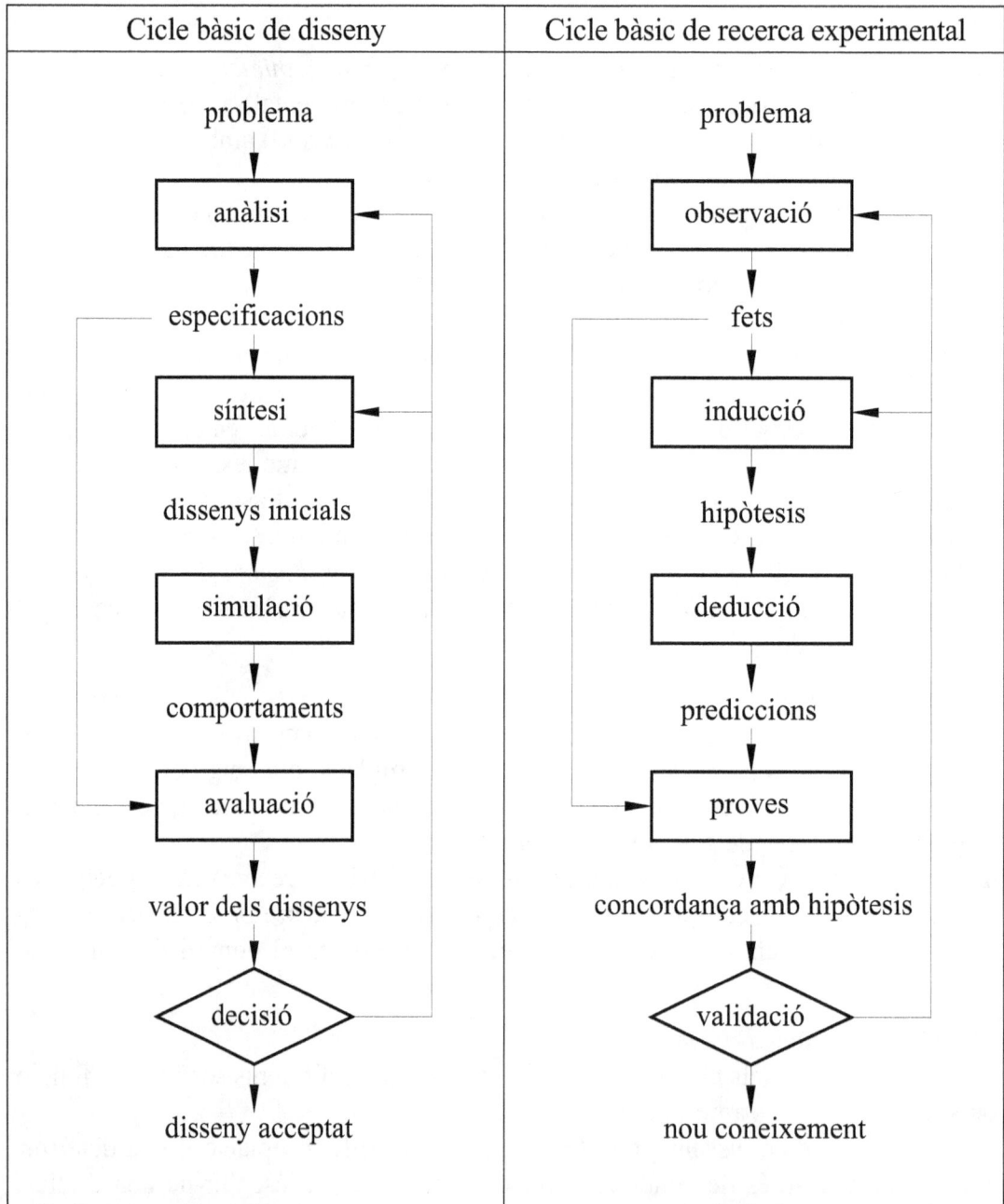

Cicle bàsic de disseny	Cicle bàsic de recerca experimental
problema	problema
anàlisi	observació
especificacions	fets
síntesi	inducció
dissenys inicials	hipòtesis
simulació	deducció
comportaments	prediccions
avaluació	proves
valor dels dissenys	concordança amb hipòtesis
decisió	validació
disseny acceptat	nou coneixement

Figura 16.2 Cicles bàsics dels models de resolució de problemes

Cicle bàsic de disseny	Cicle bàsic de recerca experimental
Caràcter • Es proposa transformar el món (estructures reals) • La tecnologia juga el paper principal i la ciència un paper instrumental • El cicle de disseny té lloc essencialment en el domini mental; en certes simulacions entra en el domini material • El cicle de disseny es proposa la construcció de possibles móns encara no reals	*Caràcter* • Es proposa el coneixement del món (estructures mentals) • La ciència juga el paper principal i la tecnologia un paper instrumental • El cicle de recerca experimental necessàriament té lloc en els dominis mental i material • El cicle de recerca experimental es dirigeix a establir imatges de món real
Problema pràctic • La realitat no sempre està d'acord amb els nostres valors i preferències; per tant, cal transformar la realitat • El problema se situa en l'àrea dels judicis de valor en el domini de la ment	*Problema teòric* • La realitat no està d'acord amb la teoria; en conseqüència, cal ajustar la teoria • El problema se situa en l'àrea de l'exposició de fets en el domini de la ment
Anàlisi • Per mitjà de raonament • Per mitjà de valors	*Observació* • Per mitjà d'observació i mesura • Tan objectiva com sigui possible
Síntesi • Pauta de raonament: innoducció • Orientat a la globalitat • A priori de la realitat considerada	*Inducció* • Pauta de raonament: inducció • Orientat a un sol aspecte • A posteriori de la realitat considerada
Simulació • Comprèn dos passos: *a*) Crear el model de simulació; *b*) Obtenir el comportament basat en el model • Pot basar-se (o no) en experiments amb models físics • El resultat és una predicció condicional • El resultat ateny el comportament o procés en la seva globalitat	*Deducció* • Es pot realitzar immediatament després dels resultats de la fase d'inducció • Té lloc en el domini de la ment • El resultat és una predicció categòrica • El resultat ateny un sol aspecte
Avaluació • Compara el disseny amb les especificacions • Dirigida a valors • Té lloc en el domini de la ment	*Prova* • Compara la predicció amb els fets • Dirigida a la veracitat • Té lloc en el domini de la realitat material
Decisió • Si és positiva, es passa a la realització • El problema se situa en l'àrea dels judicis de valor en el domini de la ment	*Avaluació* • Si és positiva, s'arriba al final del procés • El resultat augmenta el coneixement en el domini de la ment

16.3 Procés de disseny i procés de desenvolupament

Procés de disseny

El cicle bàsic de disseny és una unitat fonamental que s'aplica de forma iterativa al llarg de tot el procés de disseny en una seqüència en forma d'espiral convergent on cada cop les solucions obtingudes s'aproximen més als objectius i requeriments de l'enunciat del problema.

Tanmateix, a causa del seu caràcter general i abstracte, no ofereix el suficient abast per establir una metodologia de disseny, per la qual cosa és bo d'estructurar el procés de disseny en grups d'activitats relacionades que condueixin a certs estadis de desenvolupament.

El model d'etapes del procés de disseny es basa en la idea que el disseny es pot expressar en quatre nivells de definició que determinen els resultats de cada una de les etapes successives:

Etapa 1: Definició del producte   *Resultats*: Especificació
Etapa 2: Disseny conceptual   *Resultats*: Principis de solució, estructura funcional, estructura modular
Etapa 3: Disseny de materialització   *Resultats*: Plànols de conjunt
Etapa 4: Disseny de detall   *Resultats*: Plànols de peça, documents de fabricació

La Figura 16.3 reprodueix l'esquema d'etapes del procés de disseny donat per la norma alemanya VDI 2221. En els apartats següents es realitza una breu descripció i caracterització de cada una d'aquestes etapes per a, més endavant (Seccions 16.4, 16.5, 16.6 i 16.7), tractar amb més amplitud com establir l'especificació, com generar el concepte, com materialitzar la solució i com documentar la fabricació.

Definició del producte

Aquesta és una etapa fonamental del procés de disseny que parteix de l'enunciat inicial del producte i estableix aquelles accions destinades a definir-lo de forma completa i precisa. En general, l'enunciat inicial fa referència a una idea o a determinats aspectes sobre el producte, però no té el nivell de concreció suficient per a permetre iniciar els treballs de disseny amb garanties d'encert.

Aquest apartat té, doncs, l'objectiu d'establir un conjunt de determinacions completa i suficient que s'organitzen en forma de *document d'especificació* (vegeu Secció 16.5).

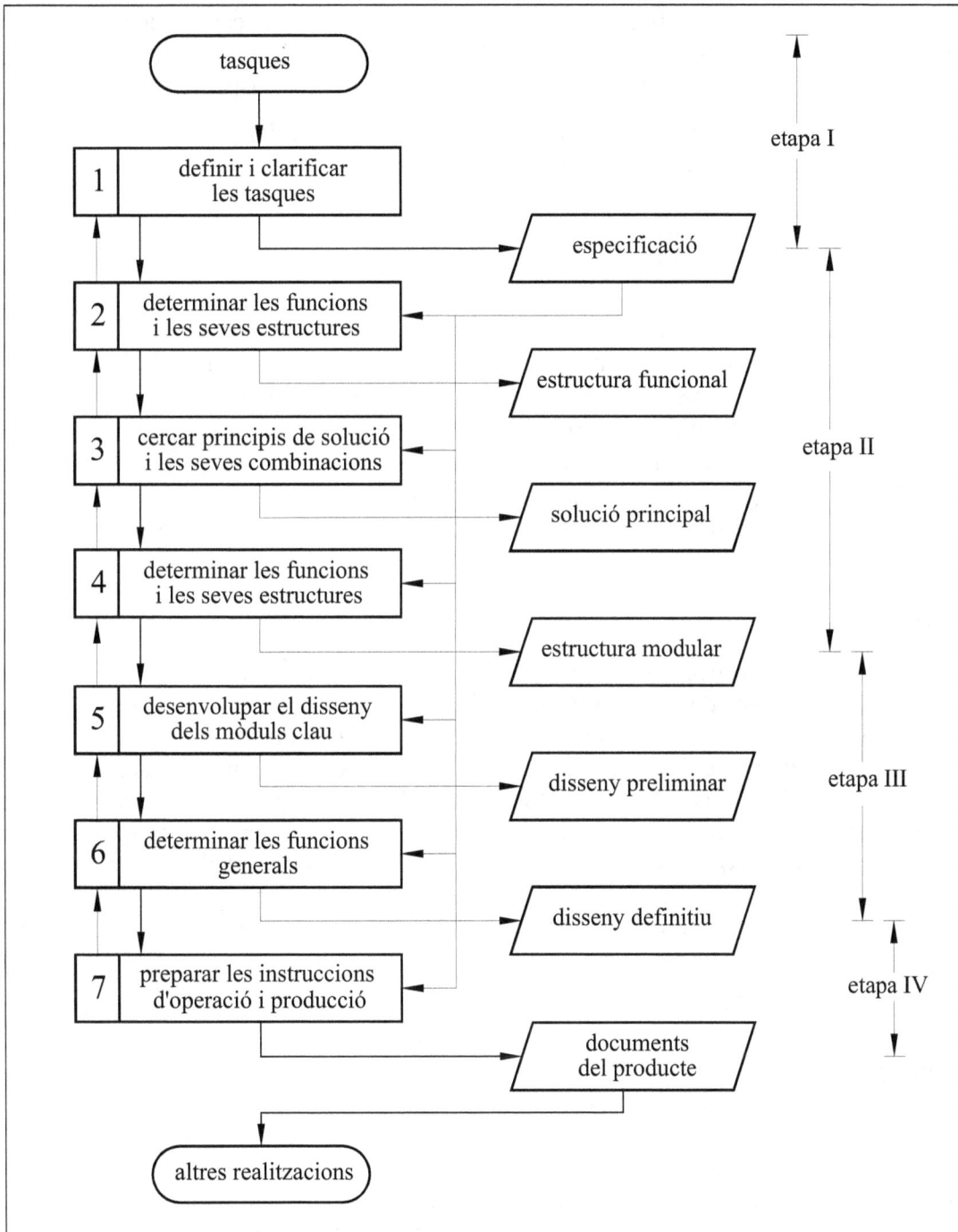

Figura 16.3   Etapes del procés de disseny segons la norma alemanya VDI 2221. Presenta l'interès, davant d'altres propostes [Pah, 1984], [Fre, 1985], que apareix explícitament una etapa de divisió del producte en mòduls realitzables.

L'establiment de l'especificació permet a l'equip de disseny recórrer les possibilitats i límits del problema. En aquesta etapa fonamental per al desenvolupament posterior del projecte, cal informar-se i documentar-se sobre aspectes com ara:

- Modes d'operació principals, ocasionals i accidentals del producte (funcionament habitual, transport, reparació, incidències i accidents)
- Entorn on opera (atmosfera humida, seca, corrosiva; incidència o no de la llum solar; espai interior i/o exterior; lloc per a guardar-lo)
- Serveis d'entorn (on i com s'alimenta; infrastructures que requereix; com es manté i qui el repara)
- Aspectes de fabricació (sèries de fabricació i període de producció; inversions que està disposada a fer l'empresa; fabricació pròpia o subcontractació)
- Aspectes comercials (preu de venda; aspecte del producte; variants que cal oferir; possibilitat d'ampliacions)
- Aspectes legals (política a seguir sobre patents; normes sobre els productes; directives i reglaments que regeixen sobre seguretat i medi ambient)
- Política general de l'empresa (situació dels productes de l'empresa en el mercat; grau d'innovació dels productes)

Disseny conceptual

Aquesta etapa del procés de disseny parteix de l'especificació del producte, origina diverses alternatives de principi de solució i, després d'avaluar-les, elegeix la més convenient. El resultat, que es dóna com a principi de solució avaluat i validat, no té una forma de presentació acceptada de forma general (en molts casos, aquesta etapa es compleix quan el responsable del projecte, o el grup de disseny, dóna el vist i plau a un determinat principi de solució; lamentablement, no se sol generar més documentació que l'acta de la reunió). El disseny conceptual està molt directament relacionat amb l'especificació i, sovint, cal renegociar algun requeriment ja que les solucions resulten massa complexes, costoses, pesades o voluminoses; en alguns casos apareixen noves possibilitats.

L'etapa conceptual és, en general, la més innovadora i les seves solucions solen portar el germen de tot el desenvolupament posterior. Per tant, cal promoure un ambient propici a la creativitat entre els membres de l'equip de disseny però, alhora, cal fomentar un sentit crític i rigorós en l'avaluació de les solucions (necessàriament poc definides en aquesta etapa del disseny) ja que, qualsevol omissió, oblit o error de concepte ocasiona més endavant dificultats importants en el projecte. Per a fonamentar l'avaluació, solen ser útils certes simulacions virtuals i determinats prototipus preliminars que permeten eliminar dubtes i avançar per camins contrastats (vegeu Seccions 15.7 i 16.4).

En sistemes d'elevada complexitat, a partir de l'estructura funcional i d'altres consideracions, es interessant de definir una estructura modular del producte, eina fonamental per gestionar els processos de disseny i de desenvolupament.

Les activitats de disseny conceptual són les que obtenen més beneficis dels equips de disseny pluridisciplinaris i de les decisions compartides. El cap de projecte, a més de participar en les tasques col·lectives, té també la tasca de preparar les reunions i d'obtenir o generar la informació.

Disseny de materialització

Una vegada elegit un principi de solució, cal materialitzar el producte per mitjà d'un conjunt organitzat de peces, components, enllaços, unions i altres elements que es faran realitat a través dels materials, les formes, les dimensions, els acabaments superficials i altres determinacions. El resultat d'aquesta etapa es dóna en forma del plànols de conjunt del producte o sistema que mostren com s'articulen les diferents parts per a formar el conjunt muntat, on les peces i elements corresponen a la versió final materialitzada (o sigui, amb les formes i dimensions reals).

El disseny de materialització també desplega solucions alternatives, ara sobre solucions constructives (suport de xapa doblegada o embotida; d'acer o d'alumini; integra diferents funcions o les reparteix entre diverses peces) per, després d'avaluar-les, escollir-ne una. És bo d'acompanyar els plànols de conjunt d'una memòria annexa amb els aspectes més rellevants dels treballs (solucions adoptades i descartades, amb els motius), hipòtesis de partida, càlculs i simulacions, així com referències dels prototipus i assaigs realitzats amb els resultats. De no fer-se així, les modificacions posteriors poden significar refer part del projecte, i encara més si les persones implicades ja no treballen en l'empresa.

Els treballs en aquesta etapa són els que més s'apropen a les activitats tradicionals dels departaments de disseny. En elles, professionals que coneixen les noves tècniques de modelització i simulació (CAD/CAE) així com de prototipatge i assaig, desenvolupen les peces, elements i conjunts que compondran el producte. Aquestes activitats són típicament iteratives i es dirigeixen vers l'optimització (en funció dels recursos humans, materials i de temps disponibles). En les fases de simulació i avaluació de les solucions, convé desenvolupar prototipus funcionals i realitzar assaigs de durabilitat (vegeu Seccions 15.7 i 16.6).

Disseny de detall

Darrera etapa del procés de disseny que, partint de la definició proporcionada pel plànol de conjunt i la memòria annexa, té por objecte el desplegament de tots els documents necessaris per a la fabricació del producte. Els resultats del disseny de detall són els plànols de les peces i conjunts específics, la documentació dels components de mercat incorporats i la relació de peces i conjunts (o mòduls), tots ells amb la seva denominació, número de referència, nombre de peces, material i altres especificacions tècniques (sobre acabats, processos, assaigs de recepció) o de gestió (normes d'aplicació, subministradors, contractistes).

Es pot argumentar que la realització de prototipus funcionals obliga ja al desplegament de plànols de detall en l'etapa anterior. Però, fins i tot en aquesta cas, caldrà incorporar en el disseny definitiu els canvis i modificacions derivats de l'assaig.

El disseny de detall no ha de limitar-se al desplegament del disseny de materialització, sinó que té funcions pròpies com són la comprovació de les funcions i la depuració de solucions per simplificar, eliminar o refondre elements (disseny DFMA de darrera hora). Sovint, les bones solucions s'originen en etapes anteriors, però la seva articulació efectiva té lloc durant el disseny de detall.

Normalment es produeixen moltes interaccions entre les etapes de disseny de materialització i de disseny de detall la qual cosa no representa cap problema afegit ja que les persones que solen desenvolupar-les són les mateixes. Si bé és cert que la partició del disseny en aquestes dues etapes és més d'ordre conceptual que pràctic, cal dir que és improductiu de realitzar segons quines tasques de disseny de detall abans d'haver validat un producte amb les proves de durabilitat.

Model d'etapes del procés de desenvolupament

Aquest tipus de model (adoptat, entre d'altres, per Archer [Arc, 1971]) comprèn tant el disseny del producte com la planificació de les activitats de producció i comercialització concebudes com un tot, i també n'estableix les etapes i seqüència a realitzar. El desenvolupament global d'un producte requereix la dedicació d'importants recursos humans (diversos professionals d'elevada qualificació laboral) i materials (realització d'estudis de mercat, de prototipus i assaigs, l'adquisició d'equipament i utillatge per a la fabricació), i recursos per al llançament comercial del producte.

En els límits del procés de disseny, determinats aspectes com ara les demandes dels usuaris o consideracions financeres, comercials i de fabricació apareixen tan sols com a especificacions externes que cal complir (o negociar), mentre que en la perspectiva del procés de desenvolupament complet, aquests aspectes passen a formar part de les variables per a la millora global de la solució. És recomanable procedir de forma concèntrica, o sigui, fent avançar simultàniament les fases del desenvolupament i de disseny, de manera que en cada nova aproximació disminueixi el risc de fallada.

Cal tenir present que no tots els productes que es desenvolupen tenen en el mercat l'èxit esperat, per la qual cosa el risc que es corre és elevat. Una bona planificació i execució del procés de desenvolupament, amb la divisió en subprojectes i l'establiment d'etapes i procediments de validació, delimita en gran mesura aquests risc i aporta elements per a la presa de decisions sobre mesures a adoptar en relació a les desviacions en les prestacions, els costos o els terminis i, fins i tot arribat el cas, sobre l'abandonament del projecte.

Proposta de procés de desenvolupament d'un projecte (segons Archer)

Planificació estratègica	**1. Formular una política** 1.1 Establir objectius estratègics 1.2 Fer un esbós de calendari, pressupost i línies mestres per a la innovació
Recerca (orientada al producte, mercat, materials i a la fabricació)	**2. Recerca preliminar** 2.1 Seleccionar una invenció, un descobriment, un principi científic, una idea de producte o una tecnologia base 2.2 Identificar una necessitat, un mercat nou, un desig dels consumidors, un producte defectuós o un altre valor 2.3 Establir l'estat de la tècnica (bibliogràfic i en el mercat) 2.4 Preparar un esbós d'especificació (especificació 1) 2.5 Identificar possibles àrees amb problemes crítics **3. Estudi de viabilitat** 3.1 Establir la viabilitat tècnica (càlculs bàsics) 3.2 Establir la viabilitat econòmica (anàlisi econòmica) 3.3 Resoldre els problemes crítics (invencions) 3.4 Fer un esbós global de solució (esquema de disseny 1) 3.5 Estimar el treball de les fases 4 i 5 i la probabilitat d'èxit (anàlisi del risc)
Disseny	**4. Desenvolupament del disseny** 4.1 Completar i quantificar l'especificació (especificació 2) 4.2 Desenvolupar el disseny fins al detall (disseny 2) 4.3 Predir el comportament tècnic i el cost del producte 4.4 Preparar la documentació del disseny 4.5 Realitzar experiments d'avaluació del disseny tècnic i proves amb usuaris **5. Desenvolupament de prototipus** 5.1 Construir maquetes i prototipus (prototipus 1) 5.2 Realitzar assaigs de laboratori amb prototipus 5.3 Avaluar el comportament tècnic 5.4 Realitzar proves d'usuaris amb prototipus (proves 1) 5.5 Avaluar el comportament durant l'ús **6. Estudi de mercat** 6.1 Avaluar de nou el mercat a la llum de les proves 6.2 Avaluar novament els costos 6.3 Avaluar la relació entre fabricació i comercialització 6.4 Revisar els objectius bàsics (planificació estratègica) i el desenvolupament del pressupost 6.5 Revisar l'especificació (especificació 3)

Desenvolupament	**7. Desenvolupament de la producció** 7.1 Desenvolupar un disseny per a la producció (disseny 3) 7.2 Preparar la documentació per a la fabricació 7.3 Dissenyar proves tècniques, d'usuari i de mercat 7.4 Construir prototipus de preproducció (prototipus 2) 7.5 Fer proves tècniques, d'usuari i de mercat (proves 2) 7.6 Avaluar el resultat de les proves i modificar el disseny
	8. Planificació de la producció 8.1 Preparar la planificació de la producció 8.2 Preparar la planificació de la comercialització 8.3 Dissenyar l'embalatge, el material de promoció i el manual d'instruccions 8.4 Dissenyar les eines i utillatges
Inici de la fabricació i comercialització	**9. Fabricació d'utillatges i preparació de la producció** 9.1 Construir les eines i utillatges 9.2 Fabricar una presèrie amb els utillatges (prototipus 3) 9.3 Fer proves amb els productes de presèrie (proves 3) 9.4 Realitzar els materials de promoció i altres 9.5 Instal·lar els equips de comercialització 9.6 Instal·lar els equips de control de la producció
Producció	**10. Producció i vendes** 10.1 Iniciar el desplegament comercial 10.2 Iniciar la producció i les vendes 10.3 Recollir la informació del mercat, els usuaris, les reparacions i el manteniment 10.4 Fer recomanacions per a una segona generació del producte (etapes de la 2 a la 4) 10.5 Fer recomanacions sobre recerques (etapes 1 i 2)

La simple lectura d'aquesta proposta de programa per al procés de desenvolupament posa de manifest, per un costat, la complexitat de la seva gestió i la involucració que exigeix al conjunt dels departaments de l'empresa i, per altre costat, l'interès que el procés de disseny dels productes s'articuli en el marc d'aquest procés més global de desenvolupament que el sosté i l'empara.

Encara que podria semblar el contrari, el fet de situar el disseny d'un producte en el marc del projecte complet proporciona noves llibertats per a la concepció i el desenvolupament ja que aspectes que d'altra manera serien considerats com a dades externes al propi procés de disseny (l'especificació, els mitjans de producció, les reaccions dels clients) ara passen en certa mesura a un pla d'igualtat com a noves variables de disseny.

16.4 Establir l'especificació

Introducció

La decisió de desenvolupar un producte parteix de la *manifestació d'una necessitat* o del *reconeixement d'una oportunitat* que pot tenir nombrosos orígens compresos entre els dos casos següents:

a) La petició explícita d'un client (producte per encàrrec, màquina especial)
b) Un estudi de mercat del fabricant (nova oferta, redisseny d'un producte)

A partir de la manifestació d'una necessitat o del reconeixement d'una oportunitat (ja sigui per encàrrec o per consideracions de mercat), cal establir la *definició del producte*, etapa fonamental per al seu desenvolupament posterior.

Les deficiències en l'etapa inicial de *definició del producte* porten sovint a desenfocar la seva resolució, tot dedicant molts esforços a aspectes accessoris alhora que es desatenen aspectes fonamentals. No és rar que una mala *definició del producte* condueixi al fracàs global d'un projecte.

La *definició del producte* s'estableix a través de l'*especificació* que constitueix la guia i referència per al seu disseny i desenvolupament. Un dels mètodes que ha demostrat més gran eficàcia en aquesta activitat és el *desenvolupament de la funció de qualitat, QFD* (vegeu Secció 17.4)

Cal no sacralitzar l'especificació, ja que si és excessivament ambiciosa o restrictiva pot repercutir en un increment no justificat del cost del producte, en un augment de la dificultat de fabricació o en la reducció de la robustesa del seu funcionament. En aquests casos és més raonable reconsiderar l'especificació que no pas forçar-ne el seu acompliment, tot establint un procés d'iteració entre la definició del producte i el seu disseny conceptual: l'especificació actua com a proposta mentre que el disseny conceptual en confirma o no la viabilitat.

Especificació del producte

L'*especificació del producte* és la manifestació explícita del conjunt de determinacions, característiques o prestacions que ha de guiar el seu disseny i desenvolupament. Cal distingir entre dos tipus d'especificacions:

Requeriment (*R*, o *especificació necessària*)
És tota especificació sense la qual la màquina perd el seu objectiu.

Desig (*D*, o *especificació convenient*)
És tota especificació que, sense ser estrictament necessària per a l'objectiu de la màquina, en milloraria determinats aspectes.

Llista de referència d'especificacions (checklist)

L'*especificació* per a la *definició del producte* pot ser molt llarga i minuciosa o molt curta, segons la conveniència en cada cas. És convenient que l'especificació estableixi els requeriments i els desigs, però que eviti la descripció de formes constructives que constitueixen tan sols una de les possibles solucions.

Exemple 16.1 (vegeu més endavant). Si en l'especificació d'una petita grapadora manual s'estableixen unes dimensions màximes de la base, s'obliga a una determinada solució constructiva amb base, quan aquesta pot ser una de les llibertats del disseny.

En establir l'especificació per a la *definició del producte* és bo de disposar d'una *llista de referència d'especificacions* que permeti recórrer de forma metòdica diferents conceptes relacionats amb les funcions, característiques, prestacions i condicions de l'entorn del producte. Pertoca a les persones implicades en el disseny el determinar si una determinada especificació és un *requeriment* o un *desig*.

Model de document d'especificació

Com a referència inicial del procés de disseny convé organitzar les *especificacions* d'un projecte en un document breu (denominat *document d'especificació* o, simplement, *especificació*) que contingui el màxim d'informació útil. A continuació es presenta un model que, a més d'anar encapçalat per l'empresa fabricant (eventualment, per l'empresa client), la denominació del producte, i les dates de creació i darrera revisió, inclou les següents determinacions:

Concepte: Facilita l'agrupació de les *especificacions* (funcions, moviments, forces) de manera que siguin fàcilment localitzables.

Data: Determina la data, o la reunió, en la qual es va acordar una *especificació*. Convé ordenar-les per dates cada cop més recents.

Proposa: Manté constància, per mitjà de signes, de qui ha proposat cada una de les *especificacions* (el client, un departament de l'empresa fabricant). Si cal reconsiderar una especificació o obtenir informació addicional sobre una d'una d'elles, convé localitzar ràpidament amb qui cal tractar el tema.

Tipus: Indica si una *especificació* és un *requeriment* (*R*), o un *desig* (*D*); també pot indicar si es tracta d'una *modificació de requeriment,* o *de desig* (*MR, MD*), o d'un *nou requeriment* o *desig* (*NR, ND*).

Descripció: Explicació breu i concisa de l'*especificació* des del punt de vista dels requeriments i desigs de l'usuari del producte. Cal evitar descripcions que incloguin solucions concretes.

Llista de referència d'especificacions	
Conceptes	Determinacions
Funció	Descripció de les funcions principals, ocasionals i accidentals del producte (si cal, amb esquemes)
Dimensions	Espais, volums, masses, longituds, amplades, alçades, diàmetres; nombre i disposició d'elements
Moviments	Tipus de moviment; desplaçaments, seqüències i temps; trajectòries, velocitats i acceleracions
Forces	Magnitud, direcció i sentit de forces i moments; variació en el temps; desequilibris i deformacions admissibles
Energia	Accionaments mecànics i altres conversors d'energia: alimentació i control; transmissions; potència i rendiment
Materials	Flux, transport i transformació de materials; Limitacions o preferències sobre el seu ús; condicionants de mercat
Senyals i control	Senyals d'entrada i de sortida; sensors i actuadors; funcions del sistema de control
Fabricació i muntatge	Volum previst de producció i cadència en el temps; limitacions o preferències en processos i equipament; variants del producte i flexibilitat en la fabricació
Transport i distribució	Embalatge i transport: dimensions, masses, orientació, cops; Instal·lació, muntatge i posada a punt
Vida útil i manteniment	Vida prevista; fiabilitat i mantenibilitat; tipus de manteniment i intervals de servei; criteris sobre recanvis
Costos i terminis	Costos de desenvolupament, fabricació i utillatge; Terminis de desenvolupament i temps per al mercat
Seguretat i ergonomia	Sistemes i dispositius de seguretat; relació amb l'usuari: ope-ració, intel·ligibilitat, confort i aspecte
Impacte ambiental	Consums d'energia i materials; limitacions a l'impacte ambiental en la fabricació, utilització i fi de vida
Aspectes legals	Compliment de normatives (funció dels usos i mercats); evitar la col·lisió amb patents

Model de document d'especificació:

Empresa:			Producte:		Data inicial: Darrera revisió:
					Pàgina 1/n
Especificacions					
Concepte	Data	Proposa	R/D	Descripció	
Funció	data-1	C	R	Descripció de funció-1	
		M	D	Descripció de funció-2	
	data-2	D+C	MR	Modificació de funció-1	
Etc.	Etc.	Etc.	Etc.	Etc.	

Proposa: C = Client; M = Màrqueting; D = Disseny; F = Fabricació
R/D: R = Requeriment; MR = Modificació de requeriment; NR = Mou requeriment; D = Desig;
MD = Modificació de desig; ND = Mou desig

Exemple 16.1
Especificació per al disseny d'una petita grapadora manual (projecte G15)

Després d'un estudi de mercat, l'empresa SCRIPT S.A. es disposa a desenvolupar una petita grapadora manual i recorre als departaments de màrqueting, disseny i fabricació per a establir l'*especificació*. Atès que incideix en un mercat molt competitiu, es proposa incloure a l'especificació el *desig* d'incorporar un dispositiu per desgrapar, funció que donaria un valor afegit al producte.

Empresa: **SCRIPT S.A**			Producte: **Grapadora G15**		Data inicial: 15/2/2001 Darrera revisió: 1/7/2001
					Pàgina 1/1
Especificacions					
Concepte	Data	Proposa	R/D	Descripció	
Funció	15/2/01	M	R	Grapar un mínim de 15 planes (grapa 23/6)	
		M	R	Magatzem mínim de 80 grapes, recarregable	
	1/7/01	D	D	Incorporar un dispositiu per desgrapar	
Dimensions	15/2/01	M+D	R	Dimensions: 80x30x20 mm; Pes màxim: 60 g	
Fabricació	15/2/01	M	R	200.000 unitats/any	
	15/2/01	D+F	R	Inversió màxima en utillatges: 120.000 €	
Costos	15/2/01	M	R	Cost màxim de fabricació: 1,90 €	
	5/6/01	M+P	MR	Cost màxim de fabricació: 1,75 €	

Proposa: M = Màrqueting; D = Disseny; P = Producció; F = Finançament
R/D: R = Requeriment; MR = Modificació de requeriment; NR = Nou requeriment; D = Desig

Exemple 16.2
Especificació per a un sistema de classificació de caixes (Projecte SCC-2000)

L'empresa de fabricació de cosmètics, COSMET S.A., vol automatitzar el sistema de classificació i expedició de caixes. A tal efecte, encarrega a l'empresa Enginyers Associats S.A. que desenvolupin i dirigeixin el projecte. S'elabora el següent *document d'especificació* (darrera data 8/6/2001):

Empresa client: **COSMET S.A**	Producte: **Sistema de classificació de caixes (projecte SCC-2000)**	Data inicial: 11/4/2001 Darrera revisió:8/6/2001
Empresa d'enginyeria: **Enginyers Associats S.A**		Pàgina 1/3

Especificacions				
Concepte	Data	Proposa	R/D	Descripció
Funció	11/4/01	C	R	Sistema per transportar i classifica caixes
		C	R	Classificar 4 tipus de caixa en 4 línies
		C+E	R	Reconèixer i comptabilitzar les caixes
		C+E	R	Emmagatzemar fins a 20 caixes per línia
		C+E	D	Emmagatzemar fins a 30 caixes per línia
		C	M	Classificar 20 caixes per minut
	1/6/01	C	MR	Classificar 6 tipus caixa en 4 línies
Dimensions	11/4/01	C	R	Caixes de 300x250x200 a 380x320x300 mm
		C	R	Pesos de les caixes entre 17 i 30 N
		C	R	Local disponible de: 12x15 m
	1/6/01	C	MR	Caixes de 280x250x230 a 400x320x300 mm
Moviments	11/4/01	C+E	D	Moviments horitzontals
Forces	11/4/01	C	R	Empenta màxima d'acumulació: 120 N
	1/6/01	C+D	MR	Empenta màxima d'acumulació: 150 N (assaig)
Materials	11/4/01	C	R	Caixes de cartró segellades per cinta adhesiva
Senyals i control	11/4/01	C	D	Pupitre de control a l'entrada del sistema
		C	R	Possibilitat d'introduir correccions manualment
	7/5/01	C+E	NR	Detecció per codi de barres
Transport	11/4/01	C	R	Accés local: amplada/alçada: 1200x2400 mm
Vida útil	11/4/01	C+E	D	Duració: 10 anys; Fiabilitat: 95 %
Costos i terminis	11/4/01	C+E	R	Pres.: 0,2 M€ (contracte); Termini: 5 mesos
	8/6/01	C+E	MR	Pressupost: 0,22 M€ (modificació contracte)
Asp. legals	11/4/01	C	R	Compliment norma europea seguretat

Proposa: C = Client; E = Enginyeria
R/D: R = Requeriment; MR = Modificació de requeriment; NR = Nou requeriment; D = Desig

Cas 16.1
Renegociació d'una especificació per a un moviment ràpid

Es d'ona la següent especificació inicial per al capçal d'una màquina que realitza un moviment de vaivé amb desplaçaments ràpids:

1) Cicle de 5 moviments d'avanç i 5 de retrocés alternatius amb temps d'a-turada entre moviments de 1 segon i desplaçaments de 15 mm
2) Temps màxim de cicle de 10,5 segons
3) Velocitat del capçal de 2 m/s.

Atès que el cicle té 9 aturades (9 segons), el temps màxim per a cada un dels 10 desplaçaments de 0,015 metres és de $(10,5-9)/10=0,15$ segons. suposant un diagrama de velocitats triangular, es requereix una acceleració de 2,67 m/s^2, i s'ha d'assolir una velocitat màxima de 0,20 m/s. Cal reconsiderar, doncs, el requeriment de velocitat de 2 m/s que imposa un accionament sobredimensionat sense aportar cap prestació addicional.

Especificació derivada

Cada dia són més freqüents els projectes en què es dissenya un sistema per combinació de components o màquines (*mòduls* del sistema; vegeu Secció 17.1) que ofereix el mercat (per tant, no susceptibles de modificació) que cal estructurar perquè responguin de forma òptima a l'especificació inicial del problema.

Atesa la tendència del mercat a fer una oferta cada dia més diversificada i consistent de components i màquines, el problema de disseny descrit anteriorment serà cada dia més freqüent, especialment en el desenvolupament de sistemes únics (línies de manipulació específiques, màquines de procés, instal·lacions).

La tesi de Maury [Mau, 2000] fa una important aportació conceptual i metodològica per a la resolució d'aquest tipus de problemes de disseny en incorporar un pas preliminar entre l'*especificació* (*inicial*) i l'establiment de l'*estructura funcional* (vegeu Secció 17.1) que anomena *especificació derivada* i que exemplifica en el disseny de sistemes continus de manipulació i processament primari de materials a granel, però que pot ser extrapolat al disseny d'altres sistemes anàlegs.

L'especificació derivada transforma el problema des del nivell dels requeriments al nivell de les funcions i és una eina de gran importància quan s'aborda el disseny des d'una perspectiva sistemàtica. Els conceptes de cadena i de ramal de flux i la caracterització de les funcions bàsiques i les funcions globals permeten la subdivisió del problema en elements més simples i faciliten la construcció de l'estructura funcional.

Una vegada es disposa de l'estructura funcional es pot iniciar la síntesi de solucions en la que es passa del nivell de funcions al nivell de les alternatives que, gràcies a criteris limitadors i a una estratègia d'acotació heurística del camp de solucions, permet descartar més del 99% de les solucions generades.

16.5 Generar el concepte

El disseny conceptual parteix de l'especificació i proporciona com a resultat un *principi de solució* acceptat. Tanmateix, també ofereix resultats a altres dos nivells que tenen el seu interès i aplicacions: l'*estructura funcional* i l'*estructura modular* (veure Secció 17.1).

En totes les etapes de disseny (*conceptual*, *de materialització*, *de detall*) se segueix un procés de generació de solucions alternatives que després són simulades o provades i avaluades i constitueixen la base per a la decisió de seguir amb una d'elles. Tanmateix, el disseny conceptual és l'etapa en què aquest procés té una més gran rellevància i significació. És per això que aquesta secció s'ha titulat *generar el concepte*.

Eines per al disseny conceptual

L'eina més important del disseny conceptual és l'establiment de l'*estructura funcional*.

Com es veurà més endavant (Secció 17.1) s'organitza en un diagrama de blocs que representen les funcions que ha de realitzar el producte (independentment de les solucions que s'adoptin) i on els enllaços representen els fluxos d'*energia*, *materials* i *senyals* entre les entrades, les sortides i les funcions.

L'estructura funcional es pot representar o bé a nivell de la *funció global* del producte o sistema o bé, depenent de la seva complexitat, pot subdividir-se en parts que contenen *subfuncions* de menys complexitat. La subdivisió en subfuncions presenta una gran importància en el procés de disseny conceptual, i s'orienta a tres objectius:

a) Proporcionar una estructura funcional més detallada i comprensible, alhora que menys ambigua

b) Facilitar la cerca de principis de solució per a les subfuncions que, per combinació, han de donar principis de solució per a la funció global.

c) Facilitar la creació de l'estructura modular del producte

En un *disseny original*, a priori no es coneix l'estructura funcional, i la seva definició forma part del procés de disseny. En un *disseny d'adaptació*, inicialment es coneix l'estructura funcional, però pot ser variada o modificada en el curs del procés de disseny. Finalment, en el *disseny de variant*, es coneix l'estructura funcional i aquesta no varia.

Procés creatiu

El *procés creatiu* és aquell pel qual s'elaboren solucions a un problema diferents de les existents, i els *mètodes de creativitat* són aquells l'objectiu dels quals és ajudar i estimular aquest procés.

La creativitat es basa en tres components: els *coneixements i habilitats* en el camp on es treballa; la *motivació* pel problema que s'ha de resoldre; i l'*experiència i intuïció* en relació al problema i les seves circumstàncies.

Des del punt de vista metodològic, el procés creatiu sol seguir els següents passos:

- *Imposar-se al problema*
  En primer lloc, el creador ha de conèixer bé l'enunciat i les delimitacions del problema. De no fer-se així, sorgeixen falsos principis de solució que després són descartats en la fase d'avaluació. Molt sovint, l'establiment de l'*especificació* sol cobrir aquest primer pas (vegeu Secció 16.4). Tanmateix, l'eina per excel·lència per a aquesta tasca és l'*anàlisi funcional.*

- *Generar idees*
  Aquest és el procés central de la creativitat on sorgeixen idees noves i es creen alternatives de principis de solució.
  Es pot procedir de dues maneres: intentant trobar un principi de solució vàlid per a la *funció global* del sistema, o bé intentant trobar solucions parcials a *subfuncions* de l'estructura funcional i després arribar a la solució global per combinació d'elles.
  Cal dir que qualsevol combinació de solucions parcials de subfuncions no constitueix necessàriament una solució de la funció global. Queda, doncs, la tasca de descartar les solucions no vàlides.
  Sovint, les solucions parcials descartades poden adquirir més endavant un nou interès a la llum d'altres solucions globals o parcials, per la qual cosa no és recomanable descartar cap solució, per poc útil que sembli, fins que s'adopta una solució global.

- *Simular i avaluar solucions*
  Aquests dos passos del cicle bàsic de disseny, tot i no formar part directament del nucli de la creativitat, constitueixen tanmateix elements complementaris de singular importància. En efecte, són els que recolzen la validació dels principis de solució i, fins i tot en el cas de no validar-los, aporten informació sobre els aspectes que no s'han cobert i les seves causes. Atès que difícilment la generació d'un concepte vàlid s'aconsegueix a la primera volta, la simulació i l'avaluació constitueixen elements imprescindibles per a iniciar la segona volta amb garanties d'èxit més grans.

Generació de principis de solució

A diferència d'altres activitats, és difícil assegurar resultats en el procés creatiu i bona prova d'això és que pot transcórrer molt de temps sense que es produeixin avanços significatius i, després, en un moment, aparèixer una idea feliç o desencadenar-se la generació de diversos principis de solució. Tanmateix, el procés creatiu tampoc és una activitat espontània sinó que necessita una preparació i una exercitació. Així, doncs, al llarg del temps s'han establert nombrosos mètodes per a fomentar i estimular la creativitat, alguns dels quals es descriuen i valoren a continuació.

Mètodes Convencionals

Cerca en fonts d'informació
En la literatura tècnica existeixen textos dedicats a l'exposició de principis de solució o a l'exposició de casos on el dissenyador pot trobar una font d'inspiració per aplicar-los al cas present.

Analogies amb sistemes naturals
L'estudi de les formes naturals, las organitzacions de comunitats animals o vegetals o els seus comportaments poden proporcionar, per analogia, importants elements de referència per als problemes tècnics.

Analogies amb altres sistemes tècnics
Els principis de solució aplicats amb èxit en un determinat camp de la tècnica, poden ser transposats a situacions anàlogues en una altra aplicació sempre que s'adaptin als nous requeriments.

Anàlisi de la competència
L'anàlisi dels productes de la competència proporciona una referència de les possibilitats i els límits de la tècnica (o, *estat de la tècnica*) en un sector d'activitat concret; tanmateix, per incidir en el mercat cal anar més enllà.

Mètodes intuïtius

Brainstorming (o *tempestat d'idees*)
Mètode suggerit el 1953 per Osborn per generar idees a partir de crear les condicions d'obertura de la ment i ambient distès a un grup no jeràrquic, amb membres de procedències tan distintes com sigui possible, que, independentment de la seva aplicabilitat immediata, aportin amb tota llibertat idees en relació al projecte que, alhora, desencadenin noves idees en la resta de participants. El conductor de la reunió ha de registrar les idees que sorgeixin.
Aquest mètode pot ser especialment útil quan no es disposa de cap principi de solució, o aquells de què es disposa, no satisfan.

Sinèctica
Mètode suggerit el 1955 per Gordon, basat en un grup i que recorre dues etapes. La primera (*fer l'estrany familiar*), consisteix fonamentalment en l'anàlisi del problema i de les seves delimitacions. La segona (*fer el familiar estrany*), consisteix en transposar el problema a altres situacions a través d'analogies: *personal*, en la que el participant intenta posar-se en el lloc o situació del problema; *directa*, on intenta cercar una situació anàloga en un altre camp d'aplicació; *simbòlica*, on intenta descriure el problema simbòlicament, per exemple, a través d'un proverbi; i *fantàstica*, on intenta descriure una solució ideal.
És semblant al brainstorming però disposa d'un fil conductor a través de las analogies.

Mètode Delphi
Es demana a una sèrie d'experts la seva opinió sobre un tema. L'enquesta s'organitza en diverses fases: en la primera, es pregunta individualment a cada expert quins punts poden resoldre el problema; en les fases següents (de 1 a 3) es pregunta novament als experts la seva opinió sobre les respostes més freqüents de la fase anterior, amb la qual cosa les respostes de les successives fases tendeixen a convergir.
Aquest mètode se sol reservar per als temes de política d'empresa o per a criteris sobre desenvolupaments a llarg termini.

Mètodes discursius

Estudi sistemàtic de processos físics
Consisteix en la modelització i exploració de comportaments que poden ser deduïts de lleis físiques o de models tècnics acceptats. Aquest és un dels sistemes utilitzats més freqüentment i, generalment, proporciona resultats ràpids i satisfactoris. (vegeu el Cas 15.4 en el Capítol 15).

Esquemes de classificació
Consisteix en desenvolupar sistemàticament principis de solució i ordenar-los per mitjà d'una taula generalment de dues entrades, una d'elles determinada per un paràmetre significatiu (per exemple, el sistema d'energia utilitzat) i, l'altra, amb les diferents soluciones obtingudes.
El mètode estimula la cerca de solucions i facilita la identificació de característiques i la combinació de solucions parcials per a obtenir la solució global.

Generació de variants per inversió
És un exercici de gran utilitat per al dissenyador que consisteix en generar noves variants per inversió, canvi o transposició de funcions a un principi de solució ja conegut. Per exemple, els panys solen incorporar-se a les portes, però res impedeix que s'incorporin en els marcs (nou principi de solució). De fet, les portes amb obertura remota adopten aquest principi de solució ja que té l'avantatge que els cables elèctrics estan en la part fixa.

Cas 16.2
Especificació, concepte i assaigs preliminars en el desenvolupament d'una màquina universal de classificar monedes

Projecte desenvolupat en col·laboració entre l'empresa Ibersélex S.A. de Barcelona i el Centre de Disseny d'Equips Industrials de la UPC (CDEI-UPC).

Especificació
L'encàrrec consistia en dissenyar un sistema mecànic de recollida i transport de monedes amb moviment positiu (cada moneda es mou en una baula d'una cadena), destinat a una màquina universal de classificar monedes.

Sobre aquesta idea no es coneixia cap precedent (les màquines existents funcionen per mitjà de dispositius mecànics limitats per les formes i dimensions de les monedes). Es tractava, doncs, d'un *disseny original* que requeria una important etapa de disseny conceptual.

Inicialment, va semblar que la condició imposada de desplaçament positiu era una limitació innecessària a las llibertats de disseny; tanmateix, realitzades diverses comprovacions, es va corroborar l'encert d'aquesta especificació.

Fracàs del primer concepte
Es va establir un primer principi de solució en base a una cadena especial que va resultar un fracàs. En una situació en què es plantejava l'abandó del projecte, un suggeriment va desencadenar el desenvolupament d'una nova solució.

Analogia i nou concepte
Aquesta persona va afirmar: la cadena de transport de les monedes *ha de ser com les peces de les guies de les cortines*. Això va conduir a explorar una nova solució en base a un tipus de cadena sobre una guia tancada en la que les baules s'empenyien les unes a les altres. A diferència de la guia de la cortina que és recta, en aquesta aplicació calia donar solució a un sistema de guiatge amb dos trams rectes, dues curvatures diferents en un sentit i una curvatura de sentit contrari, a més d'ajustar geomètricament les baules i la guia en la zona de recollida de la moneda, tot això compatible amb un sistema d'arrossegament motoritzat. La resolució d'aquest sistema (guia, baules, arrossegament) va comportar diversos mesos de treball i diverses aproximacions successives (vegeu la baula en la Figura 16.4a).

Prototipus preliminars
Un dels esculls més importants d'aquest disseny conceptual va ser l'elecció de materials: per un costat, les baules havien de lliscar perfectament en les guies, però al seu torn, la pestanya posterior de les baules s'havia d'agafar bé a les rodes d'arrossegament. Es va pensar en recobrir les guies d'alumini (necessitat d'estabilitat dimensional) amb una poliamida i realitzar les baules amb poliacetal (combinació coneguda i provada). El tema de l'arrossegament es va resoldre pel sistema de prova-error fins que es va comprovar que rodes recobertes de poliuretà oferien una solució. Existien dubtes sobre si aquesta combinació de materials proporcionaria el

resultat desitjat. Es van realitzar diversos prototipus simplificats i es van sotmetre a proves de comportament i de desgast, la qual cosa va ocupar diversos mesos i va obligar a fer fins a 6 iteracions per ajustar les característiques dels materials (vegeu la Figura 16.4*b*).

Finalment, el resultat va ser positiu, el disseny va ser patentat i es va procedir al desenvolupament de la resta del projecte.

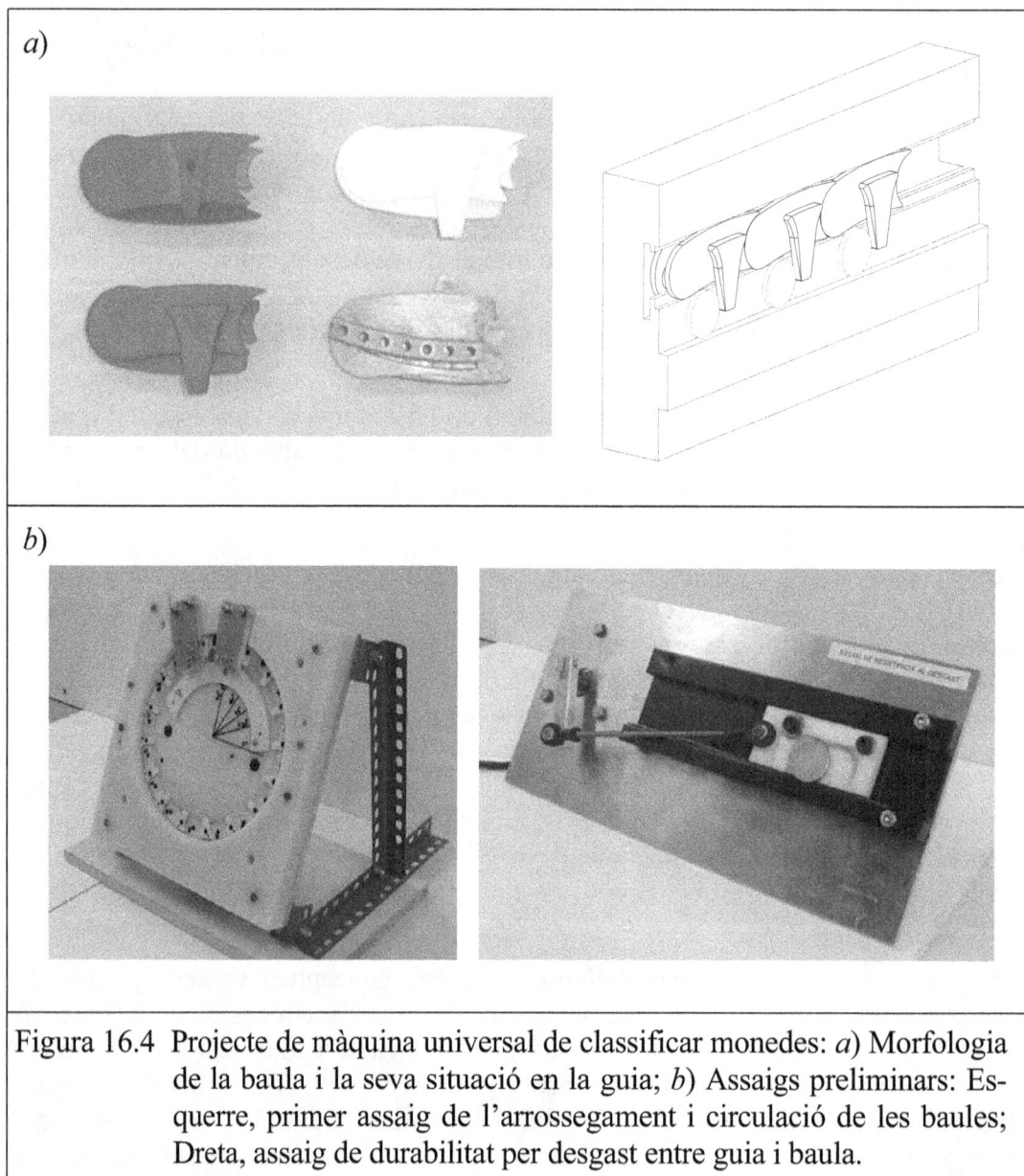

a)

b)

Figura 16.4   Projecte de màquina universal de classificar monedes: *a*) Morfologia de la baula i la seva situació en la guia; *b*) Assaigs preliminars: Esquerre, primer assaig de l'arrossegament i circulació de les baules; Dreta, assaig de durabilitat per desgast entre guia i baula.

16.6 Materialitzar la solució

Consideracions generals

El *disseny de materialització* és l'etapa del procés de disseny que, partint d'un concepte, i per mitjà de coneixements i criteris tècnics i econòmics, es determinen les formes i dimensions de les diferents peces i components i, alhora, s'articulen de manera que assegurin la realització de les funcions. El mètode usat segueix el cicle bàsic de disseny (normalment, en diverses iteracions) i el resultat es dóna a través d'un o més plànols de conjunt (en anglès, *layout*).

La materialització del concepte inclou algunes de les activitats més tradicionals de l'enginyeria de disseny: esbossar la disposició general; simular el seu comportament; calcular i dimensionar elements (peces, components, enllaços); assajar i validar solucions. Les noves eines assistides per ordinador permeten avançar en l'optimització de les solucions.

Tanmateix, a la llum de les noves concepcions de disseny que posen l'èmfasi en el cicle de vida dels productes (més enllà de la funció) i en el seu emmarcament en un procés de desenvolupament més ampli (oportunitat del llançament del producte, finançament del projecte i planificació de la fabricació i comercialització), aquestes tasques més tradicionals també queden afectades.

A continuació es desenvolupen els tres aspectes següents del disseny de materialització: *a*) Passos del disseny de materialització; *b*) Generació de variants per inversió; *c*) Establiment d'un protocol d'assaig

Passos del disseny de materialització

Tot i que no és fàcil donar recomanacions sobre aquest tema, a continuació s'estableixen uns passos que, inspirats en la proposta de Pahl i Beitz [Pah, 1984], permeten conduir l'etapa de disseny de materialització (esquema de la Figura 16.5):

1. *Identificar els requeriments limitadors*
Identificar aquells requeriments (o desigs) de l'especificació que esdevenen limitacions per al disseny de materialització: *a*) Prestacions exigides (velocitats, forces, temps, cadències); *b*) Dimensions exteriors, espais disponibles, masses admissibles; *c*) Exigències ergonòmiques (fatiga, visió, seguretat, comprensió del control); *d*) Incidències ambientals (evitar sorolls, contaminacions i altres impactes); preveure la corrosió; *e*) Tecnologies disponibles i capacitats de producció; *f*) Requeriments de manteniment; *g*) Limitacions de cost.
Moltes vegades, la limitació de les dimensions o de la massa constitueix una de les especificacions més importants que pot comportar en si mateix un gran avantatge competitiu. Per tant, esdevenen importants criteris de disseny.

Exemples: La direcció de les empreses sol imposar certes limitacions dimensionals, constructives, de materials o de processos de fabricació a l'inici de determinats projectes, com ara: *a*) Airtècnics S.L. va demanar de dissenyar un actuador de vàlvula (Figura 15.7) que, amb les mateixes dimensions, exercís un parell doble dels existents en aquell moment en el mercat; *b*) Girbau S.A. va establir el requeriment que el túnel de rentar roba (Figura 17.2) fos de construcció modular (facilita la fabricació i la comercialització); també va demanar de limitar les seves dimensions per tal que cabés en un contenidor convencional (estalvi important en els costos de transport); *c*) Ferrocarrils de la Generalitat de Catalunya S.A. va imposar el requeriment en el de mòdul d'andana de geometria variable (Figura 15.6) que el sistema d'accionament oferís seguretat intrínseca contra un possible desplegament fortuït (perill d'accident per interferència amb el tren).

2. *Determinar les funcions i els paràmetres crítics*

Un primer esbós del disseny de materialització posa de manifest l'existència de determinades funcions (provenint directament de l'especificació del producte o de les funcions tècniques incloses en la solució conceptual acceptada) i determinats paràmetres (quantitatius o qualitatius, generalment relacionats amb les funcions anteriors) que esdevenen crítics en la resolució del problema i sobre els quals cal establir compromisos de disseny (*condicions quantitatives i qualitatives*).

Atès que aquestes funcions i paràmetres crítics solen mostrar importants interrelacions, cal considerar-los de forma conjunta per a obtenir una solució global (els requeriments limitadors actuen, en general, com a criteris d'avaluació).

En els primers passos del desplegament del disseny de materialització cal centrar l'atenció, doncs, en les funcions i paràmetres crítics per, més endavant, procedir a l'estudi i resolució d'altres funcions i paràmetres que se sap que tenen una solució no compromesa (vegeu l'Exemple 16.3).

Exemple: La materialització de la màquina universal de classificar monedes, impulsada per Ibersélex S.A. (Figures 15.8 i 16.4*a*), va partir d'un concepte basat en una cadena de baules, que s'empenyen unes a les altres en el si d'una guia amb diversos trams rectes i corbes, amb cinc perfils en plans diferents (el superior que mou les monedes; els tres intermedis que guien la baula en els diferents trams de la guia; i el posterior per on s'arrossega la cadena).

El disseny de materialització preliminar va tenir en compte diverses funcions crítiques (recepció de les monedes; moviment positiu de les monedes; guiatge de les baules; detecció de les monedes; expulsió de les monedes) i diversos paràmetres crítics (diàmetres màxim i mínim de les monedes; longitud de la baula, curvatura dels diferents trams de guia; temps de detecció i d'expulsió de les monedes), i va utilitzar com a criteris d'avaluació diverses especificacions limitadores (cadència de classificació, dimensions màximes, pes, capacitat dels calaixos de classificació).

Condicions crítiques (quantitatives i qualitatives)
Les funcions crítiques, juntament amb els requeriments limitadors de l'especificació, es tradueixen en condicions crítiques (tant quantitatives com qualitatives) entre els paràmetres crítics en base a les quals s'estableixen els compromisos de disseny i s'elaboren les diferents solucions alternatives.

3. *Desplegar alternatives de disseny de materialització preliminar*
Un cop identificats els *requeriments limitadors* i determinades les *funcions crítiques* i els *paràmetres crítics*, correspon desplegar una o més solucions de disseny de materialització preliminar.

Això vol dir determinar, per mitjà de càlcul o d'altres consideracions tècniques i econòmiques, les principals disposicions, formes i dimensions i una primera tria dels materials de les peces i components que intervenen en les funcions crítiques. El resultat ha de donar compliment global a les funcions principals del producte i ha de complir els requeriments limitadors. En aquest pas s'ha de decidir, seleccionar i situar (encara que sigui de forma esquemàtica) els components de mercat que s'incorporin al producte.

Hi ha diverses metodologies que ajuden a generar alternatives en el disseny de materialització entre les quals, més endavant, es tracta breument el mètode de la *inversió de funcions* o de la *inversió de característiques*.

En els productes en què s'ha establert una estructura modular, se sol elaborar un disseny de materialització preliminar per a cada un dels mòduls.

4. *Avaluar les anteriors alternatives i escollir-ne una*
El pas següent consisteix en avaluar les alternatives de disseny de materialització preliminar per mitjà de l'ús de mètodes d'avaluació, com ara els presentats en la Secció 15.7, de criteris com ara les especificacions limitadores, i d'ajudes com ara la *llista de referència per al disseny de materialització* (més endavant en aquesta mateixa Secció)
El resultat és la tria d'un *disseny de materialització preliminar* definit per mitjà de dibuixos i esquemes amb les disposicions d'elements, formes i dimensions.

Disseny de materialització preliminar
Solució del disseny de materialització que dóna resposta als requeriments limitadors i a les funcions crítiques i que resulta de l'avaluació i de la tria d'una de les diverses solucions alternatives desplegades en base a les condicions crítiques.

Exemple: Continuant amb el projecte d'Ibersélex S.A. (Figures 15.8 i 16.4*a*), el disseny de materialització preliminar va consistir en la determinació de la forma i dimensions de la baula (llargada; amplada; funcions, geometria dels diferents plans), la trajectòria de la guia, una primera selecció dels materials (cos de la guia d'alumini recobert de poliamida, a fi d'assegurar l'estabilitat dimensional) i la disposició bàsica dels sistema d'accionament.

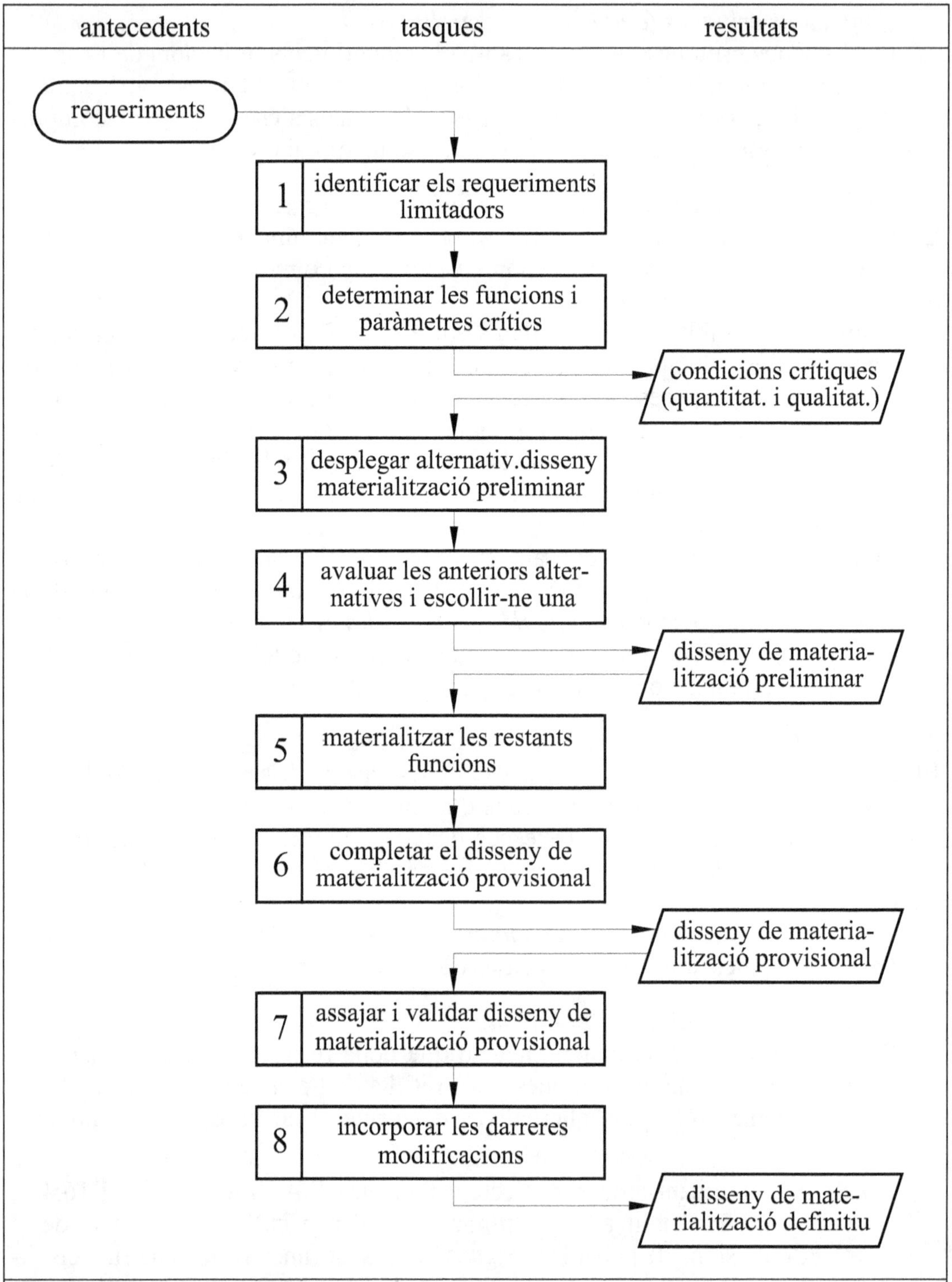

antecedents	tasques	resultats

requeriments

1 identificar els requeriments limitadors

2 determinar les funcions i paràmetres crítics

→ condicions crítiques (quantitat. i qualitat.)

3 desplegar alternativ.disseny materialització preliminar

4 avaluar les anteriors alternatives i escollir-ne una

→ disseny de materialització preliminar

5 materialitzar les restants funcions

6 completar el disseny de materialització provisional

→ disseny de materialització provisional

7 assajar i validar disseny de materialització provisional

8 incorporar les darreres modificacions

→ disseny de materialització definitiu

Figura 16.5 Passos del disseny de materialització on s'indiquen els antecedents, les tasques i els resultats.

Llista de referència per al disseny bàsic o de materialització	
Conceptes	Determinacions
Concepte	Respon a les funcions i prestacions especificades? El seu funcionament és simple i eficaç? És fàcil i econòmic de materialitzar?

Prestacions	El conjunt i els seus components proporcionen:
	    resistència i durabilitat adequades?
	    deformacions admissibles?
	    estabilitat de funcionament?
	    possibilitat d'expansió?
	    vida (fatiga, corrosió) i prestacions adequades?

Seguretat	El conjunt i els seus components ofereixen seguretat? S'han considerat les pertorbacions externes? Compleix les directives de seguretat?
Ergonomia	S'ha tingut en compte la relació home-màquina? S'han evitat les situacions de fatiga o estrès?
Entorn	Els consums són adequats? S'ha previst la fi de vida?
Producció	S'han analitzat els processos de fabricació? S'han avaluat els utillatges necessaris? Quines parts han de subcontratar-se?
Qualitat	S'ha previst un funcionament robust? Quines verificacions cal fer i quan?
Muntatge	Els processos de muntatge són simples? S'ha pensat en la seva automatització?
Transport	S'ha considerat el transport intern i extern? S'ha de poder desmuntar? Amb quins utillatges?
Operació	S'han considerat tots els modes d'operació?
Manteniment	S'ha estudiat quin tipus de manteniment es requereix? S'han facilitat les reparacions?
Costos	Es mantenen els costos dintre dels límits previstos? Quins costos addicionals apareixen i perquè?
Terminis	Es compleixen els terminis previstos? Es preveuen modificacions que alterin aquests terminis?

5. *Materialitzar les restants funcions*

Un cop triada una solució del disseny de materialització preliminar, on s'han tingut en compte els requeriments limitadors i s'han resolt les funcions i paràmetres crítics, cal completar-la amb la solució de la resta de requeriments, funcions i paràmetres (disseny de materialització provisional).

No és estrany que una funció que inicialment no ha estat considerada crítica, ho esdevingui en el moment de la seva materialització. En aquests casos cal procedir a través d'iteracions successives.

6. *Completar el disseny de materialització provisional*

En aquest pas es completa el disseny de materialització provisional a partir d'integrar totes les solucions, tant de les que resulten dels requeriments, funcions i paràmetres crítics com les que resulten dels restants, fins que el producte o sistema quedi del tot definit.

> *Disseny de materialització provisional*
>
> Solució global del disseny de materialització, encara no validada per l'assaig, que dóna resposta al conjunt dels requeriments, funcions i paràmetres del producte.
>
> El disseny de materialització provisional fixa les disposicions relatives, les formes i les dimensions de tots els elements i components del producte i es presenta en forma d'un o més plànols de conjunt (en anglès, *layout*).

7. *Assajar i validar el disseny de materialització*

Quan un producte o sistema haurà de treballar en condicions dures o exigents (desgast, deteriorament per fatiga, fluència sota càrrega, ambients corrosius) convé realitzar un o més prototipus del conjunt o de les parts més crítiques a fi d'assajar-lo i validar-lo abans d'iniciar-ne la fabricació.

La realització d'un prototipus demana la fabricació de peces i components i, per tant, requereix el desplegament de plànols de peça que corresponen a l'etapa de *disseny de detall*.

Atesa la circumstància que el disseny de materialització encara no ha estat validat, aquests plànols de peça han de ser considerats provisionals i no adquireixen la condició de plànols de detall definitius fins a l'etapa de disseny de detall.

L'etapa de prototipatge i assaig del disseny de materialització és de gran importància per a la validació de les solucions. En general, requereix una definició dels objectius i dels mètodes d'assaig, una planificació de la seva preparació i execució, i uns criteris de validació del producte (aquestes determinacions es poden agrupar en forma d'un *protocol d'assaig*, document que gran utilitat, especialment quan existeixen relacions de contractació en el desenvolupament d'aquestes activitats).

La validació dels assaigs representa la finalització del disseny de materialització, prèvia la incorporació de les eventuals modificacions en els plànols de conjunt (pas següent).

8. *Incorporar les darreres modificacions*

Aquest darrer pas del disseny de materialització consisteix en incorporar les modificacions originades en les etapes anteriors en els plànols de conjunt i, molt especialment, les que són conseqüència de l'assaig i de la validació.

> *Disseny de materialització definitiu*
> Solució completa del disseny de materialització validada per l'assaig.

Exemple 16.3
Materialització preliminar d'un reductor d'un etapa

A continuació es descriuen els primers passos de la materialització d'un reductor d'engranatge recte d'una sola etapa. En principi es preveu incorporar rodaments radials (de boles o de corrons) i retenidors radials com a components de mercat.

Requeriments limitadors
Els requeriments limitadors de l'especificació del reductor són: RL_1) Potència nominal: 4500 W; RL_2) Velocitat angular de l'arbre d'entrada: 1430 min^{-1}; RL_3) Vida: 25000 hores; RL_4) Relació de transmissió: $i=4$; RL_5) Càrregues radials exteriors admissibles sobre els arbres (qualsevol direcció), i la seva situació: arbre d'entrada: 750 N a 20 mm de la cara exterior del reductor; arbre de sortida: 2250 N a 25 mm de la cara exterior del reductor.

Altres requeriments, com ara el cost, els plans i punts de subjecció de la carcassa, o el desig de limitar al màxim el pes i les dimensions, no es jutgen com a requeriments limitadors en aquest primer pas del disseny de materialització preliminar.

Funcions crítiques i paràmetres crítics
Les funcions que es consideren crítiques en aquest disseny de materialització preliminar són: FC_1) Transmissió de la potència; FC_2) Suport dels eixos (tenint en compte les càrregues externes); FC_3) Partició de la carcassa per al muntatge (es contemplen el muntatge radial, segons Figura 16.6c, i el muntatge axial).

Els paràmetres crítics són aquells que intervenen en la definició de les funcions crítiques: PC_1) Distància entre eixos, a, i amplada de l'engranatge, b; PC_2) Diàmetres dels arbres en la secció dels rodaments, d_{1A} i d_{2D} (els altres dos diàmetres, d_{1B} i d_{2C}, poden ser menors); PC_3) Diàmetres exteriors dels rodaments, D_A, D_B, D_C i D_D (els diàmetres interiors coincideixen amb els dels arbres); PC_4) Espai per situar un cargol d'unió de les dues meitats de la carcassa entre els rodaments.

En el tempteig inicial, per a cobrir les amplades dels rodaments, els jocs axials entre rodaments i rodes dentades i la reserva d'espai per als retenidors, es prenen unes distàncies de 12 mm entre el pla de simetria dels rodaments i les cares exteriors de les rodes dentades i, de 16 mm, entre el pla de simetria dels rodaments i les cares exteriors de les carcasses (Figura 16.6a).

Condicions crítiques (quantitatives i qualitatives)

Les funcions crítiques juntament amb els requeriments limitadors esmentats anteriorment imposen diverses condicions quantitatives i qualitatives: CCt_1) L'engranatge ha de funcionar durant la vida prevista sense fallar (dues condicions quantitatives: resistència a la fatiga superficial; resistència a fatiga al peu de la dent del pinyó); CCt_2) Els arbres no han de fallar per sobrecàrrega o per fatiga durant la seva vida útil (dues condicions quantitatives en les seccions més crítiques A i D) ; CCt_3) Els rodaments no han de fallar durant la vida prevista (4 condicions quantitatives, una per a cada rodament); CQl_1) La distribució de cargols de la brida ha de repartir la força el més uniformement possible (1 condició qualitativa).

Establiment de les condicions crítiques

Gràcies als mètodes de càlcul dels engranatges, és ben conegut que la condició quantitativa de resistència a la fatiga superficial (fora de casos excepcionals) és més restrictiva que la de resistència a la fatiga al peu de la dent. La primera imposa una relació entre els paràmetres bàsics de la transmissió (distància entre eixos i amplada de l'engranatge), mentre que el segon imposa un valor mínim del mòdul (generalment es prenen valors més grans per evitar ruptures per sobrecàrregues).

Per mitjà del càlcul d'arbres sotmesos a torsió (transmissió del parell) i a flexió (forces sobre els dentats, càrregues radials exteriors i reaccions sobre els rodaments), s'obtenen els diàmetres mínims dels arbres en les seccions crítiques A i D. Les dimensions dels rodaments s'estableixen per càlcul en base a les càrregues que suporten, la velocitat angular i la vida. Les llibertats de disseny es limiten al tipus de rodament (radials de boles, o radials de corrons, en el present cas) i l'elecció d'un diàmetre interior més gran que el que resulta del càlcul de l'arbre.

Avaluació de paràmetres

Es parteix dels següents nombres de dents i de desplaçaments de pinyó ($z_1=19$, $x_1=0.40$) i roda ($z_2=76$, $x_2=-0.40$; equilibren els coeficients de seguretat de la resistència a la fatiga superficial). Temptejant diversos valors del mòdul i mantenint el factor d'aplicació de 1,5 en base al càlcul d'engranatges de la norma ISO-6336, (els coeficients de seguretat a fatiga superficial s'ajusten a 1, mentre que els coeficients de seguretat a ruptura del peu de la dent per fatiga són molt superiors), s'obtenen els resultats següents:

mòdul	distància entre centres	amplada de l'engranatge	diàmetre del pinyó	relació	força tangencial
m_0 (mm)	a (mm)	b (mm)	d_1 (mm)	b/d_1 (-)	F_t (N)
1,125	53,438	33,3	21,375	1,56	2810
1,250	59,375	22,0	23,750	0,93	2530
1,375	65,313	17,0	26,125	0,65	2300
1,500	71,250	13,9	28,500	0,49	2110
1,750	83,125	10,0	33,250	0,30	1810

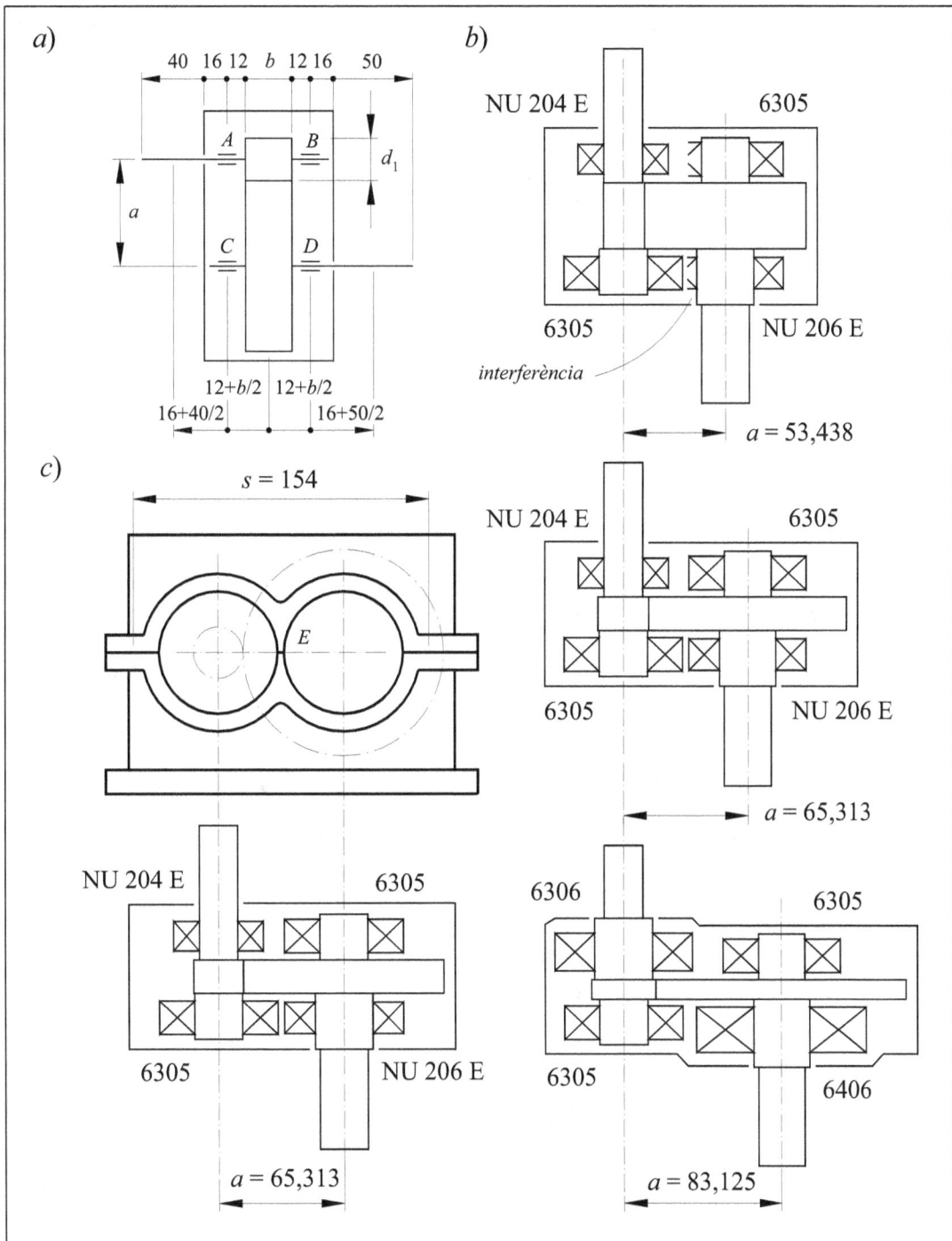

Figura 16.6   Disseny de materialització preliminar d'un reductor d'engranatge recte d'una etapa: *a*) Paràmetres crítics; *b*) Diverses alternatives (diferents relacions amplada / distància entre eixos; *c*) Inconvenient del muntatge radial (manca de lloc per a un cargol entre els rodaments).

Coneguda la força tangencial de l'engranatge, es calculen els arbres i rodaments.

Per simplificar, s'ha considerat que els rodaments suporten les càrregues radials exteriors independentment de la seva direcció. Atès que aquest requeriment és molt exigent, es limita la vida dels rodaments en el cas més desfavorable a 12500 hores (els fabricants de reductors limiten el valor de la càrrega radial exterior admissible segons la seva orientació, amb uns resultats aproximadament equivalents al present cas).

A partir dels parells torçors i dels moments flectors en les seccions crítiques A de l'arbre d'entrada (M_{tA}=30 N·m; M_{fA}=27 N·m) i D de l'arbre de sortida (M_{tD}=120 N·m i M_{fD}=92,25 N·m), es calculen els diàmetres mínims (vegeu taula).

Per obtenir el valor mínim de la càrrega bàsica C (catàlegs de rodaments) en el càlcul dels rodaments de l'arbre d'entrada (12500 hores i 1430 min^{-1}), cal multiplicar la càrrega dinàmica, P (coincideix amb les reaccions R), per un factor 10,2 i, per a l'arbre de sortida (12500 hores i 357,5 min^{-1}), per un factor de 6,4.

Diàmetres mínims dels arbres i càlcul de rodaments

mòdul	força tangenc.	reac. màximes càrrega dinàmica		diàmet. arbres	càrrega bàsica		rodaments	
m	F_t	$R_A=P_A$ $R_B=P_B$	$R_C=P_C$ $R_D=P_D$	d_A d_D	C_A C_B	C_C C_D	A B	C D
(mm)	(kN)	(kN)	(kN)	(mm)	(kN)	(kN)		
1,125	2,81	2,63 1,88	5,27 3,02	>15,6 >24,1	26,8 19,1	33,7 19,3	NU 204 E 6305	6305 NU 204 E
1,375	2,30	2,56 1,85	5,65 3,40	>15,6 >24,1	26,1 18,4	36,2 21,8	NU 204 E 6305	6305 NU 204 E
1,750	1,81	2,45 1,70	5,87 3,62	>15,6 >24,1	25,0 17,3	37,6 23,2	6306 6305	6305 6406

Característiques dels rodaments elegits

	6305	6306	6406	NU 204 E	NU 206 E
$d·D·B$ (mm)	25·62·17	30·72·19	30·90·23	20·47·14	30·62·16
C (kN)	22,1	29,2	42,2	28,0	41,4
pes (kg)	0,220	0,331	0,689	0,140	0,220

La figura 16.6*b* mostra les alternatives estudiades. La primera dóna lloc a interferència entre els rodaments, la tercera permet l'ús de rodaments de boles (tanmateix molt desproporcionats); la millor sembla ser la segona, amb rodaments de corrons en els suports més crítics A i D. Tanmateix, la solució intermèdia no permet un muntatge radial ja que, en no poder-se col·locar una unió cargolada en el pla de partició entre els rodaments, deixaria lliure una distància excessiva (s=154 mm; Figura 16.6*b*). El muntatge, doncs, hauria de ser axial.

Generació de variants per inversió

Una de les formes més interessants d'originar variants alternatives en el disseny de materialització és la inversió de funcions entre dos o més elements d'un sistema (el membre conductor passa a ser conduït i viceversa) o de característiques (la rosca interior passa a ser exterior i viceversa). Les variants generades per inversió poden donar lloc a valoracions molt diferents en relació a aspectes com ara les dimensions exteriors, la precisió necessària, la facilitat de fabricació, el comportament a fatiga de determinats elements o la seguretat del sistema, per la qual cosa constitueixen solucions alternatives en el disseny de materialització.

A continuació s'analitzen els diferents exemples de variants alternatives generades per inversió (Figura 16.7):

a) Sistema de molla de tracció
La solució de l'esquerra és una simple molla a tracció amb ganxos als extrems, mentre que la solució de la dreta es basa en una molla a compressió que actua sobre uns plats extrems units a unes tiges (una passa per dintre de l'altra) de manera que l'efecte global és el d'una molla a tracció.
La primera solució, més senzilla i barata, presenta l'inconvenient que, en cas de ruptura de la molla, es desconnecten les parts enllaçades (fet que en algunes aplicacions pot comportar una falta de seguretat) mentre que, en la segona solució, una ruptura de la molla no dóna lloc a una desconnexió de les parts, sinó tan sols la caiguda de l'espira trencada sobre l'espira adjacent.
Les molles de les suspensions de rentadores industrials mitjanes i grans adopten la segona solució.

b) Tensor entre dues barres
La solució de l'esquerra uneix dues barres foradades i roscades interiorment, mentre que la solució de la dreta uneix dues barres massisses i amb rosca exterior. Totes dues solucions permeten el tensatge entre les dues parts.
L'adopció d'una solució o altra pot dependre de quina sigui la forma de les barres a tensar (tubular o massissa). En cas d'estar el sistema sotmès a una flexió lateral, la solució de la dreta distancia els punts crítics d'inici de les rosques.

c) Guiatge horitzontal d'un ganxo
El suport del ganxo es pot moure horitzontalment segons un sistema de guiatge perpendicular al pla de la figura. La variant de l'esquerra adopta una guia en forma de biga de doble T i doble línia de rodes de suport per sobre i per sota de la biga, mentre que la variant de la dreta adopta una sola línia de rodes de suport i dues guies en forma de biga en T per damunt i per sota.
La variant de l'esquerra té l'avantatge que les rodes de suport poden girar lliurement en sentits contraris (per tant, es pot ajustar tant com convingui les rodes a la

guia, fins i tot precomprimir-les). En canvi, en la variant de la dreta, la mateixa roda de suport gira en sentits contraris si fa contacte amb la guia inferior o superior (per tant, cal deixar un joc entre roda de suport i les guies i de manera que no es pot precomprimir la roda de suport contra les guies).

d) Unió estanca entre dos tubs
Aquest sistema es compon de dos tubs amb els extrems cònics (un exterior i un altre interior) i una femella que estreny entre si les dues parts.
L'adopció d'una o altra variant depèn fonamentalment de criteris de fabricació i d'espai (la variant de l'esquerra té menys diàmetre i més llargada i la de la dreta té menys llargada i més diàmetre).

e) Acoblament entre dos arbres
Aquest és un tipus d'acoblament entre arbres a través d'uns dentats exteriors i interiors. En la variant de l'esquerra, els extrems dels arbres són solidaris als dentats exteriors i l'element intermedi al dentat interior; mentre que, en la variant de la dreta, els extrems dels arbres són solidaris als dentats interiors i l'element intermedi al dentat exterior. A causa de la forma lleugerament bombada dels dentats solidaris als extrems dels arbres, aquest acoblament permet un cert grau de desalineació angular entre els extrems dels eixos.
L'elecció d'una o altra variant depèn fonamentalment, com en el cas anterior, de criteris de dimensionament i de fabricació.

f) Guiatge del cos d'una vàlvula
En la variant de l'esquerra, el guiatge es basa en una tija fixa a la base sobre de la qual llisca la vàlvula mentre que, en la variant de la dreta, la tija forma part de la vàlvula i llisca sobre una guia que forma part de la carcassa.
L'adopció d'una o altra variant ha de tenir en compte la qualitat del guiatge (longitud, situació i materials de la zona de guiatge, lubricació) i les facilitats de fabricació (toleràncies, acabaments superficials).

g) Articulació d'una roda dentada boja
En la variant de l'esquerra, la roda dentada és solidària de l'arbre que s'articula per mitjà de rodaments a la base mentre que, en la variant de la dreta, la roda dentada se suporta per mitjà de rodaments directament sobre l'eix que és fix a la base.
La primera variant sotmet l'arbre a fatiga a causa del seu gir (cal un diàmetre més dimensionat), però permet transmetre el parell a través d'un dels seus extrems, mentre que, la segona variant no sotmet l'eix a fatiga (el diàmetre pot ser molt menor), però sols és vàlida per rodes dentades intermèdies,.
Aquesta segona variant és la solució adoptada en el suport de la major part de les rodes de vehicles (bicicletes, motocicletes, automòbils).

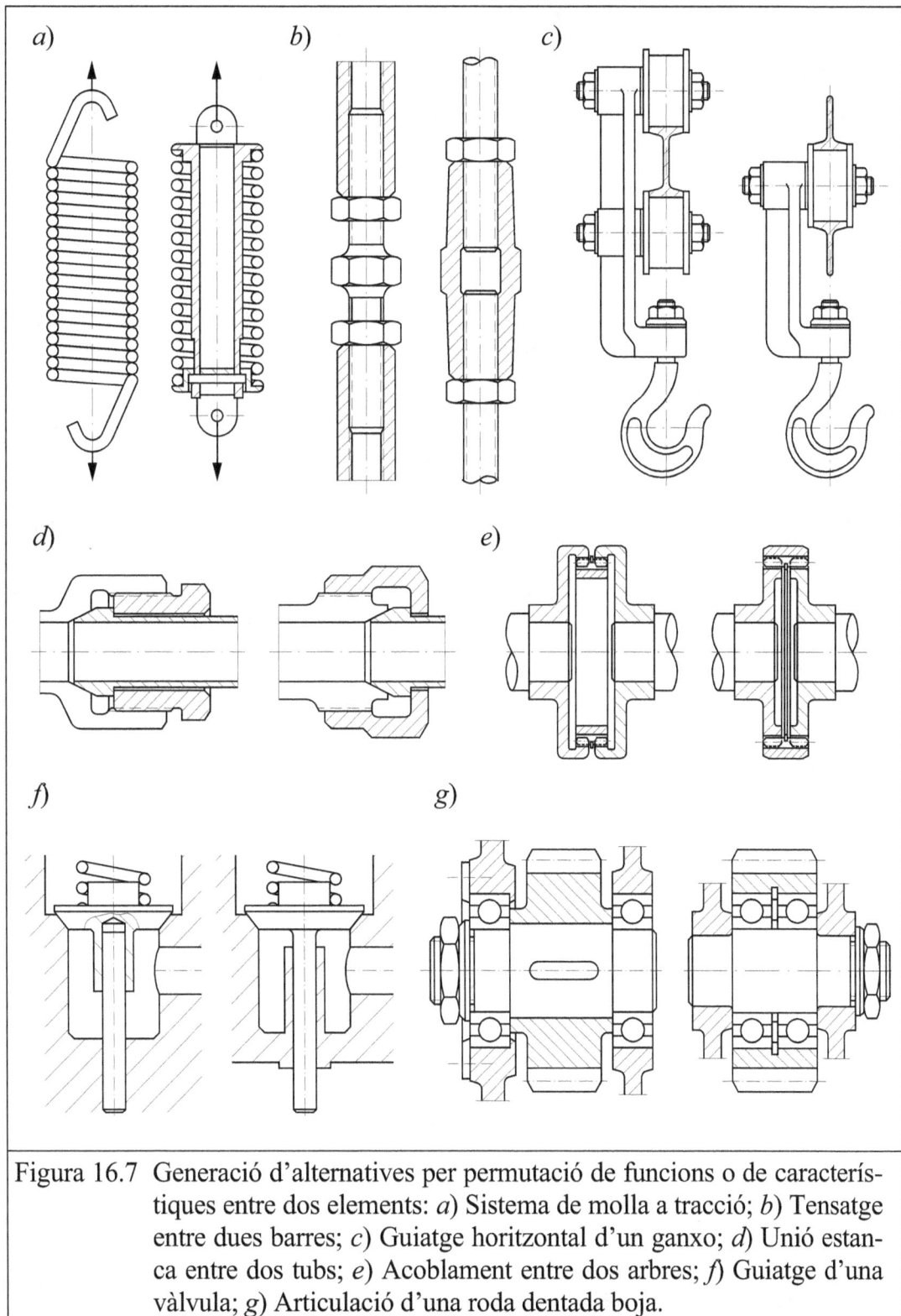

Figura 16.7 Generació d'alternatives per permutació de funcions o de característiques entre dos elements: *a*) Sistema de molla a tracció; *b*) Tensatge entre dues barres; *c*) Guiatge horitzontal d'un ganxo; *d*) Unió estanca entre dos tubs; *e*) Acoblament entre dos arbres; *f*) Guiatge d'una vàlvula; *g*) Articulació d'una roda dentada boja.

Establiment d'un protocol d'assaig

L'assaig és un dels passos fonamentals en el disseny de materialització on les empreses dediquen importants recursos humans, materials i de temps. Per tant, és bo de presentar l'assaig de forma ordenada per mitjà de l'establiment d'un protocol d'assaig. Aquest document és interessant en tots els casos, però és especialment convenient quan en les tasques d'assaig es donen relacions de subcontractació.

Els assaigs ben conduïts i documentats constitueixen una part fonamental del *know-how* de les empreses.

El protocol d'assaig constitueix un petit projecte de l'assaig i que ha de contenir, com a mínim, els següents aspectes:

a) *Definició dels objectius de l'assaig*
   En primer lloc, cal definir què és vol assajar i què es vol obtenir amb l'assaig. L'objectiu principal dels assaigs de fiabilitat de l'etapa de disseny de materialització és comprovar el correcte funcionament d'un producte al llarg de la vida prevista. També convé tenir presents altres aspectes complementaris (i no menys importants) de l'assaig com ara la mesura de les prestacions reals del producte o l'obtenció de dades que poden constituir una ajuda fonamental en futurs projectes de l'empresa (són part fonamental del seu *know-how*).

b) *Disseny de l'assaig*
   Rarament l'assaig es pot realitzar en condicions operatives durant tota la vida útil del producte (cost econòmic i temps excessius), per la qual cosa cal preveure condicions de funcionament simulades i assaigs accelerats.
   Un cop definits els objectius, el disseny de l'assaig ha de determinar uns *principis d'assaig* i uns *principis de mesura* que, a més de ser representatius de les condicions reals de funcionament del producte o sistema, també han de ser compatibles amb els mitjans i el temps de què es disposa.

c) *Planificació de l'assaig*
   Té per objecte preveure els mitjans necessaris per a dur a terme l'assaig (prototipus, banc d'assaig, sistemes de mesura) així com la seva distribució en el temps (els assaigs de fiabilitat poden ser molt prolongats).

d) *Preparació del prototipus i del banc d'assaig*
   Un dels punts claus, i alhora crítics, per a l'operativitat d'un assaig és la preparació dels prototipus i dels mitjans per a l'assaig.
   En aquesta etapa, els prototipus es basen en el disseny de materialització provisional (totalment definit); les dificultats són, doncs, en els costos i terminis.
   La preparació dels mitjans per a l'assaig requereixen l'adaptació d'un banc existent o el disseny i fabricació d'un banc específic; per tant, convé que sigui una de les primeres accions que es planifica.

Cal preveure especialment de els mitjans de mesura i de registre de dades i in-cidències de l'assaig. Un cop acabades les proves, difícilment es pot repetir i, aleshores, es pot lamentar el no haver fet determinats registres.

f) *Interpretació i validació dels resultats*

Aquest pas és determinant ja que se'n deriven les conseqüències de l'assaig.

Tot i que en l'etapa de disseny de l'assaig ja s'han d'haver previst els criteris d'interpretació i de validació, les incidències que es produeixen durant la rea-lització dels assaigs normalment donen lloc a situacions imprevistes i nous coneixements que obliguen a la seva revisió.

En funció de la interpretació dels resultats dels assaigs, cal prendre la decisió de validar el producte o proposar millores i repetir l'assaig. En cas extrem, pot ser recomanar abandonar la solució o el projecte.

Cas 16.3
Protocol d'assaig per a un mòdul d'andana de geometria variable

Aquest protocol té per objecte definir l'assaig d'un mòdul d'andana de geometria variable que forma part d'un sistema de seguretat promogut per Ferrocarrils de la Generalitat de Catalunya S.A. (vegeu la Figura 15.6), destinat a ser implantat en estacions en corba de ferrocarrils metropolitans (andana i vagó al mateix nivell) a fi d'evitar la caiguda accidental de passatgers (de conseqüències greus) en els espais entre la corba de l'andana i la poligonal que forma el tren. El sistema està format per diversos mòduls alineats amb l'andana que es despleguen davant del comboi quan aquest s'ha aturat i que es repleguen abans que continuï la marxa.

Un dels objectius manifestats per l'empresa és assegurar una elevada fiabilitat en el funcionament d'un mòdul, ja que la fiabilitat global del sistema esdevé molt més baixa en funcionar un nombre elevat de mòduls simultàniament.

Definició dels objectius de l'assaig

Fonamentalment, es vol comprovar que el mòdul realitza les maniobres correspo-nents a la seva vida útil en condicions anàlogues a les d'utilització i sense fallar. En cas de fallada, caldrà millorar el disseny i comprovar de nou que no falla.

Les proves han de garantir la funcionalitat i la fiabilitat d'un mòdul un cop instal-lat, tenint en compte les següents consideracions: *a*1) Les maniobres i estats de càrrega de l'assaig han de ser representatives de les de servei; *a*2) La seqüència de l'assaig ha de preveure la utilització sistemàtica i exhaustiva de tots els mecanis-mes d'accionament i sistemes de seguretat del mòdul (contacte amb el tren, no contacte amb el tren, sensor de mòdul replegat, diverses formes d'aplicació de la càrrega, detecció de càrrega mínim, deformació limitada a càrrega màxima), així com dels elements de control; *a*3) El nivell de severitat de les proves i el nombre de cicles han de ser representatius de la utilització del mòdul en una andana.

Disseny de l'assaig

Per obtenir un alt grau de fiabilitat del mòdul s'acorda de realitzar un nombre de maniobres corresponent a la totalitat de la vida, o sigui 360.000 (10 anys; 100 maniobres/dia; 360 dies/any). Totes les proves càrrega es realitzen amb la màxima extensió de la plataforma després de tocar el tren (*toca-tren*) i recular uns 80 a 100 mm abans d'aturar-se (*a-lloc*) a fi de deixar espai per obrir les portes per l'exterior del vehicle. Els mòduls disposen de sensors que detecten les posicions de màxima extensió (*seg-av*) i replegada (*seg-ar*) de la plataforma.

Es preveuen els següents tipus de maniobres d'assaig que simulen diverses formes d'utilització (toca o no toca el tren en desplegar-se) i de càrrega (peus alternatius, peus simultanis, sense càrrega, màxima càrrega) sobre la plataforma mòbil: *Maniobra A* (168.200 cicles i 47% de l'assaig): desplegament de la plataforma fins a *toca-tren* i reculada fins *a-lloc*, càrregues alternatives (10 cops, que simulen 10 peus) de 750 N en els laterals de la zona central de la plataforma extensible (cilindres pneumàtics *A1-A2*, Figura 16.8), i replegament fins que actua *seg-ar*; *Maniobra AA* (168.200 cicles i 47% de l'assaig): les mateixes condicions que la maniobra anterior però amb càrrega simultània (5 cops dobles, que simulen 10 peus); *Maniobra B* (14.400 cicles i 4% de l'assaig): desplegament de la plataforma fins a *toca-tren* i reculada fins *a-lloc*, càrrega de 2000 N (1 cop) en l'extrem de la plataforma (cilindre pneumàtic *B*, Figura 16.8), i replegament fins que actua *seg-ar*; *Maniobra 0*: (7.200 maniobres i 2% de l'assaig): desplegament de la plataforma sense trobar el tren (actua *seg-av*) i replegament automàtic fins que actua *seg-ar*.

A més d'aquestes maniobres n'hi ha dues més que es programen de forma aleatòria intercalades durant la realització de la resta de maniobres, i que són: *Càrrega Mínima* (10 vegades/dia, aleatòria): actua el cilindre *E*, de 100 N (simula la força mínima sobre la plataforma, per exemple, el pes d'un nen) per comprovar si funciona el sistema de detecció de càrrega (mentre actua, la plataforma no s'ha de replegar, ni que es doni aquesta ordre); *Càrrega màxima* (1 vegada/dia, durant 15 minuts, aleatòria): actuen simultàniament els cilindres pneumàtics *C* i *D* en els centres de la plataforma mòbil (1500 N), i fixa (3000 N).

Finalment, es preveuen crear condicions de treball adverses, anàlogues a les de servei: *a*) *Funcionament a la intempèrie*: permanent (algunes estacions estan a l'aire lliure); *b*) *Objectes a la plataforma*: llançar sorra, cigarretes, papers sobre la plataforma (1 vegada/setmana); *b*) *Regar amb aigua*: simula la pluja o operacions de neteja (1 vegada/setmana).

Planificació de l'assaig

El temps d'una maniobra completa del tipus *A* (el 94 % de l'assaig) s'avalua entre 10 i 11 segons (les maniobres *B* i *0* tenen duracions lleugerament inferiors, tot i que la incidència en el temps total és molt menor). A més, cada dia es preveu una maniobra de *càrrega màxima* (20 minuts) i, aleatòriament, 10 maniobres de *càrrega mínima*, la incidència de les quals és menyspreable en el temps total.

El temps total d'assaig sense interrupcions, és de 42,3 dies (360.000 maniobres a 10 segons/maniobra + 42 maniobres de *càrrega màxima* de 20 minuts/maniobra). Tanmateix, per diverses causes (incidències en el mòdul, en el banc d'assaig, interrupcions elèctriques, inspeccions, vacances), és difícil d'assegurar més enllà del 50 % del temps en funcionament: això vol dir 85 dies d'assaig (prop de 3 mesos).

La distribució dels assaigs es va preveure en tres fases:

Fases preliminar

	Tipus d'assaig	Cicles	% assaig
0	Maniobres en buit	1440	0,4
B	Càrrega a l'extrem (2000 N)	720	0,2
A	Peus alternatius (750 N)	16920	4,7
AA	Peus simultanis (750 N)	16920	4,7

Primera fase

	Tipus d'assaig	Cicles	% assaig
0	Maniobres en buit	5760	1,6
B	Càrrega a l'extrem (2000 N)	2880	0,8
A	Peus alternatius (750 N)	67680	18,8
AA	Peus simultanis (750 N)	67680	18,8

Segona fase

	Tipus d'assaig	Cicles	% assaig
0	Maniobres en buit	7200	2,0
B	Càrrega a l'extrem (2000 N)	3600	1,0
A	Peus alternatius (750 N)	84600	23,5
AA	Peus simultanis (750 N)	84600	23,5

Prototipus i banc d'assaig

Atès que es desitja fer un assaig global del mòdul per a un nombre de maniobres corresponent a la seva vida total, es construeix un *prototipus* complet basat en el disseny de materialització provisional.

Es dissenya un *banc d'assaig* específic que consta de les següents parts (Figura 16.8): *a*) Una base en la qual descansa el mòdul i que té tres ponts on s'hi subjecten els cilindres pneumàtics que simulen les diferents forces; *b*) Una simulació del tren (pot inclinar-se per reproduir el contacte lleugerament entregirat que de vegades es dóna entre la plataforma i el tren); *c*) Dos cilindres *A1* i *A2* de 750 N de força cada un, als costats de la zona central de la plataforma desplegada, per simular els peus alternatius i els peus simultanis; *d*) Un cilindre *B* de 2000 N de força, per simular sobrecàrregues puntuals a l'extrem de la plataforma desplegada; *e*) Un cilindre *E* de 100 N de força per comprovar que el pes equivalent d'un nen situat en una posició endarrerida i a un costat de la plataforma, és detectat pel sensor de càrrega (evita que la plataforma es replegui amb algú al damunt); *f*) Cilindres de càrrega màxima *C* i *D*, de 1500 N i 3000 N respectivament (equivalent a 5000 N/m^2 de sobrecàrrega màxima en locals públics), que actuen als centres de les plataformes extensible i fixa; *g*) Un control per mitjà d'ordinador que governa el conjunt de l'assaig (maniobres automàtiques, gestió de l'assaig i registre d'incidències).

Interpretació i validació dels resultats
El criteri general de validació del disseny de mòdul d'andana de geometria variable és que el sistema i les seves parts siguin capaces de realitzar el nombre de maniobres previst per a la seva vida completa sense fallar ni deteriorar-se. En cas contrari, cal adoptar un disseny alternatiu i assajar-lo.

Es va realitzar una primera tanda d'assaig completa amb un primer prototipus que va donar lloc a un gran nombre d'incidències (moltes d'elles causades pel prototipus però, d'altres, causades pel banc d'assaig) que va obligar al redisseny i fabricació de solucions alternatives. La durada va ser de 278 dies (més de 9 mesos).
Les principals incidències van consistir en:
a) La plataforma mòbil s'havia format encolant sobre una base d'alumini diverses plaques estriades de mercat (de tipus escala mecànica), però l'assaig les va separar. Es va provar novament amb soldadura (abans s'havia evitat a causa de les parets d'alumini molt fines) amb resultats positius en el procés i en l'assaig.
b) Els sensors pneumoelèctrics (basats en l'actuació pneumàtica d'una cambra deformable sobre un microrruptor) no van ser adequats per al sensor de detecció del *toca-tren* (excessivament feble, es trencava) ni per al sensor de càrrega sobre la plataforma extensible (difícil de regular, de funcionament aleatori). Es van substituir per sistemes mecànics que actuen directament sobre microrruptors.
c) Sistema deficient de guies (entregiraments massa sensibles, desgasts excessius). Es va resoldre amb un nou disseny dels patins de la plataforma extensible i amb el recobriment de cromat dur de les parts que llisquen.
d) El conjunt de fre estava mal suportat i fregava. En donar una solució alternativa es va aprofitar per canviar el material d'acer inoxidable a alumini d'elevada duresa (mecanització més fàcil i pes més baix). L'assaig va avalar l'alternativa.
e) Es van produir fallades de les electrovàlvules del mòdul. Es van substituir per components més fiables, alhora que es van establir les condicions de subministrament de l'aire comprimit.

Posteriorment, es va realitzar una segona tanda d'assaig completa amb un nou prototipus que incorporava totes les modificacions que va durar 87 dies i va donar resultats satisfactoris.

Al final de la segona tanda d'assaig es va procedir a fer una revisió general del mòdul i de tots els seus subsistemes i el resultat global va ser satisfactori. Tanmateix, es va descobrir que una de les molles de làmina del suport de la barra de *toca-tren* s'havia trencat (el guiatge resultava molt deficient) sense, però, que això s'hagués traduït en una fallada.

Es va dissenyar una solució alternativa de la molla. Per assajar-la, es va fer una adaptació sobre el mateix banc consistent amb un actuador aplicat directament sobre la barra de *toca-tren* amb una freqüència elevada (4 actuacions per segon) i una força de 250 N. L'assaig de les 360.000 maniobres es va dur a terme en 3 dies i va donar un resultat positiu.

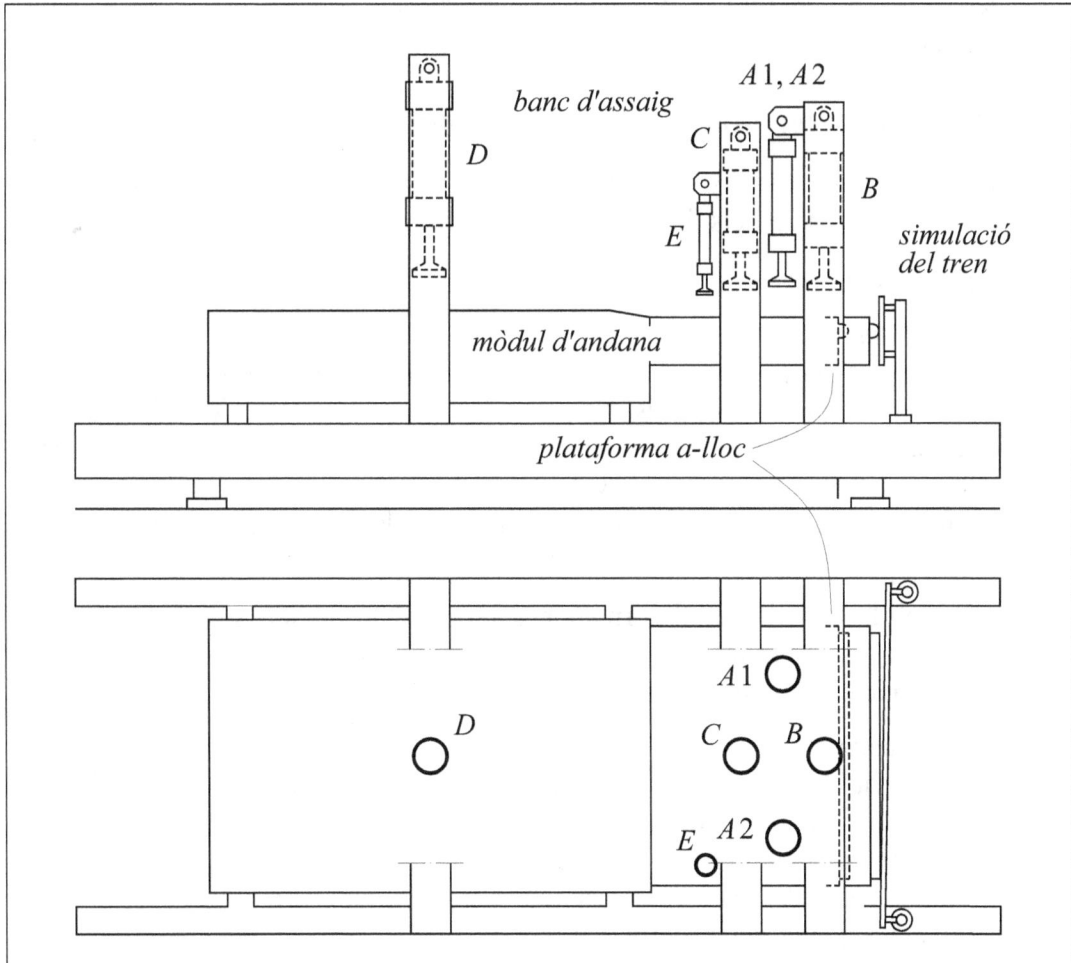

Figura 16.8 Esquema del banc d'assaig del mòdul d'andana de geometria variable (Ferrocarrils de la Generalitat de Catalunya S.A.; vegeu també Figura 15.6), amb la disposició dels diferents cilindres per a simular les diferents accions de càrrega sobre el prototipus.

16.7 Documentar la fabricació

Com ja s'ha comentat en la Secció 16.3, el *disseny de detall* (darrera etapa del procés de disseny) té per objectiu fonamental, a partir dels plànols de conjunt, completar la determinació de les peces i preparar la documentació del producte destinada a la fabricació. Els resultats d'aquesta activitat es donen per mitjà dels plànols de peces, dels llistats de components i dels esquemes de muntatge.

Tot i ser molt important completar la determinació de les peces i documentar la fabricació, el disseny de detall pot i ha d'anar més enllà fent propostes per simplificar les solucions i realitzant una revisió general del projecte, punts que s'analitzen en els apartats següents.

Completar la determinació de peces i components

La primera tasca del disseny de detall és, doncs, completar la determinació de cada peça i component en tots els detalls que fan possible la seva fabricació, entre ells:

Determinar la geometria i els materials

Formes i dimensions
El disseny materialització fixa les principals formes i dimensions de peces i components a partir de càlculs, simulacions i altres consideracions funcionals.
El disseny de detall ha de fixar la resta de formes i dimensions per completar la definició de les peces (solen prevaler criteris com ara la facilitat de fabricació i de muntatge, l'optimització de l'espai i del pes o la disminució del cost).

Toleràncies
Durant el disseny de detall correspon determinar les cadenes de cotes que cobreixen les diferents funcions essencials per al bon funcionament del sistema. Les toleràncies s'indiquen en els diferents plànols de peça.

Radis d'acord, xamfrans
La geometria d'una peça o component s'ha de completar amb els detalls com ara els radis d'acord (alguns d'ells tenen importància funcional, com en la fatiga, o en l'assentament de rodaments), i els xamfrans.
En alguns casos s'indica matar cantells (pràcticament treure rebaves i evitar cantells vius que poden produir ferides)

Determinació de materials i processos
El disseny de materialització fixa els materials de les peces i components de més responsabilitat i estableix indicacions genèriques (acer, alumini, plàstic) en components de compromís menor.

Els plànols de peça (amb independència de la seva responsabilitat) han d'indicar de forma precisa el material i, quan convingui, fer indicacions sobre processos de fabricació (especialment els tractaments tèrmics i superficials).

Determinar els acabaments

Recobriments
Hi ha diversos motius per recobrir les peces: *a*) Estètics (pintures, anoditzat, niquelat); *b*) Evitar l'oxidació (segellants, pintures, polímers); *c*) Resistir el desgast (recobriments ceràmics); *d*) Millorar el lliscament (poliamida, PTFE). Sovint, un recobriment realitza més d'una funció.

Implantació de cables i de conduccions
Aquesta acostuma a ser un dels aspectes fonamentals que ja s'ha d'haver previst en etapes anteriors del projecte. Tanmateix, sol ser en aquesta etapa quan es consoliden les solucions.

Determinació de lubricants, i altres fluids
Cal determinar el tipus de lubricant (greix, oli, lubricant sòlid), la quantitat i les formes de realitzar el manteniment i el greixatge.

També cal determinar altres fluids que intervenen en el sistema (qualitat de l'aigua o de l'aire comprimit, fluids criogènics, detergents, tintes).

Llista de peces i components

Junt amb els plànols de detall i la informació sobre els components de mercat, és de gran importància la confecció de la llista de peces i components que intervenen en la fabricació d'un producte o d'una màquina.

Per a una correcta gestió de la informació relacionada amb les peces i components d'un producte, cal una adequada codificació. En general, cada empresa es dissenya el seu propi sistema de codificació tenint en compte els conceptes d'atributs de disseny i atributs de fabricació (vegeu Secció 17.2). És convenient que els sistemes de codificació de peces i components puguin incloure els següents aspectes com a informació associada:

a) Subministrador, terminis de lliurament, cost
b) Mòduls als que pertany (estructuració modular)
c) Processos de fabricació, màquines i temps que requereixen
d) Utillatge de forma (motlles, matrius, fileres) en cas d'existir

Els nous sistemes informàtics PDM (*product data management*) permeten gestionar la documentació generada durant el disseny dels productes (i posteriors modificacions) en una base de dades comuna als diferents departaments de l'empresa (finances, R+D, fabricació, compres, comercial). Així, doncs, la importància del disseny no farà més que créixer en els propers anys.

Simplificar les solucions

Com ja s'ha dit, el disseny de detall constitueix una magnífica ocasió per simplificar les peces i disminuir la complexitat dels sistemes.

Alguns dels punts en què aquesta tasca de simplificació és més eficaç són: *a*) Disminuir el nombre i tipus d'elements d'unió (cargols, femelles, volanderes, passadors, clavetes, reblons), d'elements de guiatge (coixinets, rodaments, guies lineals) i d'altres components d'ús freqüent; *b*) Eliminar variants en components anàlegs (unificar solucions, evitar components amb mà); *c*) Refondre, quan sigui possible (vegeu criteris en la Secció 17.3), dues o més peces en una.

Cas 16.4
Disminuir els tipus d'elements d'unió

En l'etapa de disseny de detall del projecte d'andana de geometria variable (Ferrocarrils de la Generalitat de Catalunya S.A.), després de revisar les diferents unions cargolades, es van eliminar alguns elements, però sobretot, es van reduir en un 30% els tipus de cargol i, en menor proporció els tipus de femella i volandera.
En el disseny de detall definitiu hi ha: 138 cargols de 23 tipus diferents (combinacions de: material acer inoxidable AISI 304; caps Allen cilíndric i Allen cònic; mètriques M4, M5, M6, M8, M10; longituds de 10, 12, 16, 20, 30, 35, 40, 45, 60 i 70); 57 femelles de 8 tipus diferents (combinacions de: normals i atoblocant; les mateixes mètriques que els cargols); 8 volanderes de 3 tipus diferents.

Cas 16.5
Unificar els patins del suport de la plataforma mòbil

En el mateix projecte del cas anterior, es va revisar la solució inicial del sistema de patins del suport de la plataforma mòbil: els patins d'un costat tenien una entalla per a la pestanya de guiatge, i els patins superiors eren diferents dels inferiors (4 components diferents).
Després del redisseny, que va obligar a retocar nombroses cotes per centrar el suport de la plataforma entre la guia inferior i superior, i que introduïa una entalla no funcional a l'altre costat de la guia, els 6 patins són iguals (Figura 16.9*a*). Entre d'altres, aquesta solució facilita la fabricació i el manteniment.

Cas 16.6
Evitar la mà en un dispositiu de molla-sensor de suport del terra mòbil

En el mateix projecte del cas anterior, la solució inicial dels dispositius de molla-sensor (suport del terra mòbil i detecció de càrrega) tenien mà en estar disposats simètricament sobre el suport de la plataforma mòbil.
Una anàlisi crítica de la solució va fer veure que la col·locació antisimètrica d'un mateix dispositiu de molla-sensor respecte al suport de la plataforma mòbil (Figura 16.9*b*), evitava que aquest tingués mà (disminució de la complexitat).

a)

b)

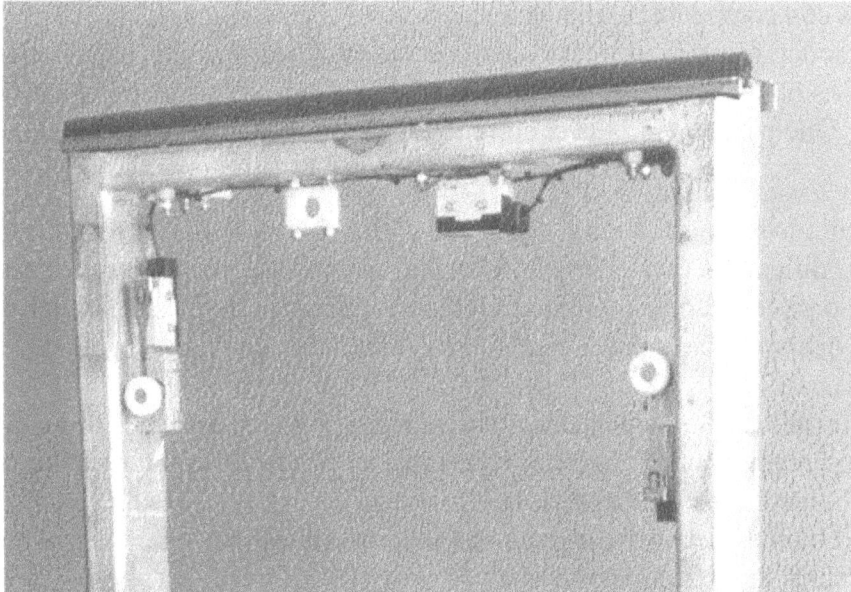

Figura 16.9 Mòdul d'andana de geometria variable (Ferrocarrils de la Genera-
litat de Catalunya S.A.; vegeu també les Figures 15.6 i 17.17):
a) Guiatge de la plataforma mòbil per 6 patins iguals;
b) Col·locació antisimètrica de dos dispositius de molla-sensor (on
es recolza el terra mòbil) en el marc de la plataforma mòbil, dispo-
sició que evita la mà (els dos conjunts són iguals).

Revisar el projecte

Una darrera funció del disseny de detall és revisar que totes les parts i tots els aspectes del projecte concordin. És important que aquesta revisió es realitzi de forma metòdica, per a la qual cosa són de gran utilitat les llistes de referència per al disseny de detall. Atesa la gran diversitat de tipus de productes i processos de les diferents empreses, sembla adequat que aquestes llistes de referència siguin elaborades per professionals de l'empresa en base a l'experiència de projectes anteriors.

En tot cas, convé tenir en compte els següents punts:

Revisar que es compleixin totes les funcions
Cal revisar que el producte compleixi totes les funcions, tant les que corresponen als modes d'operació principals com també als modes d'operació ocasionals i accidentals (vegeu Secció 17.1).
Per exemple, cal comprovar que: Els diferents elements i sistemes estan correctament dimensionats; Les cadenes de cotes i toleràncies asseguren les diferents funcions de mobilitat i de subjecció de les peces i components; Les juntes i els passos de cables són compatibles amb els requeriments d'estanqueïtat;
En els modes d'operació ocasionals o accidentals és on amb més freqüència es produeixen oblits o desajusts: Com es manté i repara ?; Com es transporta i com es guarda?; Què passa quan falla el corrent?; Com pot actuar un usuari inexpert?

Comprovar que sigui fabricable
Cal assegurar-se que totes les peces són fabricables i donar alternatives quan es presentin dificultats (per exemple: Detectar formes incompatibles en peces foses, forjades o sinteritzades, i proposar les correccions pertinents; Facilitar la mecanització disminuint al mínim el nombre d'estacades; Preveure punts de subjecció per a les peces).
Estudiar i millorar les seqüències de muntatge i preveure les eines necessàries (per exemple: Preveure xamfrans per a la inserció de peces; Disminuir les direccions de muntatge; Incorporar elements de referenciació).
Evitar problemes derivats d'operacions incompatibles (per exemple, la realització de soldadures després de la pintura)

Repassar que el projecte sigui complet
El disseny de detall ha de proporcionar els documents necessaris per a la fabricació i, per tant, no ha oblidar cap element o cap aspecte: les tapes, els connectors, la lubricació, la pintura, les indicacions sobre la màquina; o els manuals d'instal·lació, ús i manteniment.

17 Eines de suport al disseny concurrent

17.1 Modularitat i complexitat d'un producte

Introducció

Avui dia creix la tendència a concebre i dissenyar els productes segons una pauta modular. Podria semblar que sempre ha estat així, que els productes sempre s'han composat de components i parts que després s'integren en conjunts més complexos i, de fet, és cert. Tanmateix, quan s'observa l'evolució dels productes al llarg dels darrers temps, es percep que hi ha hagut un canvi de filosofia important en aquest aspecte que és conseqüència més o menys explícita de la presa en consideració del concepte de cicle de vida dels productes i de la necessitat de les empreses d'establir una gamma coherent i racional dels productes que fabriquen.

Conceptes

Els *productes modulars* són aquells que estan organitzats segons una estructura de diversos blocs constructius orientada a ordenar i implantar les diferents funcions i a facilitar les operacions de composició del producte. Els blocs constructius prenen el nom de *mòduls* i la seva organització pren el nom d'*estructura modular*.

Es poden distingir dos tipus de mòduls:

Mòduls funcionals
Són aquells blocs, o *mòduls,* orientats fonamentalment a materialitzar una o més de les funcions del producte i que presten una especial atenció a les interfícies de connexió i en els fluxos de senyals, d'energia i de materials amb l'entorn. Els *mòduls funcionals* ajuden a organitzar i implantar les funcions d'un producte i, per tant, exigeixen una atenció especial en l'elaboració de l'*estructura funcional* i un esforç important durant les etapes de definició i de disseny conceptual.

Mòduls constructius

Són aquells blocs, o *mòduls*, orientats fonamentalment a estructurar i facilitar les operacions de composició d'un producte per mitjà de la partició d'una seqüència de fabricació complexa en seqüències de menor complexitat, i presten una especial atenció en les interfícies d'unió. Els *mòduls constructius* col·laboren a implantar la fabricació, faciliten les tasques de planificació de la producció i abarateixen els costos. Per tant, la seva implantació exigeix una atenció especial en l'elaboració de l'*estructura del procés de fabricació* i un esforç concurrent dels responsables de l'enginyeria de fabricació des de les primeres etapes del projecte.

El concepte de producte modular adquireix tota la seva significació quan l'estructura modular incideix en les activitats de diverses etapes del seu cicle de vida, com ara:

- La partició del projecte en subprojectes en l'etapa de disseny (facilita el desenvolupament simultani de diverses parts del projecte)
- La divisió de la fabricació en subgrups i components (facilita les relacions de subcontractació i l'adquisició components)
- Simplifica la verificació i el muntatge
- Permet implantar les opcions i variants en la comercialització
- Facilita les operacions de manteniment (detecció i reparació)

Per tant, l'*estructuració modular* dels productes és una poderosa eina per a la perspectiva de l'*enginyeria concurrent*.

Característiques de l'estructuració modular

El disseny de productes basats en una *estructura modular* requereix un esforç addicional, especialment en les etapes de definició i de disseny conceptual, ja que l'empresa haurà d'avaluar curosament les implicacions que aquesta nova concepció tindrà en les diferents etapes del cicle de vida, així com en la gamma de producte que ofereix (nivell de separació en mòduls, partició del disseny, components comuns, incidència en la fabricació i el muntatge, opcions en la comercialització i en l'ús, facilitat de manteniment i, fins i tot, possibilitats de reutilització o reciclatge a la fi de vida).

Més endavant es descriuen conceptes i eines que donen suport a aquesta tasca, com ara l'anàlisi de l'*estructura funcional* i la caracterització de les *interfícies*.

Si es fa l'esforç inicial de dissenyar un producte basat en una *estructura modular* ben concebuda, el desenvolupament de la resta del projecte esdevé més curt i econòmic, alhora que s'obren noves possibilitats i apareixen avantatges que poden ser de gran interès al llarg dels cicles de vida del producte i del projecte.

Els principals avantatges de l'estructura modular per al fabricant i l'usuari, són:

a) Facilita la divisió del projecte i possibilita la realització del disseny de diferents els mòduls en paral·lel, fet permet escurçar el temps total de projecte

b) Conseqüentment amb el punt anterior, facilita la subcontractació de peces i mòduls, i l'aplicació de components de mercat

c) Amplia les possibilitats d'introduir noves funcions o variants en el producte sempre que es mantingui l'estructura modular inicial

d) El fet de concentrar funcions en mòduls repetitius, permet fer un desenvolupament acurat i assajat d'aquests mòduls que redunda en una major fiabilitat.

e) Facilita el muntatge, ja que implica components ben definits amb interfícies clarament establertes

f) Millora la fiabilitat del conjunt ja que es parteix de mòduls amb funcions clarament delimitades que s'han verificat prèviament

g) Facilita la racionalització de gammes de productes en establir mòduls comuns i concentrar les opcions en mòduls amb variants

h) Una estructura de mòduls constructius en productes fabricats en petites sèries dóna lloc a una solució més econòmica gràcies a les repeticions

i) Els mòduls comuns a diferents membres d'una gamma, també augmenten les sèries de fabricació i abarateixen el producte

j) En productes amb un gran nombre de variants, l'estructuració amb mòduls comuns simplifica la fabricació i disminueix el temps de lliurament

k) El manteniment esdevé més senzill, ja que simplifica la detecció i el diagnòstic, es facilita el desmuntatge i muntatge i la posta a punt esdevé més fiable

Les principals limitacions de l'estructura modular, són:

a) En una estructura modular molt fragmentada, els inconvenients de la subdivisió en mòduls poden ser més grans que els avantatges (dimensions, pes, complexitat). Aquesta reflexió apunta a la qüestió de determinar el nivell més convenient per a descompondre un producte en mòduls

b) Augmenta la dificultat d'adaptar-se a l'usuari quan els requeriments especials no poden ser coberts en el si de l'estructura modular (pèrdua de flexibilitat)

c) Una modificació de l'estructura modular, per petita que sigui, adquireix una gran complexitat a causa dels molts condicionants que cal tenir en compte.

Cas 17.1
Estructura amb mòduls funcionals: projecte SRIC

L'objectiu del projecte SRIC (*sistema de reparació interna de canalitzacions*, Figura 17.1) és inspeccionar i realitzar certes reparacions en canalitzacions (fonamentalment, les clavegueres) sense haver d'obrir el carrer per accedir-hi. Això s'aconsegueix per mitjà d'un vehicle especial alimentat i controlat a través d'una connexió umbilical (potència i senyal) que es mou per l'interior de la canalització.

Amb l'objecte de disminuir costos i d'augmentar la flexibilitat, el sistema s'estructura en *mòduls funcionals*: 1. *Plataforma base* (tracció i direcció, com un vehicle d'erugues; base dels restants mòduls); 2. *Mòdul d'inspecció* (visió estereoscòpica i mesura de distàncies; moviments de capcineig i balanceig); 3. *Mòdul de mecanització* (un motor pneumàtic mou una fresa per eliminar obstruccions sòlides; moviments de balanceig i d'acostament); 4. *Mòdul d'injecció* (aplicació de resines segellants en unions de tubs amb pèrdues; moviment de balanceig); 5. *Mòduls laterals* (adaptació a diferents diàmetres). Alguns dels principals avantatges són:

- Costos menors en la plataforma base (i altres elements comuns)
- Flexibilitat en la comercialització
- Facilitat en el desenvolupament de nous mòduls amb noves funcions

Cas 17.2
Estructura amb mòduls constructius: túnel de rentar roba

Un túnel de rentar roba és una màquina d'elevada productivitat formada per un tub de gran diàmetre (uns 2 metres) amb compartiments en el seu interior que per mitjà de diferents artilugis (cargol d'Arquímedes, pala de transferència) fa avançar la roba a intervals de temps especificats. La longitud total es relaciona amb la productivitat, ja que com més compartiments té, els intervals de transferència són més curts. Cada compartiment pot realitzar diverses funcions (pre-rentat, rentat amb aigua calenta o freda, i esbandit) en funció de les entrades i sortides d'aigua i productes i de la temperatura del bany.

El principal inconvenient dels túnels convencionals és construir el cos unitari del túnel (excessives unions soldades, sovint difícils i perilloses de realitzar per ser interiors, falta de precisió del conjunt, existència de tantes versions com llargades). La idea que va guiar el disseny del nou túnel de Girbau S.A. (Figura 17.2; disposa de patent) va consistir en construir el cos del túnel a partir de mòduls iguals (semblants a bombos de rentadores) enfilats per unes barres longitudinals posttensades, de forma anàloga a determinades bigues en la construcció de ponts.

Després d'haver superat nombroses dificultats tècniques (unió torsional entre mòduls, realització del posttensatge, suport i accionament pels extrems, construcció de l'envolvent i les juntes) el resultat ha estat un túnel de molt fàcil fabricació, de cost molt més baix que els de la competència i amb una gran flexibilitat per adaptar-lo a les necessitats dels clients.

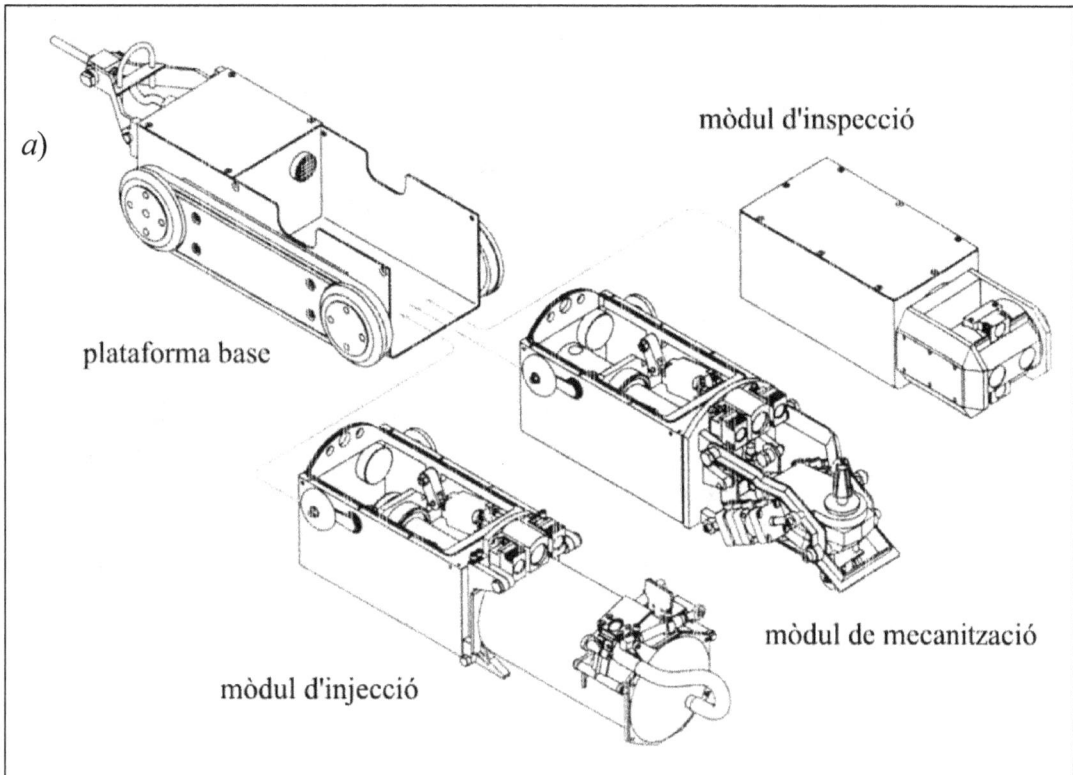

Figura 17.1 Projecte SRIC (sistema de reparació interna de canalitzacions). Producte estructurat en mòduls funcionals: *a*) Estructura general amb la plataforma base sobre la qual s'hi col·loquen diversos mòduls que realitzen diferents funcions (inspecció, mecanització d'obstruccions sòlides, injecció de resina per a segellar); *b*) Vista frontal i lateral d'un vehicle amb el sistema d'inspecció, i amb uns mòduls laterals per adaptar-lo a diàmetres més grans de la canalització.

Estructura funcional

Funció global i subfuncions

Amb el propòsit de descriure i resoldre els problemes de disseny, és útil aplicar el concepte de *funció* que és qualsevol transformació (en el sentit de realització d'una tasca) entre uns fluxos d'entrada i de sortida, tant si es tracta de funcions estàtiques (invariables en el temps) com de funcions dinàmiques (que canvien amb el temps). La funció esdevé, doncs, una formulació abstracte d'una tasca, independentment de la solució particular que la materialitza.

La *funció global* representa la tasca global que ha de realitzar el producte que es vol dissenyar i s'estableix com una caixa negra que relaciona els fluxos d'entrada i els de sortida. Tanmateix, aquesta presentació és molt esquemàtica i, per obtenir una representació més precisa, cal dividir la funció global en subfuncions (corresponents a subtasques) i, alhora, establir les relacions de fluxos entre aquestes subfuncions.

La representació del conjunt de subfuncions amb la indicació d'entrades i sortides i les interrelacions de fluxos entre elles, pren el nom d'*estructura funcional*.

Modes d'operació

La tesi doctoral de Joan Cabarrocas [Cab, 1999] introdueix el concepte de *mode d'operació* que es defineix com cada un dels comportaments (o maneres de funcionar) que pot desenvolupar un producte o sistema durant el seu cicle de vida. I, encara afegeix una classificació d'aquests modes d'operació en:

- *Modes d'operació principals.* Són aquells que es deriven de la realització de la funció principal en condicions normals de funcionament

- *Modes d'operació ocasionals.* Són aquells que han de donar-se de manera puntual per a la correcta realització dels modes de funcionament principals (posada en marxa i aturada, períodes d'inactivitat, neteja i recàrrega, manteniment i reparació, programació i ajust)

- *Modes d'operació accidentals.* Són aquells que es produeixen de manera fortuïta i no desitjada amb possibles danys per al sistema i l'entorn (bloqueigs i retencions, connexió i desconnexió involuntària, caigudes i cops, situacions ambientals extremes).

Per a un producte o sistema que presenta diversos modes d'operació, cal desenvolupar tantes *estructures funcionals* com modes d'operació té, tot i que algunes d'elles poden ser trivials.

Figura 17.2 Túnel de rentar roba de Girbau S.A. (producte estructurat en mòduls constructius): *a*) Imatge seccionada on es veu l'estructura modular i els sistemes de suport i accionament; *b*) Planta de fabricació de túnels de Girbau S.A.

Mòduls i Interfícies

L'anàlisi funcional d'un producte o sistema i l'elaboració de l'*estructura funcional*, és un primer pas per establir la seva *estructura modular* (la major part de dissenyadors realitzen aquests processos sense formalitzar-los) a partir de combinar les diverses funcions en mòduls de forma que s'aconsegueixin els dos objectius prioritaris següents:

a) *Agrupar les funcions en mòduls*

És convenient que cada una de les funcions sigui realitzada per un sol mòdul. En cas que això no sigui possible, cal delimitar convenientment la part de la funció que realitza cada mòdul i les seves interrelacions (vegeu en el paràgraf següent les consideracions sobre les *interfícies*). El fet d'establir una estructura modular molt o poc subdividida és un criteri que cal analitzar curosament, i que és tractat en la darrera secció.

b) *Establir interfícies adequades entre mòduls*

S'anomena *interfície* qualsevol superfície real o imaginària entre dos mòduls d'un producte o màquina, a través de la qual s'estableix alguna de les següents relacions: unió mecànica, flux d'energia, flux de materials o flux de senyals.

b1) *Interfície mecànica*
Superfície per mitjà de la qual s'estableix una *unió* mecànica entre dos mòduls d'un producte o sistema. Aquesta unió pot ser *fixa*, si no permet el moviment relatiu entre les parts, o *mòbil* (també *enllaç*), si el permet (funció d'una determinada geometria de contacte).

b2) *Interfície d'energia*
Superfície a través de la qual s'estableix un flux d'energia entre mòduls d'un producte o sistema (en casos límits, també de forces, deformacions o moviments). Les interfícies d'energia més freqüents són les d'alimentació elèctrica, d'aire comprimit i de fluid hidràulic.

b3) *Interfície de transferència de materials*
Superfície a través de la qual s'estableix un flux de material entre mòduls d'un producte o sistema. Per exemple, l'alimentació de la matèria primera i la retirada de peces acabades en un torn.

b4) *Interfície de senyal*
Superfície a través de la qual s'estableix un flux de senyal entre mòduls d'un producte o sistema. Per exemple, la comunicació de la imatge entre la unitat central i la pantalla d'un ordinador.

Lamentablement, en els dissenys sovint es parteix d'una d'una anàlisi limitada a les interfícies mecàniques i insuficient pel que fa als altres fluxos. Aquest fet pot comportar que els "detalls" de darrera hora (cablejats, conduccions, alimentació de materials), esdevinguin problemes de molt difícil solució en una etapa del projecte en què les principals decisions ja han estat preses.

Simbologia

Per facilitar la representació de les funcions i dels fluxos en l'establiment de l'*estructura funcional* d'una producte o sistema, és convenient disposar de símbols adequats la utilització dels quals sigui suficientment flexible.

En aquest text s'ha adoptat fonamentalment la simbologia proposada per la norma VDI 2222 que té la virtut que, sense limitar les funcions a les estrictament matemàtiques o lògiques, i sense obligar a precisar ni quantificar les variables dels fluxos, permet establir una *estructura funcional* suficientment articulada que serveixi de guia per fixar l'*estructura modular* del producte o sistema i per generar els *principis de solució* (vegeu la Secció 16.5 sobre *disseny conceptual*).

Els *símbols* utilitzats són els següents:

Funció:	Rectangle de línia contínua
Flux de material i direcció:	Fletxa de doble línia contínua
Flux d'energia i direcció:	Fletxa de línia contínua
Flux de senyal i direcció:	Fletxa de línia discontínua
Sistema, subsistema, mòdul:	Polígon de línia de ratlla i punt

Les *descripcions* dels diferents conceptes es realitzen de la següent manera:

Funcions. Se situa en el centre del rectangle i s'indica, preferentment, amb un verb seguit d'un predicat: transferir peça en brut; moure braç; controlar aproximació.

Fluxos. El seu objecte s'indica sobre les corresponents fletxes: de peça en brut, acabada; d'alimentació elèctrica, d'accionament del capçal; de senyal d'engegada, de posició.

Sistema, subsistemes i mòduls. S'indica al damunt i a mà esquerra del polígon que els delimita.

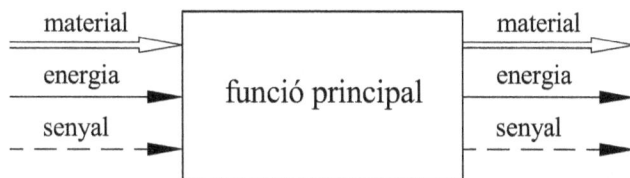

Cas 17.3
Estructura funcional per al disseny d'un contenidor soterrat

L'escassetat d'espai en moltes de les ciutats ha fet que es proposin contenidors que normalment estan soterrats i coberts amb una tapa solidària a una bústia per entrada de les bosses d'escombraries. En el moment de la recollida, se separa la tapa i s'eleva el contenidor fins al nivell de terra; després de la recollida, se soterra de nou el contenidor i es col·loca la tapa.

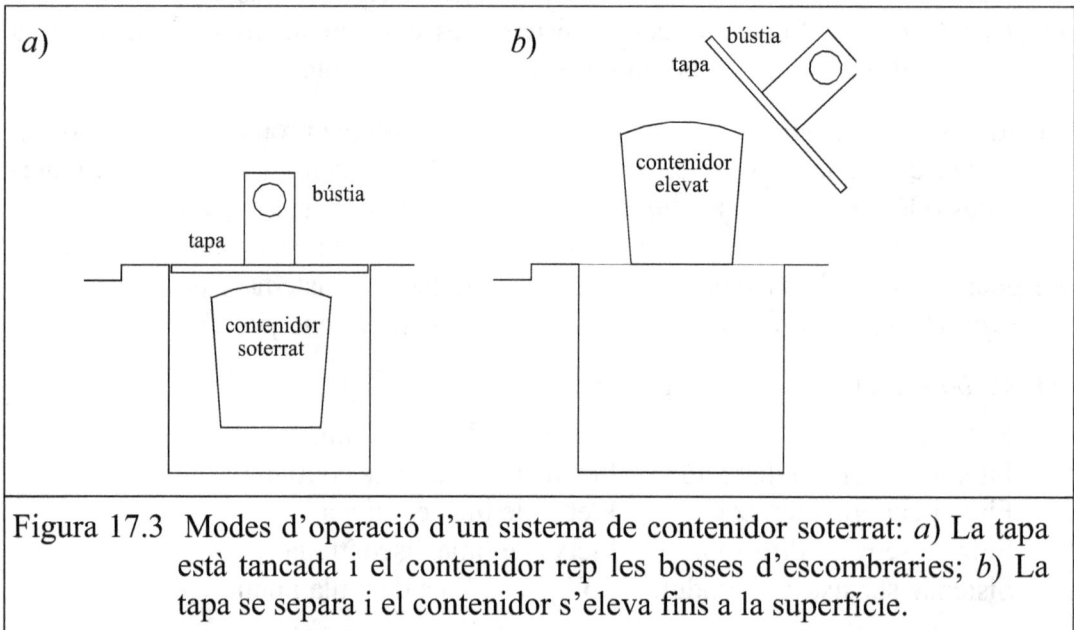

Figura 17.3   Modes d'operació d'un sistema de contenidor soterrat: *a*) La tapa està tancada i el contenidor rep les bosses d'escombraries; *b*) La tapa se separa i el contenidor s'eleva fins a la superfície.

Algunes de les funcions principals del sistema són (vegeu la Figura 17.3):
- Rebre les bosses de residus a través de la bústia
- Ajustar la tapa per evitar males olors
- Separar la tapa amb la bústia
- Elevar el contenidor ple fins a nivell de terra

Funció global i estructura funcional

La funció global d'aquest sistema es pot representar de la següent manera:

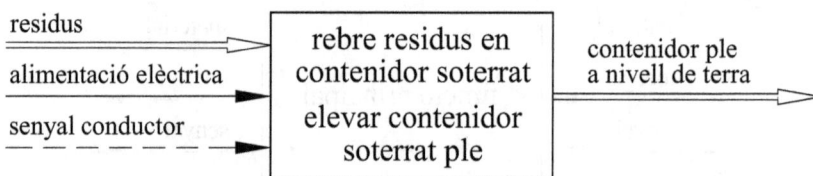

Si es vol avançar en l'establiment de l'estructura funcional, immediatament es percep que aquest sistema realitza dos modes d'operació principals: 1) La recepció de les esombraries; 2) L'elevació del contenidor ple per a poder efectuar la recollida. La nova representació té la següent forma:

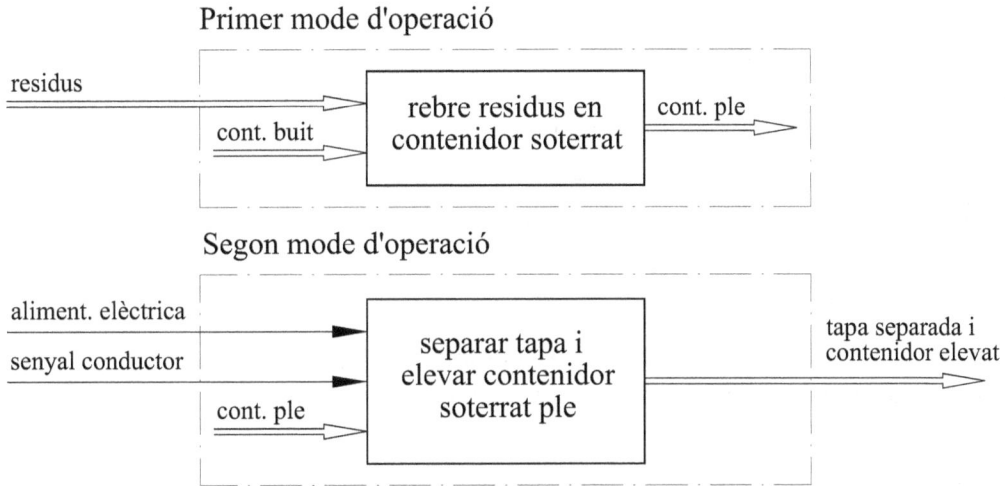

Primer mode d'operació

Segon mode d'operació

El primer mode d'operació és relativament senzill i no s'analitza aquí. Tanmateix, l'anàlisi del segon mode d'operació presenta més complexitat i, alhora, és de molt més interès. En efecte, cal executar dues subfuncions diferents en un cert ordre (o, al menys, de forma coordinada): *a*) Separar la tapa; *b*) Elevar el contenidor ple. Per coordinar aquestes accions, caldrà preveure una funció de control. Després d'abocar el contenidor, cal realitzar les operacions inverses, baixar el contenidor buit i col·locar (i ajustar) la tapa. La nova representació de l'estructura funcional (sense la baixada del contenidor ni la col·locació de la tapa, podria ser:

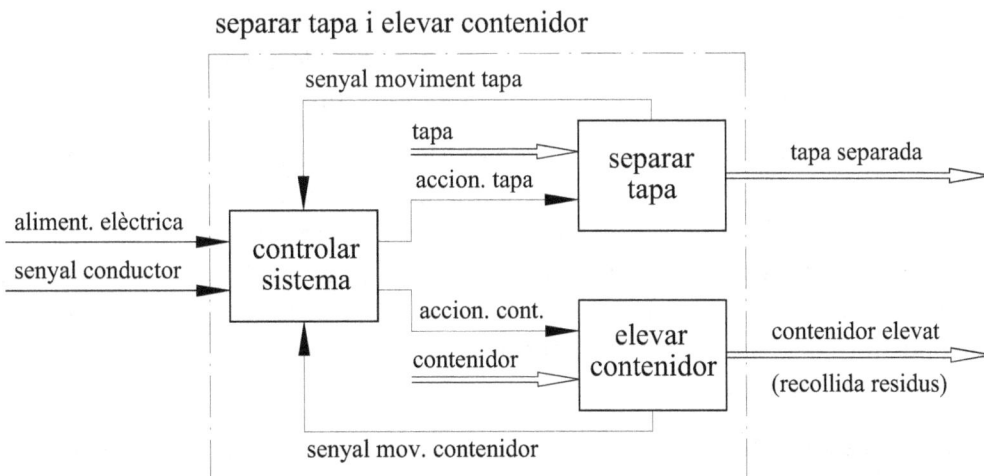

separar tapa i elevar contenidor

Finalment (en aquest exemple), les dues funcions de *separar tapa* i *elevar contenidor ple* es poden subdividir amb les subfuncions tècniques de *guiar* i *moure*. La part de l'estructura funcional que correspon a elevar contenidor ple, es:

Principis de solució

A partir de l'anàlisi de l'estructura funcional i dels condicionants de disseny, s'estableixen els dos principis de solució següents:

A) El primer consisteix en unir en un sol conjunt la tapa i el suport del contenidor, el qual és guiat per uns corrons que es mouen en un perfil (solució anàloga a la d'un carretó elevador, conegut popularment per "toro") i un cilindre hidràulic que acciona el conjunt per la part superior (Figura 17.4*a*).

B) I, el segon, consisteix en articular la tapa a nivell de terra mentre que el suport del contenidor és guiat de forma anàloga al cas anterior. En aquesta solució, però, cales cilindres hidràulics per a cada un dels dos moviments i un dispositiu de control per a coordinar-los (Figura 17.4*b*).

Avaluació dels principis de solució

Des del punt de vista de simplicitat constructiva i de funcionament, el principi de solució *A* és molt superior (bon ajust de la tapa; intrusió mínima de la tapa en l'entorn; un sol guiatge; un sol cilindre; un sistema de control mínim), sempre que el contenidor pugui ser retirat en direcció horitzontal (habitualment a mà).

Tanmateix, aquest sistema no és apte per la recollida monooperada de les escombraries amb unitats de càrrega lateral, ja que requereix un moviment del contenidor fonamentalment d'elevació. En canvi, el principi de solució *B* que és apte per a la recollida monooperada, tot i la seva complexitat més gran, presenta nombrosos inconvenients que cal resoldre satisfactòriament com són el perill d'ensopegades amb la frontissa del terra, la intrusió de la bústia sobre la vorera o l'ajust més deficient de la tapa.

En aquest cas s'observa que el disseny de contenidor soterrat no pot deslligar-se de la solució adoptada en el sistema de recollida d'escombraries.

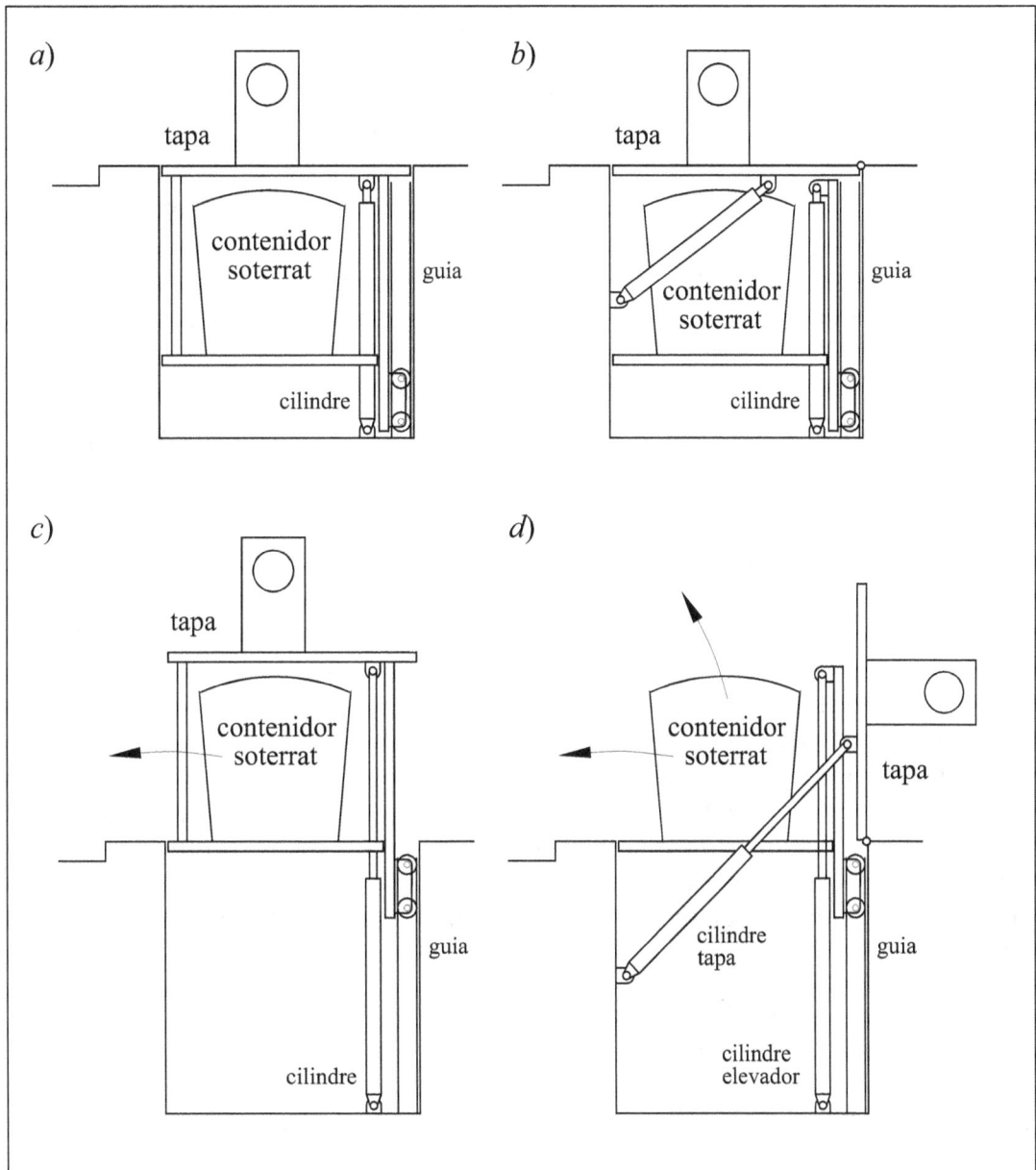

Figura 17.4 Dos principis de solució: *a*) Tapa i suport del contenidor formen un sol conjunt guiat per corrons que s'acciona per un sol cilindre. El contenidor no pot retirar-se verticalment; (l'apartat *c* mostra el conjunt en posició elevada); *b*) Tapa articulada al terra i suport del contenidor guiat per corrons que requereix cilindres independents i un sistema de control per coordinar els moviments). Permet retirar el contenidor amb un moviment vertical; (l'apartat *d*, mostra el sistema en la posició elevada).

Estructura funcional i estructura modular

L'estructura funcional constitueix una ajuda important per establir l'estructura modular d'un producte o sistema. El desplegament de les diferents funcions (tant les que provenen de l'especificació com les originades per requeriments tècnics) i dels fluxos que les interconnecten componen el marc de referència al que qualsevol solució de l'estructura modular ha de donar satisfacció.

Malgrat la seva gran incidència en la pràctica industrial, els criteris per elaborar l'estructura modular han estat poc estudiats (són escassos els treballs escrits sobre el tema) però, alhora, sorprèn la bona intuïció sobre el tema de molts dels responsables industrials en el moment d'establir els mòduls i les gammes de productes.

Tot seguit s'analitza la relació entre funcions i mòduls en el projecte SRIC (continuació del Cas 17.1) desenvolupat en la Universitat Politècnica de Catalunya.

Cas 17.1 (inici a la pàgina 124)
Estructura amb mòduls funcionals: projecte SRIC

Les funcions bàsiques que contempla l'estructura funcional del projecte SRIC (*sistema de reparació interna de canalitzacions*; vegeu Figura 17.1) són les següents: *a*) Desplaçar el conjunt (per l'interior de la canalització; *b*) Mesurar la inclinació de la canalització; *c*) Orientar (càmera, eina de mecanització, capçal d'injecció); *d*1) Inspeccionar amb dues càmeres de vídeo (base per a la mesura de distàncies); *d*2) Inspeccionar amb una càmera (operacions de mecanització i d'injecció); *e*) Il·luminar la canalització; *f*) Mecanitzar (per a eliminar obstacles sòlids); *g*) Injectar segellant (fer estanques les juntes de la canalització amb pèrdues); *h*) Subministrar el segellant; *i*) Comunicar amb l'exterior (senyals, energia, materials).

L'estructuració modular del sistema pot basar-se, entre d'altres, en les tres solucions següents: 1. Dissenyar un sistema amb un sol vehicle que incorpori totes les funcions anteriors (funcions *a*, *b*, *c*, *d*1 o *d*2, *e*, *f*, *g*, *h*, *i*); 2. Concebre tres vehicles que realitzin les tres funcions finals: vehicle d'inspecció (funcions *a*, *b*, *c*, *d*1, *e*, *i*); vehicle de mecanització (funcions *a*, *b*, *d*2, *e*, *f*, *i*); i vehicle d'injecció de segellant (funcions *a*, *b*, *d*2, *e*, *g*, *h*, *i*); 3. Establir un sistema modular amb una *plataforma base* (funcions *a*, *b*, *i*) i tres mòduls diferents que s'hi acoblen: *mòdul d'inspecció* (funcions *c*, *d*1, *e*); *mòdul de mecanització* (funcions *c*, *d*2, *e*, *f*); i *mòdul d'injecció* (funcions *c*, *d*2, *e*, *g*, *h*).

La primera solució és pràcticament inabordable, ja que el diàmetre mínim per on s'ha de moure el sistema és de 300 mm, la segona obliga a duplicar moltes funcions en els diferents vehicles mentre que, la tercera, representa un bon compromís en el repartiment de funcions que, a més, facilita el desplegament de nous mòduls amb noves funcions.

Complexitat

De forma general, la complexitat està relacionada amb el nombre i les relacions entre els elements que intervenen en la determinació d'una peça, component, producte o sistema. Atès que en aquest tema hi ha un gran nombre de punts de vista i de criteris diferents, ens sembla útil adoptar les següents definicions:

a) *Complexitat de peces i components* (o complexitat de fabricació)
Una peça és tant més complexa com més intrincada és la seva forma, i més difícil la seva conformació.
En l'avaluació de la complexitat de peces o components hi intervenen aspectes com ara el tipus d'operació de conformació, el nombre de cotes diferents que defineixen la peça o component i el grau de precisió (es mesura per mitjà d'una determinada relació entre les dimensions i els seus camps de tolerància).

b) *Complexitat d'un conjunt* (o complexitat de composició i muntatge)
Un conjunt és tant o més complex com major és el nombre de peces i components, major és la diversitat de les peces i components, i major és el nombre d'interfícies entre les peces i components.

La disminució de la complexitat d'un producte o sistema té, en general, efectes beneficiosos des de molts punts de vista, per la qual cosa és un objectiu a perseguir en les tasques de disseny:

- Disminució del nombre de peces a fabricar
- Disminució del nombre d'interfícies (deteriorament i desgasts en els enllaços, assentaments entre superfícies, connexions i fluxos)
- Disminució del nombre d'elements d'unió i d'enllaç (cargols, reblons, soldadures, rodaments, guies, connectors, conduccions)
- Disminució del cost (menys peces que, tanmateix poden ser més complexes; menys muntatge
- Més fiabilitat del conjunt (menys elements susceptibles de funcionar malament) i millora de la mantenibilitat.

Avaluació de la complexitat

En general, els mètodes per avaluar la complexitat parteixen de la consideració que la complexitat està correlacionada amb les discontinuïtats que es presenten en la fabricació de les peces i components (diferents fixacions de la peça, operacions, superfícies, xamfrans i radis, rosques) i en la composició de conjunts (nombre de peces diferents, interfícies).

Factor de complexitat de peces i components

Els mètodes proposats són relativament laboriosos i la seva utilitat es posa de manifest, especialment, en l'etapa de disseny de detall per avaluar alternatives constructives de peces o components. Per la seva menor eficàcia (s'aplica a un nivell de definició en què es pot avaluar directament el cost) i per ser un tema relativament allunyat de l'objectiu d'aquest text, aquests mètodes no es detallen.

Factor de complexitat d'un conjunt, C_f

A continuació s'exposa un mètode senzill i eficaç per a avaluar la complexitat d'un conjunt o sistema per mitjà del *factor de complexitat*, C_f, proposat per Pugh [Pug, 1991] que, partint dels següents paràmetres:

N_p = Nombre de peces o components del conjunt considerat
N_t = Nombre de tipus diferents de peces o components
N_i = Nombre d'interfícies, enllaços i connexions del conjunt
f = Nombre de funcions que realitza el producte

estableix la següent expressió (K és un factor de conveniència):

$$C_f = \frac{K}{f} \cdot \sqrt[3]{N_p \cdot N_t \cdot N_i}$$

Atès que aquest mètode sol aplicar-se a propostes alternatives que donen solució al mateix problema, el nombre de funcions és el mateix i, aleshores, es pot suprimir el paràmetre f. El nou *factor de complexitat* simplificat és:

$$C_f = \sqrt[3]{N_p \cdot N_t \cdot N_i} \qquad \text{o} \qquad C_f = N_p \cdot N_t \cdot N_i$$

Cas 17.4 (es basa en el Cas 17.3)
Avaluació de la complexitat de dues alternatives de contenidor soterrat

Es tracta d'avaluar la complexitat de les dues alternatives conceptuals del sistema de contenidor soterrat establertes en el cas anterior. S'ha reproduït els esquemes (vegeu Figura 17.5) però, ara, amb les indicacions dels diferents components (números) i de les diferents interfícies o connexions (lletres).

Les següents simplificacions i consideracions permeten fer operatiu el mètode:

1   S'ha considerat cada cilindre o cada conjunt de guiatge com un component ja que intervenen com a tals (malgrat que constitueixen conjunts en si mateixos)

2   També s'ha considerat que cada relació d'un conjunt de guiatge amb les guies o amb el suport de contenidor formen una sola interfície o enllaç.

3   Alguns elements, per requeriments constructius, es consideren duplicats (conjunts de guiatge que també guien en el sentit transversal; cilindres de la tapa)

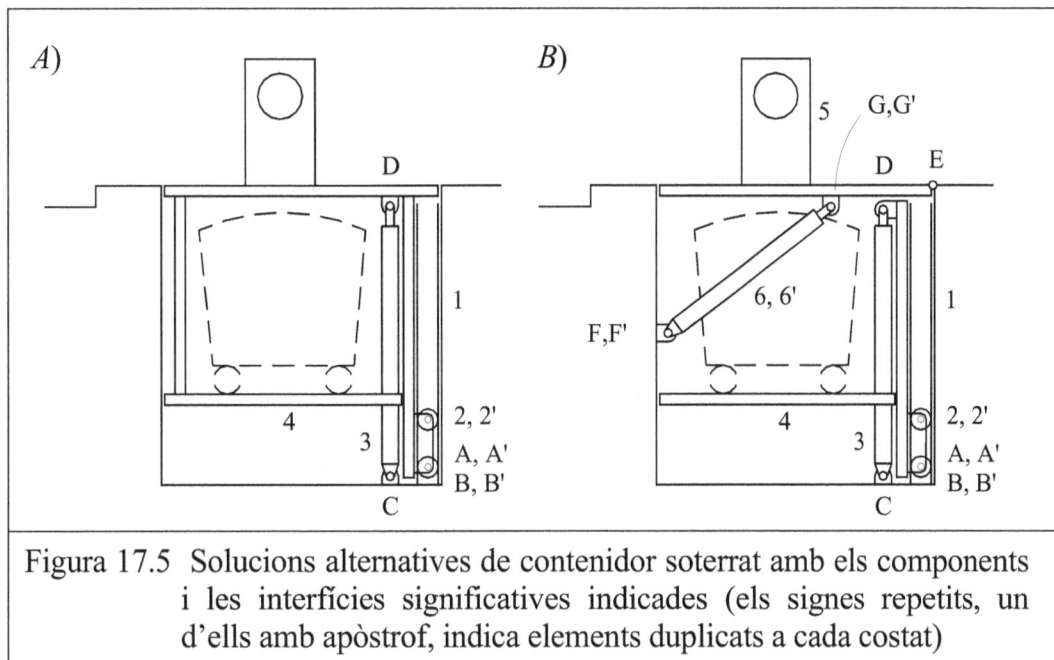

Figura 17.5 Solucions alternatives de contenidor soterrat amb els components i les interfícies significatives indicades (els signes repetits, un d'ells amb apòstrof, indica elements duplicats a cada costat)

Aplicant el criteri de Pugh en l'alternativa presentada, s'obté:

		alternativa A	alternativa B
Nombre de components	N_p	5	8
Nombre de components diferents	N_t	4	6
Nombre d'interfícies	N_i	6	11
Factor de complexitat	$C_f = N_p \cdot N_t \cdot N_i$ $C_f^{1/3}$	120 4,93	528 8,08

Comentaris

En primer lloc, cal fer notar que el resultat s'adiu força bé amb la percepció del dissenyador (sobretot el donat per l'arrel cúbica). Si s'avalua per mitjà del producte dels factors, el factor de complexitat de l'alternativa B té un valor quasi 5 vegades superior a l'alternativa A mentre que, si s'extreu l'arrel cúbica, la relació de factors de complexitat es redueix a quasi 2.

I, en segon lloc, aquest mètode permetria avaluar la incidència de qualsevol modificació del disseny en la complexitat.

Modularitat i complexitat

En general, la modularitat aporta més beneficis que inconvenients, però ens podem preguntar: fins a quin punt convé subdividir un producte o un sistema ?

És difícil donar criteris generals sobre aquesta qüestió que, tanmateix, és de gran importància pràctica). Sense perdre de vista les característiques del producte o sistema en el que es treballa, es poden donar les següents recomanacions:

a) Procurar que l'estructura modular faci transparent el funcionament del producte o sistema a l'usuari

b) No fer una subdivisió excessiva, ja que apareixen problemes per l'elevat nombre d'interfícies i en la necessitat de duplicar determinats elements en cada mòdul (és el cas dels reductors per etapes que s'analitza més endavant)

c) No fer una divisió escassa, ja que els mòduls poden esdevenir excessivament complexos i es perden els avantatges de la modularitat.

d) Eliminar variabilitats en elements que no la necessiten per la seva funcionalitat (és l'exemple de l'eix de sortida buit en els reductors d'engranatges que permet aplicar un reductor únic a diferents requeriments de l'eix de sortida)

e) Complementàriament a l'anterior, tendir a acumular les opcions i variants en determinats mòduls a fi de simplificar l'establiment de gammes i opcions.

Cas 17.5
Modularització de reductors d'engranatges

Un fabricant pot pensar que una bona solució per a la seva la gamma de reductors és establir un mòdul per cada etapa. D'aquesta manera s'obtindrien els diferents reductors per composició de mòduls segons les necessitats de cada cient (Figura 17.6*a*; en alguns reductors planetaris o cicloïdals es fa així).

Quan s'analitza el tema més a fons, es constata que la dimensió global del reductor ve determinada per la darrera etapa i pel parell de sortida, essent les dimensions de les etapes anteriors de molt menors ja que els parells van disminuint. Per tant, la formació d'un reductor a partir de mòduls per etapa augmenta la complexitat del sistema (requereix més eixos i rodaments) alhora que dóna lloc a una composició voluminosa i irregular.

L'estratègia que han adoptat la majoria de fabricants de reductors és diferent: es dissenya una carcassa lleugerament més gran que la que requereix la darrera etapa i es preveu el lloc per a situar fins a 4 eixos (vegeu Figura 17.6*b*; en determinades aplicacions s'utilitzen només 2 o 3 eixos).

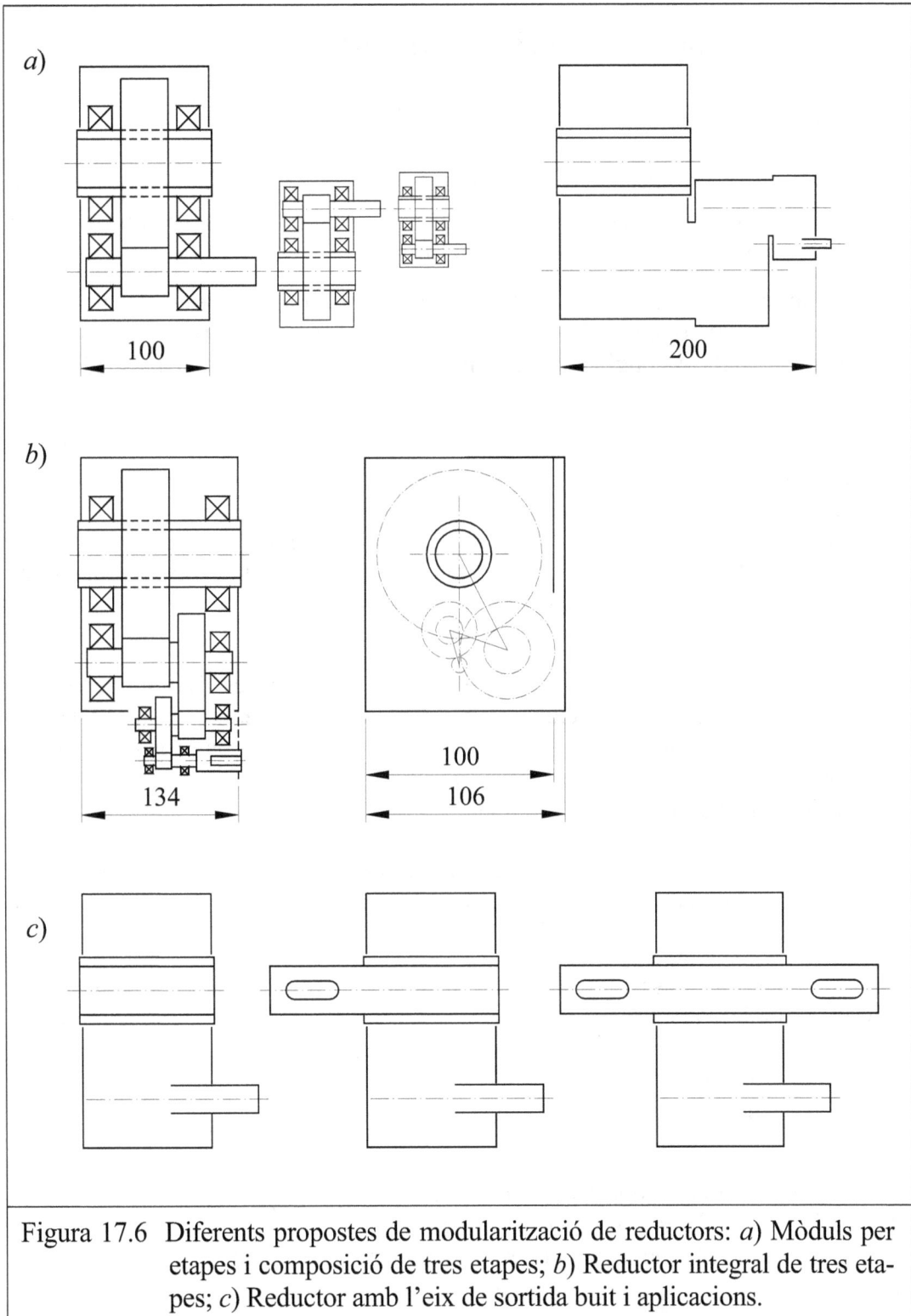

Figura 17.6 Diferents propostes de modularització de reductors: *a*) Mòduls per etapes i composició de tres etapes; *b*) Reductor integral de tres etapes; *c*) Reductor amb l'eix de sortida buit i aplicacions.

17.2 Disseny per a la fabricació (DFM)

Introducció

El *Disseny per a la Fabricació* (DFM, *Design for manufacturing*) és el primer pas en el camí vers l'*enginyeria concurrent*: a més de la funció, cal dissenyar també perquè el producte sigui fàcil i barat de fabricar.

Fabricar té un significat ample: vol dir partir de matèries primeres, de productes semielaborats i de components de mercat i construir un producte, una màquina o un sistema la qual cosa engloba, com a mínim, els dos tipus d'activitats següents:

a) *Conformació de peces*
    Consisteix en donar forma a les peces i components bàsics de què està format el producte per mitjà d'una gran diversitat de processos (fosa, forja, laminació, deformació, sinterització mecanització, extrusió, injecció, tractaments tèrmics, recobriments) i també realitzar primeres composicions i unions permanents (calar eixos, rebordonar, soldar per punts, a l'arc, per ultrasons, encolar) per formar els components bàsics.

b) *Muntatge del producte*
    Consisteix en composar el producte a partir de les peces i components elementals, i comprèn operacions de referenciació, d'inserció, d'unions (fonamentalment desmuntables), però també operacions de comprovació i ajust, d'omplerta de fluids, d'inicialització i, per últim, de comprovació del correcte funcionament d'allò que s'ha muntat.

En correspondència amb aquests dos grans tipus d'activitat, s'han desenvolupat mètodes d'enginyeria concurrent que són:

Disseny per a la conformació
No hi ha unes sigles específiques i generalitzades en anglès. Pugh [Pug, 1991] el descriu com a DFPP, (*design for piece-part productibility*), que podria tenir com a equivalència, disseny per a la productivitat de peces i components. Tanmateix, altres autors assignen el concepte de DFM (*design for manufacturing*) a aquest aspecte concret de la fabricació.

Disseny per al muntatge
Es designa per DFA (*design for assembly*, en anglès) i compta ja des de 1987 amb el treball *Product design for assembly* de G.Boothroyd i P.Dewhurst, obra ja d'una important maduresa, que es pot obtenir tant en forma de manual com de programa d'ordinador.

Cada vegada és més freqüent la consideració conjunta d'aquests dos vessants de la fabricació, la qual es designa per DFMA (en anglès, *design for manufacturing and assembly*). Aquest és un plantejament sensat ja que, sovint, la simplificació del muntatge comporta la fabricació de peces més complexes o viceversa i, per tant, cal establir compromisos entre aquests dos aspectes.

Tanmateix, a efectes expositius, en aquest text s'ha preferit presentar les dues metodologies en seccions separades tot reservant l'exercici de la seva integració en les aplicacions pràctiques.

La resta d'aquesta Secció (17.2) tracta el *disseny per a la fabricació* (DFM, en el sentit de conformació), que presenta un gran nombre de situacions diferents a causa de la gran diversitat de processos de fabricació, i on es donen certes recomanacions moltes d'elles ben conegudes. Potser la metodologia més interessant en aquest apartat és la *tecnologia de grups* (TG; *group technology*, en anglès) iniciada fa més de 30 anys i que, malgrat que s'aplica poc com a tal, ha influït en formulacions i metodologies de l'enginyeria concurrent.

La següent Secció (17.3) tracta del *disseny per al muntatge* que, al nostre entendre, ofereix majors potencialitats en la perspectiva de l'enginyeria concurrent.

Procediments automatitzats de manipulació i fixació

Com ja s'ha dit en la introducció d'aquest text (Secció 15.1) un dels elements principals que ha impulsat l'enginyeria concurrent ha estat la dificultat d'automatitzar la fabricació de productes i sistemes quan no han estat concebuts per a aquest fi. I, una de les principals dificultats de la fabricació automatitzada és la manipulació de les peces i components.

El fet de ser tan habitual ens fa oblidar que, la flexibilitat de les nostres mans, ajudades pels sistemes de percepció (vista, oïda i tacte) i controlades pel potent cervell humà, són un dels sistemes més perfectes per a la manipulació de peces i objectes. Pensem, sinó, en alguns exemples:

* La dificultat que tindria un sistema robòtic per al simple acte d'atendre una trucada telefònica (subjectar, despenjar i orientar correctament l'auricular fins a l'orella i la boca que estan en continu moviment). Immediatament es percep que aquest no és el camí que cal seguir, com bé demostren els contestadors automàtics.

* O, la dificultat d'un robot domàstic per posar el sucre i remenar una tassa de cafè, sense vessar-la i sense trencar-la. I la complexitat d'elaborar el criteri per determinar si és massa dolç o amarg ?

La robòtica ens ha fet veure la gran perfecció i complexitat d'aquestes simples accions humanes. Els sistemes automatitzats estan encara lluny de tenir les capacitats i, quan existeixen, la seva aplicació sol ser massa lenta i costosa. En l'automatització, el mimetisme pot ser un error. Les màquines són menys flexibles que l'home, però també més potents, precises i robustes, i cal aprofitar precisament aquestes qualitats.

Les recerques sobre noves tecnologies de fabricació estan avançant en dues direccions oposades: per un costat, es treballa per aproximar els mitjans de prensió i la percepció i la intel·ligència artificials a les capacitats humanes; i, per altre costat, s'estan desenvolupant noves concepcions i metodologies en les quals es minimitzi les necessitats d'aquestes capacitats (components amb simetries, ordenació de les peces, paletització, cadenes de muntatge integrades).

Ordenació de les peces

Ateses les limitacions dels sistemes automatitzats d'avui dia en relació a les capacitats humanes, un dels principals objectius de la manipulació i la fixació de les peces al llarg del procés de fabricació, tant en la conformació com en el muntatge, és el mantenir-ne l'ordre, o sigui la posició i l'orientació.

Si es perd l'ordre, és molt car de recuperar-lo. Per a peces petites fabricades en grans sèries, se sol utilitzar dispositius vibradors (cubells, taules) amb trampes mecàniques per eliminar les orientacions no desitjades, no sense un cost important en utillatges (Figura 17.7a i b). En altres aplicacions amb peces més complexes o de major dimensió, s'usen sistemes robòtics dotats de percepció artificial (normalment visió), de cost generalment més elevat. Finalment, les peces de grans, dimensions se solen manipular manualment amb l'ajut d'utillatges.

Els principals sistemes per evitar la pèrdua de l'ordre en el procés de conformació i muntatge són (Figura 17.7):

a) *Fabricació en cadena*, ja que existeix un flux continu de peces que mantenen la referència i l'orientació entre les fases de conformació o muntatge.

b) *Cèl·lules de fabricació* propugnada per la *tecnologia de grups*, ja que se sol disposar d'un robot d'alimentació que manté les referències.

c) *Paletització* (ordenació de les peces en caixes especials), que permet conformar i muntar sèries mitjanes i grans de peces en processos discontinus sense que es perdin les referències, però obliga a invertir en palets a mesura.

d) *Sistemes d'alimentació*. Dispositius capaços d'alimentar ordenadament materials (barres en un torn de decoletatge) o peces (cargols o reblons, en processos automatitzats d'unió). Generalment es realitzen a mesura.

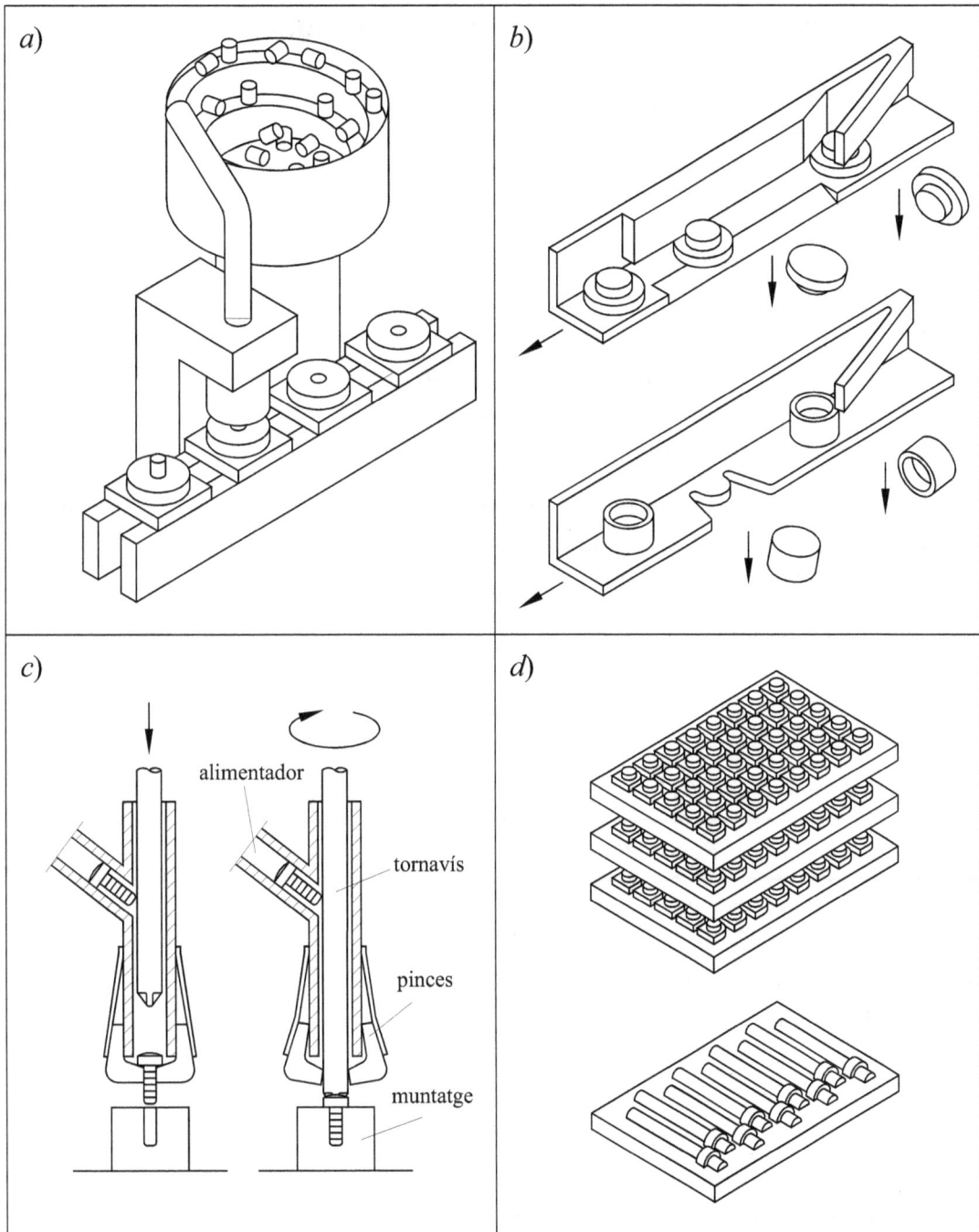

Figura 17.7 Diversos sistemes relacionats amb l'ordenació de peces: *a*) Dispositiu vibratori d'alimentació d'una línia; *b*) Trampes mecàniques per eliminar orientacions no desitjades; *c*) Dispositiu per alimentar cargols; *d*) Ordenacions unidimensional, bidimensional i tridimensional en un sistema de paletització.

Solucions constructives per a la conformació i manipulació

El dissenyador pot tenir una gran influència en els costos i temps de fabricació, així com en la qualitat dels productes. En efecte, les decisions que va prenent sobre materials, formes, dimensions, toleràncies, acabaments superficials, components i unions, afecten aspectes tan determinants com són:

- El tipus de *procés de fabricació* necessari
- Les *màquines*, les *eines* i els *instruments de mesura* utilitzats
- Els requeriments de *manipulació*, *transport interior* i *emmagatzematge*
- La tria entre la *fabricació pròpia* o *subcontractació*
- La possibilitat d'utilitzar *productes semielaborats*
- Els *procediments de control*

En aquest sentit són de gran utilitat les *guies de referència* per orientar el disseny per a la conformació, relacionades amb els principals *processos de fabricació*. A continuació s'esbossen algunes d'aquestes guies de referència.

En elles s'indiquen, per a cada una de les recomanacions, les etapes en les que tenen incidència (D = disseny; U = utillatge; P = procés; M = mecanització posterior) i els efectes en què tenen més repercussió (C = cost; Q = qualitat).

Guia de referència per al disseny de peces foses

Recomanacions	Etapes	Efectes
Procurar formar cossos senzills de fàcil desemmotllament, a ser possible sense la necessitat de nois (o nuclis)	D, U	C
Preveure les despulles, especialment si les parets són altes	D	Q
Evitar el descentratge dels noios i les parets de diferent gruix. Si és necessari, recolzar el noios per dos punts	D, U, P	C, Q
Procurar en tota la peça parets aproximadament del mateix gruix. En tot cas, les transicions han de ser progressives	D, P	Q
Evitar concentracions de nervis en un mateix punt	P	Q
Facilitar la mecanització per mitjà de ressalts en les zones que s'han de mecanitzar	M	C
Orientar correctament les superfícies a mecanitzar en relació a les eines (direcció de les broques, de les freses)	M	C, Q

Guia de referència per al disseny de peces forjades

Recomanacions	Etapes	Efectes
Procurar formes senzilles, a ser possible amb simetries	U, P	C
Eliminar rebaixos que impedeixin la separació de la matriu	D, U	C
Preveure les despulles, especialment si les parets són altes. Procurar repartir les despulles a ambdós costats de la partició	D, U	C, Q
Evitar les superfícies de partició complexes	U	C, Q
Evitar seccions excessivament primes. Evitar canvis abruptes de secció que puguin tenir incidència sobre la matriu	U, P	Q
Evitar radis d'enllaç i forats excessivament petits	U, P	C, Q
Orientar correctament les superfícies a mecanitzar en relació a les de les eines (broques, freses)	M	C Q

Guia de referència per al disseny de peces perforades

Recomanacions	Etapes	Efectes
Procurar realitzar els forats passants	D, P	C
Fer que les superfícies d'entrada i sortida de la perforació siguin perpendiculars a la direcció de l'eina	D, P	Q
Preveure les formes adequades per als forats cecs. Si han de ser roscats, preveure una longitud de forat més gran	D, U, P	C, Q

Guia de referència per al disseny de peces tornejades

Recomanacions	Etapes	Efectes
Procurar donar formes simples. Preveure els radis d'acord adequats per a les eines	D, U, P	C
Evitar ranures i formes interiors, especialment si han de tenir toleràncies estretes	D, U, P	C
Preveure les zones de subjecció i, en el seu cas, de suport de l'extrem	D, P	C
Evitar tornejar peces amb diferències de diàmetre excessives	D, P	C
Donar toleràncies estretes tan sols a les parts que ho requereixin	P	C, Q

Guia de referència per al disseny de peces fresades

Recomanacions	Etapes	Efectes
Establir, a ser possible, superfícies de fresatge planes. Evitar la multiplicitat de superfícies i d'orientacions	D, P	C
Preveure el radi de la fresa en les formes de la peça (arrodoniments)	D, U	C, Q
Seleccionar adequadament les superfícies de fresatge per facilitar l'accessibilitat de les eines	D, P	C, Q
Preveure ressalts en les parts que han de ser fresades	D, P	C

Guia de referència per al disseny de peces rectificades

Recomanacions	Etapes	Efectes
Preveure sobregruixos en les zones que s'han de rectificar	P	C
Preveure les sortides d'eina i evitar limitacions en el moviment de la mola	D, U, P	C, Q
Evitar, si no hi ha raons funcionals de sentit contrari, diferents qualitats de rectificació en una mateixa peça	D, P	C, Q
Elegir les superfícies a rectificar de forma que facilitin l'accessibilitat de les moles	D, U, P	Q, Q

Guia de referència per al disseny de peces sinteritzades

Recomanacions	Etapes	Efectes
Evitar els arrodoniments i també les arestes tallants	D, U	C, Q
Evitar els angles aguts i les formes que s'aprimen	P	Q
Observar els següents límits: altura/amplada < 2,5; gruix de paret > 2 mm; diàmetre de forat > 2 mm	D, P	C, Q
Evitar toleràncies excessivament petites	P	Q
Evitar figures i dentats excessivament petits	P	Q

Guia de referència per al disseny de peces de xapa doblegada

Recomanacions	Etapes	Efectes
Evitar peces amb un nombre excessiu de plecs. A ser possible, repartir-los en diverses peces	D, P	C
Donar un valor mínim al radi interior de plegament (≥ gruix)	D, P	Q
Preveure una distància suficient del doblegament als forats o talls anteriors. És preferible doblegar un tall pel mig	D, P	Q
Evitar talls en diagonal en les zones de doblegament	D, P	Q
Preveure un cert joc entre les pestanyes doblegades d'una mateixa cantonada	D, P	Q

Guia de referència per al disseny de peces de xapa tallada amb matriu

Recomanacions	Etapes	Efectes
Donar formes senzilles i evitar cantonades afilades (exteriors i interiors). Limitar, a ser possible, la longitud de tall	D, U, P	C
Disposar les peces en el fleix de forma que es produeixin les mínimes pèrdues	U	C
Evitar angles aguts i parts excessivament primes	D, U	Q
Procurar que els successius talls no danyin els anteriors	D, U	C, Q

Guia de referència per al disseny de conjunts soldats

Recomanacions	Etapes	Efectes
Procurar que el conjunt estigui format per les mínimes peces i els mínims cordons de soldadura	D, P	C
Preveure la situació dels cordons de soldadura per facilitar l'accés de les eines de soldar	D, U	C, Q
Evitar l'acumulació de soldadures en un punt	D	Q
Disposar el conjunt de forma que les tensions de contracció siguin les mínimes	D, P	Q
Facilitar el posicionament relatiu de les peces abans de la soldadura. En tot cas, preveure els utillatges necessaris	D, P	Q

Tecnologia de Grups

La *tecnologia de grups* (GT, *group technology*, en anglès) és una filosofia de producció que identifica i agrupa les peces que presenten similituds en *famílies de peces* a fi de facilitar les tasques de fabricació, i també les de disseny.

En general, qualsevol producció comporta la fabricació d'un gran nombre de peces diferents (1.000, 2.000 o 5.000); tanmateix, un cop feta l'agrupació pot resultar que tan sols hi ha 25, 40 o 60 *famílies de peces*, cada una de les quals presenta característiques anàlogues de fabricació i/o de disseny.

Famílies de peces

Una *família de peces* és un conjunt de peces fabricada per una empresa que, tot i ser deferents, presenten determinades similituds o atributs:

Famílies de peces de fabricació
Gràcies als *atributs de fabricació* (materials, tipus i seqüències d'operacions, camps de tolerància, sèries de fabricació), els seus membres presenten analogies en relació a la fabricació, per la qual cosa es possibilita una més gran eficàcia en la producció. Per aconseguir-ho, la *tecnologia de grups* propugna agrupar les màquines i equips que intervenen en la fabricació d'una *família* en una *cèl·lula de fabricació* per a facilitar el flux dels materials i les operacions de treball.

Famílies de peces de disseny
Gràcies als *atributs de disseny* (formes geomètriques, dimensions), els seus membres presenten analogies en relació al disseny, fet que també pot redundar en avantatges en aquest camp. En efecte, a partir d'una bona base de dades de famílies de peces de l'empresa, és fàcil la cerca de peces similars que, o bé cobreixen directament la nova necessitat (s'evita crear una nova peça), o bé faciliten el seu disseny en base a petites modificacions.

Aquests avantatges es relacionen amb la *codificació* i *classificació* de les peces, un dels aspectes centrals de la *tecnologia de grups*.

La Figura 17.8*a* mostra dues peces idèntiques des del punt de vista geomètric, però totalment diferents des del punt de vista de la fabricació (material; dimensió de la sèrie; camp de tolerància). Per tant, formen part d'una mateixa família de peces de disseny però de diferents famílies de peces de fabricació.

La Figura 17.8*b* mostra dues peces que són diferents des del punt de vista geomètric (les seves formes i disposicions obliguen a definicions diferents: distintes simetries, distinta forma del cos). Tanmateix, formarien part d'una mateixa família de peces de fabricació ja que els processos de fabricació són anàlegs (tornejat, forats en la mateixa direcció).

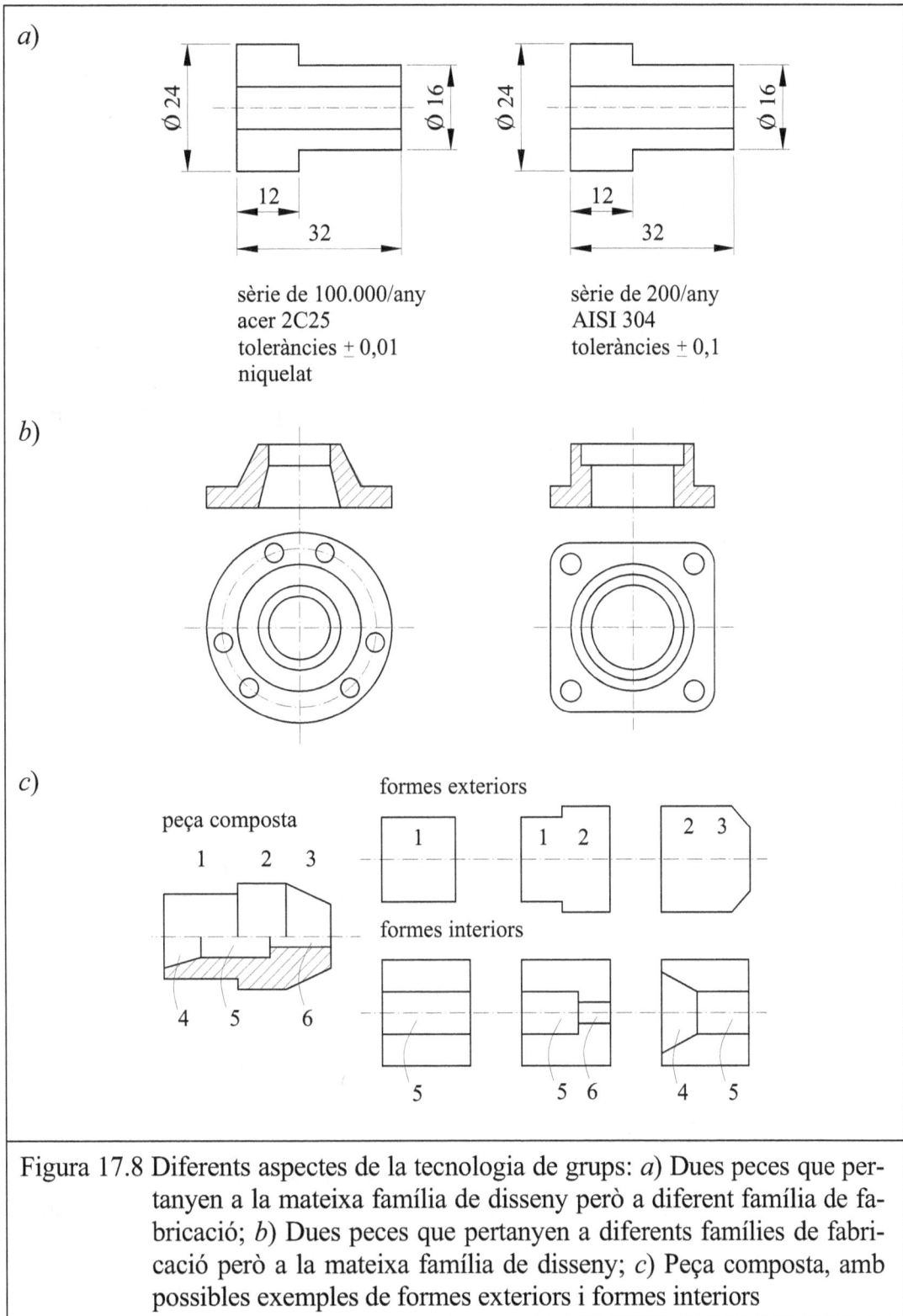

a)

sèrie de 100.000/any
acer 2C25
toleràncies ± 0,01
niquelat

sèrie de 200/any
AISI 304
toleràncies ± 0,1

b)

c)

peça composta

formes exteriors

formes interiors

Figura 17.8 Diferents aspectes de la tecnologia de grups: *a*) Dues peces que pertanyen a la mateixa família de disseny però a diferent família de fabricació; *b*) Dues peces que pertanyen a diferents famílies de fabricació però a la mateixa família de disseny; *c*) Peça composta, amb possibles exemples de formes exteriors i formes interiors

Peça composta

Les *famílies de peces* es defineixen a partir de la similitud dels atributs de disseny i de fabricació dels seus membres. Partint d'aquesta definició, una *peça composta* és aquella que conté tots els atributs de les peces que configuren una *família de peces*, de manera que qualsevol peça de la família té, com a màxim, els mateixos atributs que la *peça composta* (veure Figura 17.8*c*). Una *cèl·lula de fabricació* dissenyada per fabricar una *peça composta*, és capaç, doncs, de fabricar qualsevol peça d'aquesta família.

Distribució en planta de les màquines

Distribució funcional
La tendència tradicional de les empreses ha estat organitzar les màquines en els tallers per seccions funcionals, destinada a la fabricació per lots. Durant el procés, cada peça realitza un llarg recorregut, eventualment amb retorns sobre les mateixes seccions, fet que comporta una gran quantitat de manipulació, un volum important de material circulant, un temps total de procés molt llarg i, en conseqüència, uns costos elevats.

Distribució per grups
A la llum de la *tecnologia de grups,* una solució alternativa consisteix en l'organització dels tallers per grups de màquines que intervenen en la fabricació de les principals famílies de peces. Aquesta alternativa genera diversos avantatges (redueix la manipulació i el material circulant, disminueix els temps de posta a punt i de procés) que, en definitiva, es transformen en reduccions de costos.

Tanmateix, la principal dificultat per passar d'una distribució funcional a una distribució per grups és la formació de les *famílies de peces*. Per aconseguir-ho, s'han utilitzat tres mètodes que requereixen un consum de temps considerable en l'anàlisi d'un volum de dades molt important (quan es tenen):

a) *Inspecció visual*. S'inspeccionen visualment les peces i es classifiquen per famílies. A desgrat de ser el menys precís, és el més ràpid i econòmic.

b) *Classificació per codificació*. En base a un dels nombrosos sistemes existents en el mercat (fins i tot en software), es codifiquen i classifiquen les peces. És el mètode més utilitzat en *tecnologia de grups*.

c) *Anàlisi del flux de producció* (PFA, *production flow analysis*). S'analitzen els fulls de ruta de les peces i les que presenten similituds es classifiquen en la mateixa família.

Codificació i classificació de peces

Han estat desenvolupats nombrosos sistemes de codificació i classificació de peces, però cap d'ells ha estat acceptat de forma general, ja que han d'adaptar-se a les necessitats de cada empresa. Se distingeixen:

a) Sistemes basats en *atributs de disseny* (formes, dimensions, toleràncies, tipus de material, acabament superficial, funció de la peça)

b) Sistemes basats en *atributs de fabricació* (processos i operacions, temps de fabricació, lots i producció anual, màquines i utillatges necessaris)

c) Sistemes mixtos basats en *atributs de disseny i de fabricació*

La codificació consisteix en una seqüència de dígits per identificar els atributs de disseny i de fabricació de les peces: pot tenir una estructura *jeràrquica* (la interpretació de cada dígit depèn dels valors que prenen els dígits anteriors) o *en cadena* (la interpretació de cada dígit és fixa). Des de 1965 s'han desenvolupat nombrosos sistemes de codificació i classificació amb codis de entre 4 i 30 dígits. Els més simples presenten limitacions per discriminar els nombrosos atributs de disseny i de fabricació de les peces, mentre que l'aplicació dels més complexos comporta una gran càrrega de treball. Entre aquests sistemes se citen els dos següents:

Sistema de codificació d'Opitz
És un dels sistemes pioners (Opitz, Universitat d'Aquisgran, Alemanya, 1970) per implantar la tecnologia de grups. Parteix d'un codi bàsic de 9 dígits: els cinc primers 1,2,3,4,5 (codi de forma) descriuen els principals atributs de la peça, mentre que els 4 restants 6,7,8,9 (codi suplementari) descriuen alguns dels seus atributs de fabricació. Poden afegir-se 4 dígits més A, B, C i D (codi secundari), fixats per l'usuari i destinats a identificar el tipus i seqüència de les operacions de fabricació.

Sistema de codificació MultiClas
Desenvolupat per l'"Organization for Industrial Research" (OIR), és molt flexible i pot ser personalitzat. Presenta una estructura jeràrquica amb un codi de fins a 30 dígits, repartits en una part fixada per la OIR (0 prefix; 1 forma principal; 2,3 configuració externa/interna; 4, elements secundaris mecanitzats; 5,6 descriptors funcionals; 712 dades dimensionals; 13 toleràncies; 14,15 composició del material; 16 forma de la matèria primera; 17 volum de producció; 18 elements de mecanització) i una altra dissenyada segons les necessitats de l'empresa.

Anàlisi del flux de producció (PFA, *production flow analysis*)

És un mètode per identificar les *famílies de peces* i la creació de *grups de màquines* basat en l'anàlisi de la seqüència d'operacions i dels fulls de ruta de les peces.

L'anàlisi del flux de producció pot organitzar-se seguint els següents passos:

1. *Recollir les dades*. S'estableix la població de peces a analitzar i es recullen les dades necessàries.

2. *Classificar segons rutes de procés*. Les peces amb idèntica ruta de procés s'agrupen en paquets ("packs")

3. *Establir la carta PFA*. Es presenta un quadre entre els codis dels paquets i els codis de màquines

4. *Analitzar*. Es reordena el quadre per a formar els paquets.

L'anàlisi és alhora el pas més difícil i més fonamental del mètode PFA. Es tracta de reordenar les dades de la taula PFA original a fi d'agrupar les peces en diferents paquets amb rutes de procés similars. El conjunt de màquines que dóna servei a un paquet de peces podria formar una cèl·lula de fabricació.

Exemple 17.1
Aplicació del mètode PFA a un cas hipotètic

Per simplificar, se suposa que s'analitza un conjunt de 10 peces (1 a 10) que són fabricades amb 12 màquines (de la A a la L). La taula PFA inicial (per ordre de peça considerada) se situa a l'esquerra. Després d'un treball d'anàlisi, el resultat és la taula de la dreta, on s'observa que es poden formar tres paquets amb els seus corresponents grups de màquines que podrien constituir cèl·lules de fabricació: (paquet 1,5,9 i màquines A,C,F,G,H; paquet 2,3,7,8 i màquines E,H,I,J; paquet 4,6,10 i màquines B,D,E).

Taula PFA
(inicial)

	1	2	3	4	5	6	7	8	9	10
A	x	x			x				x	
B				x	x	x		x		
C	x						x	x	x	
D				x		x				x
E		x	x	x	x	x		x		x
F	x				x	x	x		x	
G	x		x				x		x	
H	x	x	x		x			x	x	x
I		x	x				x	x		
J		x					x	x		
K		x	x	x		x	x			x
L				x		x				x

(analitzada)

	1	5	9	2	3	7	8	4	6	10
A	x	x	x	x						
B		x					x	x	x	
C	x		x			x	x			
D								x	x	x
E		x		x	x		x	x	x	x
F	x	x	x			x			x	
G	x		x		x	x				
H	x	x	x	x	x		x			x
I				x	x	x	x			
J				x		x	x			
K				x	x	x		x	x	x
L								x	x	x

17.3 Disseny per al muntatge (DFA)

Operacions de muntatge

El *muntatge* d'un producte consisteix en la *manipulació* i *composició* de diverses peces i components, la *unió* entre elles, el seu *ajust*, la *posta a punt* i la *verificació* d'un conjunt a fi que adquireixi la funcionalitat per a la qual ha estat concebut. En el muntatge conflueixen, doncs, un conjunt complex d'operacions que cal destriar curosament en el moment de la seva anàlisi:

a) Manipulació de peces i components:

    *a*1) Reconeixement d'una peça o component
    *a*2) Determinació de la zona de prensió
    *a*3) Realització de l'operació de prensió
    *a*4) Moviments de posicionament i d'orientació

b) Composició de peces i de components:

    *b*1) Juxtaposició de peces
    *b*2) Inserció (eix en un allotjament, corredora en una guia)
    *b*3) Col·locació de cables i conduccions
    *b*4) Omplerta de recipients i dipòsits (greixatge, líquids, gasos)

c) Unió de peces i de components

    *c*1) Unions desmuntables (roscades, passadors, clavetes)
    *c*2) Ajust per força (calatge de peces; unió elàstica)
    *c*3) Unions per deformació (reblons, rebordonatge)
    *c*4) Unions permanents (soldadura, encolatge)

d) Operacions d'ajust

    *d*1) Retoc de peces (rebaves, llima, ajust per deformació)
    *d*1) Operacions d'ajust mecànic (cons, microrruptors)
    *d*2) Operacions d'ajust elèctric (potenciòmetres, condensadors)

e) Operacions de verificació

    *e*1) Posta a punt (regulacions, inicialització informàtica)
    *e*2) Verificació de la funcionalitat del producte

Tot i que es podria argumentar que les operacions de posta a punt i verificació no corresponen pròpiament al muntatge, el cert és que hi estan íntimament lligades, i per tant és bo d'incloure-les-hi.

Caràcter integrador del muntatge

El muntatge té un caràcter integrador per excel·lència en el si del procés productiu. És el "moment de la veritat", quan queda palès que totes les peces i components encaixen i s'interrelacionen correctament per a proporcionar la funció per a la qual ha estat concebut el producte.

El muntatge detecta de forma immediata una part molt important dels defectes de concepció d'un producte i de fabricació de les seves peces. A continuació es citen alguns dels defectes més freqüents en les operacions de muntatge i verificació:

a) Defectes que incideixen en les operacions de manipulació:

- Dificultat en el reconeixement de peces
- Dificultat en la referenciació de peces
- Dificultat de prensió
- Dimensions o formes de difícil manipulació
- Ruptures en la manipulació i en la inserció

b) Defectes que incideixen en les operacions de composició:

- Errors dimensionals i de forma
- Elements deformats (fosa, soldadura, tractaments tèrmics)
- Toleràncies excessivament crítiques
- Falta de referència en la juxtaposició d'elements
- Manca d'elements de guia en les insercions

c) Defectes que incideixen en les operacions d'unió:

- Accés difícil en els punts d'unió
- Limitacions en els moviments per a la unió
- Incorrecte encaix de les peces (especialment en xapes)
- Contaminació de superfícies (soladaura, encolada)

d) Defectes que incideixen en la funcionalitat i la qualitat:

- Funcionament incorrecte d'enllaços (articulacions, guies, ròtules)
- Subjecció deficient de peces i components
- Dispositius que es desajusten, o que fallen
- Defectes en l'aspecte de les parts externes
- Dificultat de desmuntatge (disminució de la disponibilitat)

Per tant, la consideració de les operacions de muntatge d'un producte o d'una màquina presenten un punt de vista extraordinàriament enriquidor que pot aportar una gran llum sobre aspectes relacionats tant amb la productivitat i disminució de costos, com amb la funcionalitat i la qualitat.

No és d'estranyar, doncs, la recent tendència en les indústries amb producte propi de subcontractar una part important de la fabricació de peces i components i, al mateix temps, de reservar-se les operacions de muntatge final, posta a punt i verificació com a garantia d'una correcta funcionalitat i qualitat del producte.

Muntatge i automatització

Durant les darreres dècades, a través de la incorporació progressiva del control numèric i la millora dels sistemes automàtics de manipulació, s'han realitzat importants progressos en l'automatització dels processos de fabricació de peces i components. Tanmateix, si bé hi ha hagut avanços significatius en els processos de muntatge, bona part d'ells continuen essent manuals i requereixen un volum de mà d'obra que incideix entre el 25% i el 75% dels costos totals de producció.

Els processos de muntatge, ajust i verificació constitueixen, doncs, una important àrea on orientar els esforços per disminuir els costos. Com ja s'ha dit anteriorment, la millora del muntatge es pot abordar bàsicament des de dos punts de vista:

a) *L'automatització dels processos de muntatge*
   Aquest pot ser el primer impuls en abordar la millora de la productivitat en el muntatge i consisteix bàsicament en automatitzar allò que fins al moment es realitza a mà. Seguint l'ordre creixent de les inversions necessàries, l'automatització es pot realitzar a diferents nivells segons el caràcter del producte i el volum de producció:

   a1) *Assistència al muntatge manual*
      Introducció de certs utillatges per a facilitar el muntatge manual (ajudes a la inserció, precompressió de molles, elements de referenciació). Aquest sistema, molt utilitzat a la indústria, sense ser pròpiament una automatització, pot disminuir substancialment el treball manual necessari.

   a2) *Muntatge automatitzat (mitjans genèrics)*
      Es realitza a través d'aplicar mitjans genèrics de muntatge, especialment amb sistemes robòtics i el corresponent utillatge. Presenta l'avantatge de la flexibilitat (i la possible reutilització dels equips), si bé la productivitat és més baixa que amb mitjans específics.

   a3) *Muntatge automatitzat (mitjans específics)*
      Es realitza a través de la construcció de mitjans específics (màquines i línies construïdes expressament) destinades al muntatge automatitzat d'un producte determinat. Són sistemes de gran productivitat però que requereixen una inversió elevada difícilment reutilitzable.

b) *El disseny per al muntatge*

Aquest és un punt de vista més radical (més a l'arrel) del problema del muntatge. Consisteix en reconsiderar el disseny global del producte prenent com a objectiu la facilitat i la qualitat del muntatge i, en definitiva, la reducció de costos (sense oblidar el punt de vista funcional, finalitat principal del producte).

El disseny per al muntatge és útil i convenient independentment del tipus de muntatge que es consideri (manual assistit, automatitzat amb mitjans genèrics, o automatitzat amb mitjans específics).

La simple automatització del procés de muntatge manual obliga a grans inversions en equipament i maquinària que, sovint, aporten tan sols millores limitades. Això s'explica pel fet que el muntatge tradicional es basa en les extraordinàries habilitat i flexibilitat de les persones humanes que les màquines difícilment poden aconseguir i, en tot cas, ho fan a un cost prohibitiu.

El disseny per al muntatge empeny vers el redisseny del producte i ofereix un potencial molt més gran per reduir els costos de producció. En efecte, les Figures 15.1 i 15.3 (Capítol 15) mostren que, per al cas del conjunt considerat, si se segueix el camí de l'automatització flexible (o un sistema robòtic), es pot aconseguir un d'estalvi del 50% o més respecte al muntatge manual i, amb un sistema automàtic específic (o un sistema rígid), un 75% o més mentre que, si s'elegeix el camí del redisseny, es pot arribar a obtenir un estalvi superior al 80% mantenint el muntatge manual (més flexibilitat) i amb una inversió inferior.

Recomanacions per al disseny en relació al muntatge

Les principals recomanacions per al disseny d'un nou producte (o redisseny d'un producte existent) en relació al muntatge, són:

1) *Estructurar en mòduls*

Establir una adequada estructuració modular del producte, amb funcions correctament definides i assignades, i unes adequades interfícies mecàniques, de materials, d'energia i de senyals.

2) *Disminuir la complexitat*

Minimitzar el nombre i la diversitat de les peces i components que intervenen en cada mòdul, o en el producte complet, així com el nombre d'unions, enllaços i altres interfícies

3) *Establir un element de base*

Assegurar que cada mòdul (o el producte, si aquest és d'estructura simple) tingui una element de base adequat que alhora sustenti i serveixi de referència per a la resta de les peces i components del mòdul

Alternativa 1

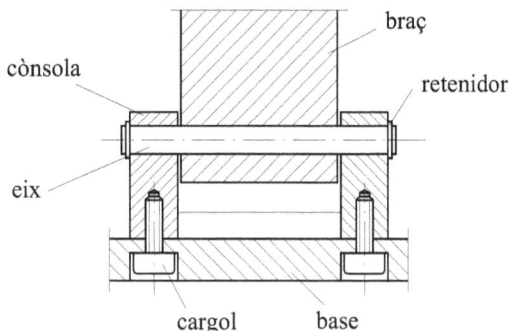

procés de muntatge:

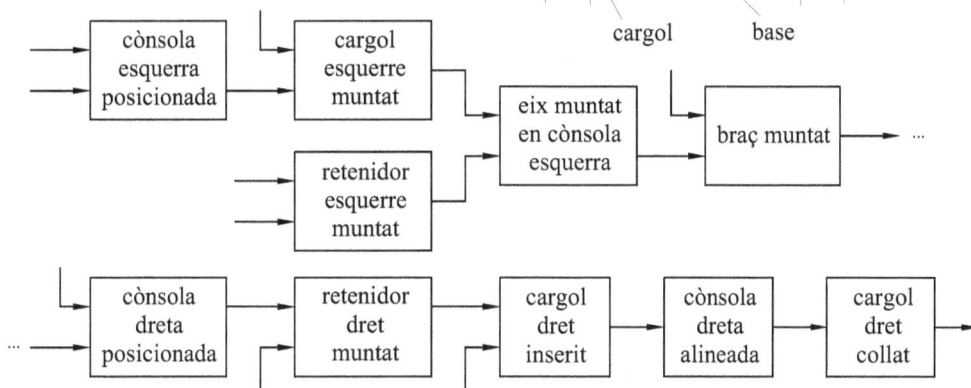

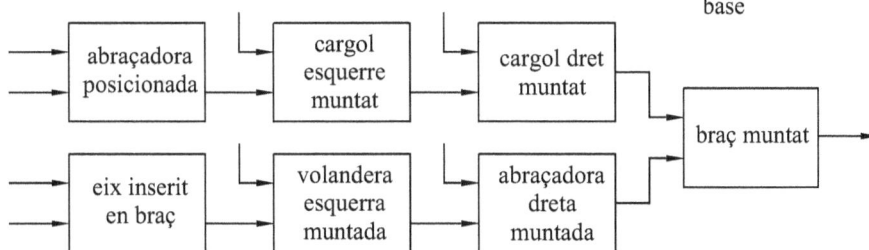

Alternativa 2

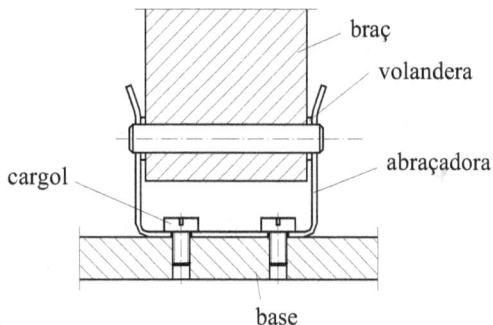

procés de muntatge:

Figura 17.9 Exemple de redisseny proposat por Andreasen, Kähler, Lund i Swift [And, 1988], on es pot observar l'aplicació d'algunes de les recomanacions de *disseny per al muntatge* (simplificació en el nombre de peces, disminució de les direccions de muntatge, substitució d'unions difícils per insercions fàcils)

4) *Limitar les direccions de muntatge*

Procurar que el muntatge d'un producte tingui el mínim nombre de direccions de muntatge (els dos sentits d'una direcció compten doble)

5) *Facilitar la composició*

En el disseny de les peces, incorporar xamfrans, plans inclinats, superfícies de guia, i altres elements que facilitin la composició de peces, especialment les insercions

6) *Simplificar les unions*

Disminuir, simplificar o evitar les unions. En tot cas, reduir al màxim les unions de cost més elevat en materials i temps d'operació (unions cargolades, soldadura)

A continuació s'analitzen cada una de les anteriors recomanacions orientades al *disseny per al muntatge* (DFA, *design for assembly*):

Estructuració modular

Com ja s'ha comentat en la Secció 17.1, la *modularitat* és un concepte bàsic per a un bon disseny (o redisseny) per al muntatge. Consisteix en agrupar les diferents funcions que ha d'acomplir un producte, o les diferents seqüències de la seva fabricació, en *mòduls* units per interfícies mecàniques, de flux de materials, d'energia, i de senyals clarament definides. Una bona estructuració modular incideix de forma beneficiosa en nombrosos aspectes del producte:

a) Flexibilitat més gran en la fabricació: subcontractació de peces i grups, incorporació de components de mercat.

b) Racionalització de variants. Delimitació de subgrups amb variants

c) Facilitat més gran de muntatge: poques interfícies clarament establertes

d) Millora de la fiabilitat del conjunt: verificació prèvia al muntatge

e) Facilitat de diagnòstic d'avaries

f) Millora la mantenibilitat: facilitat de diagnòstic, simplicitat de desmuntatge i substitució de peces i components

L'establiment d'una bona estructuració modular del producte és un dels pilars bàsics del disseny per al muntatge. És quelcom de semblant a posar en ordre el material de treball. A més, l'estructuració modular determinarà en gran mesura les seqüències de muntatge del producte.

Disminució de la complexitat

La disminució de la complexitat (tema també tractat en la Secció 17.1) es correspon amb la disminució del nombre i varietat de peces i components d'un producte i del nombre d'interfícies mecàniques, de flux de materials, d'energia i de senyals. Té els següents efectes beneficiosos:

a) Disminueix el nombre total de peces a conformar i tendeix a agrupar-les en un nombre més petit de peces diferents (augmenta els volums de fabricació)

b) Disminueix el nombre de superfícies mecanitzades (centradors, toleràncies estretes, ajusts) i disminueix el nombre d'unions i enllaços

c) Disminueix les operacions de muntatge (menys peces, menys unions)

d) Fa més fiable el conjunt (menys peces i interfícies susceptibles de fallar)

e) Millora la mantenibilitat (facilitat més de gran de muntatge i desmuntatge)

En la decisió d'eliminar una peça o refondre dues o més peces en una cal formular-se sistemàticament les següents preguntes sobre cada peça o component:

1) Es mou en relació a la resta de peces del sistema?

2) Hi ha motius funcionals perquè el material sigui diferent del de les peces del seu entorn?

3) S'ha de poder separar per raons de muntatge?

Si la resposta a les tres preguntes és negativa, pot pensar-se en transferir les funcions de la peça a alguna del seu entorn, i eliminar-la. En aquest cas, cal formular-se una quarta pregunta:

4) La fabricació d'una sola peça enlloc de les dues o més que substitueix, resulta més barata?

Malgrat que la resposta a aquesta quarta pregunta sigui negativa, la substitució de diverses peces per una pot continuar essent una bona opció si l'estalvi en les operacions associades de fabricació i muntatge (preparació i llançament de la producció, emmagatzematge, transport, muntatge, verificació) és superior a l'augment del cost de conformació de la peça única. Sovint és així.

Element de base

És convenient establir per a cada un dels mòduls d'un producte un *element de base* sobre el qual es referencïïn i quedin unides les restants peces i components del mòdul. L'existència d'un sol element de base proporciona, en general, una rigidesa més gran i unes referències més precises per al conjunt del mòdul.

Sovint, amb un adequat disseny de l'element de base, s'acostuma a obtenir una de les disminucions més grans de costos del producte. Els criteris per al disseny d'elements de suport són:

a) S'han de procurar donar les mínimes dimensions compatibles amb la funcionalitat ja que les dimensions excessives no fan més que disminuir la rigidesa i la resistència.

b) S'ha de procurar omplir de material les línies que uneixen el punts més sol·licitats (rodaments, suports de guies, forces exteriors), ja que així s'aconsegueix que el màxim volum de material treballi a tracció i compressió, fet que proporciona la màxima resistència i rigidesa a la peça.

c) És recomanable adoptar una combinació de formes simples (planes, de revolució) que facilitin la conformació. Les parts planes tenen poca consistència i han de ser reforçades amb nervis o relleus.

d) Les formes tancades sempre són més rígides que les obertes, aspecte especialment rellevant en elements sotmesos a torsió i a flexió.

e) Convé que guardin el nombre de simetries més gran respecte a les forces aplicades.

Cas 17.6
Element de base per al capçal d'una eòlica domèstica

Un bon exemple són les alternatives desenvolupades per a l'element de base del capçal d'una eòlica domèstica (Figura 17.10). Atès que les seves dimensions són reduïdes i el rotor gira a velocitat elevada, la multiplicació entre l'eix del rotor i el del generador es pot resoldre per mitjà d'una transmissió per corretja.

La primera de les alternatives va ser desenvolupada en el marc d'un projecte de fi de carrera de l'escola d'enginyers de Barcelona (ETSEIB-UPC), mentre que la segona proposta va ser suggerida per un membre del tribunal qualificador. La pregunta que va desencadenar la suggeriment va ser si era necessari que el generador estigués situat sota l'eix del rotor. La resposta va ser òbviament negativa.

D'això va sorgir la idea que l'element de base fos una peça de fosa amb la forma que resulta de la intersecció de dos tubs (les dues caixes de rodaments, del pal i del rotor) i amb un punt d'articulació en la part superior per al basculament del generador per aconseguir el tensatge de la corretja.

La tapa es transforma en una coberta sencera (en lloc de les dues del disseny anterior, la posterior i la superior) que, a més de facilitar els ajusts i el manteniment, protegeix molt millor de la pluja. Aquesta coberta pot ser realitzada amb materials plàstics o compostos amb el conseqüent abaratiment de costos.

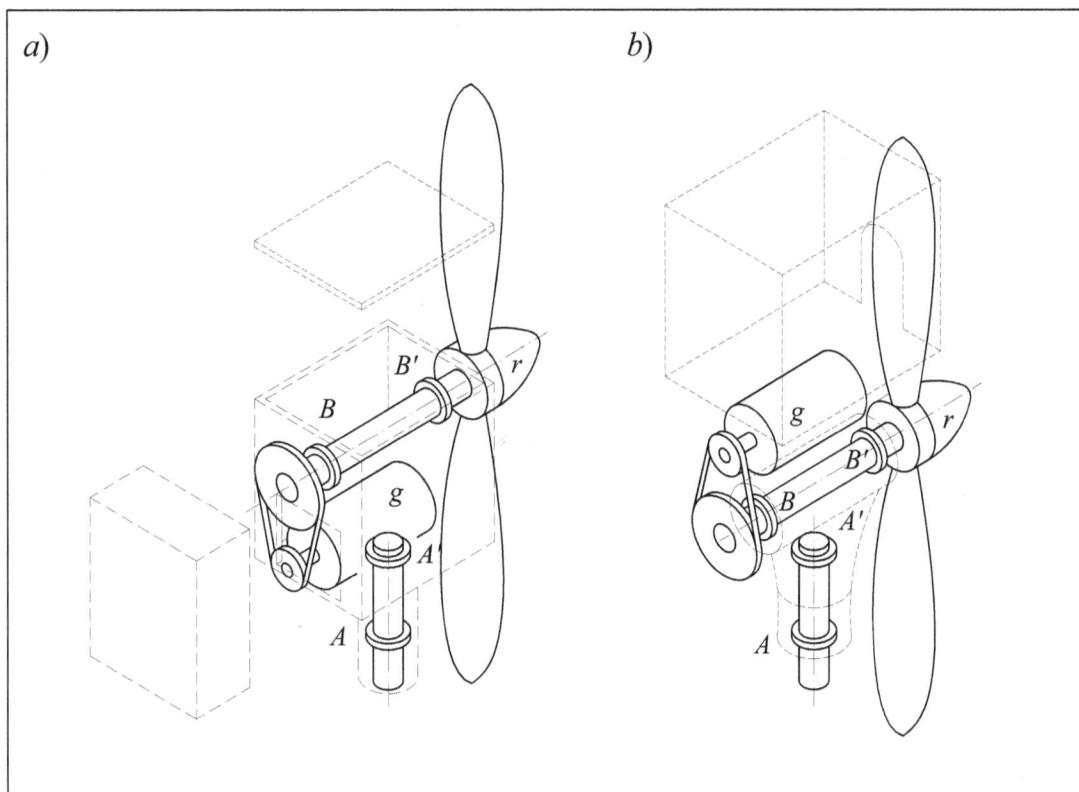

Figura 17.10 Alternatives per a l'element de base del capçal d'una eòlica domèstica: *a*) Solució inicial; *b*) Solució alternativa amb la incorporació de principis del disseny per al muntatge.

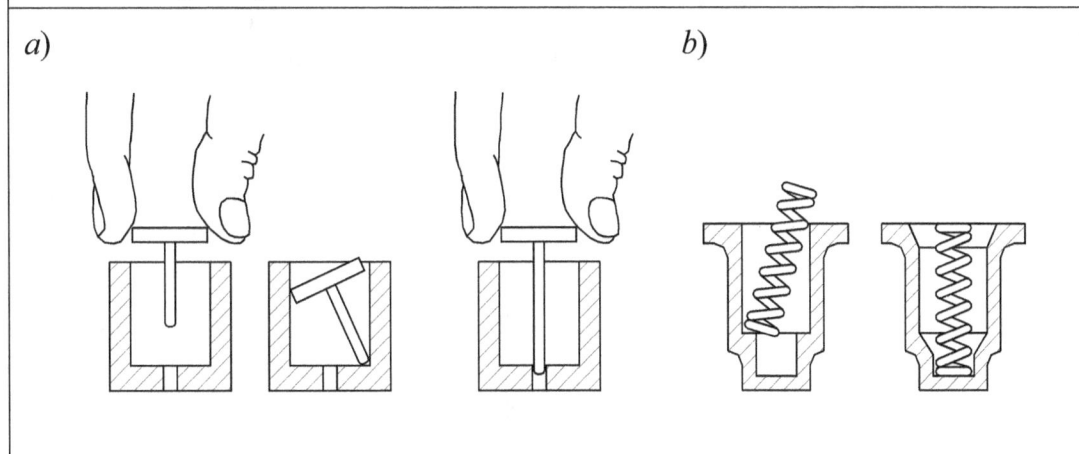

Figura 17.11 Alternatives per a facilitar la composició d'elements: *a*) Inicialment, els dits no poden guiar la peça en la inserció de la seva part inferior ja que és massa curta; *b*) El canvi brusc de secció és un punt d'enganxada de la molla, que s'evita amb un xamfrà.

Les recomanacions anteriors tenen una aplicació directa en aquest cas:

a) En la solució inicial de l'element de base (Figura 17.10a), en fer les funcions de tancament exterior, obliga les forces que es transmeten entre els quatre punts sotmesos a les màximes forces (rodaments de suport al pal, punts A i A', i els rodaments de l'eix del rotor, punts B i B') a contornejar el generador, la qual cosa converteix l'estructura en molt pesada i poc rígida

b) En la solució alternativa (Figura 17.10b), l'element de base està format per dos tubs perpendiculars amb unes transicions en la zona d'unió que segueixen pràcticament les línies que uneixen els punts més sol·licitats

c) Les formes adoptades per l'element de base són simples i tancades

d) Hi ha una notable simetria general entre la geometria de l'element i les forces que s'apliquen.

Limitació de les direccions de muntatge

Convé que el nombre de direccions de muntatge (composició, inserció, unions roscades, ecliquetatges) sigui el mínim possible, a poder ser, tan sols una. Els canvis de direcció de muntatge impliquen una manipulació improductiva i, en els casos d'automatització, un enorme augment de la dificultat de l'operació i un encariment de l'equip.

Exemple:
En la primera alternativa de la Figura 17.9, els suports de l'articulació es col·loquen des de dalt, mentre que els cargols es col·loquen des de baix (dues direccions de muntatge). En la segona alternativa, tant el suport de l'articulació com els cargols es col·loquen des de dalt (una sola direcció de muntatge).

Facilitat de composició

S'ha de facilitar la composició dels conjunts, especialment les insercions, per mitjà xamfrans, plans inclinats, superfícies de guia, i altres elements que facilitin aquestes operacions (vegeu Figura 17.11).

El facilitar la inserció d'elements i evitar els punts d'enganxada entre peces és un aspecte molt important en l'automatització del muntatge ja que, en cas contrari, disposar de sistemes artificials amb l'extraordinària habilitat i flexibilitat humanes resultaria excessivament car.

L'orientació de les peces i l'establiment de simetries són recursos que faciliten la manipulació en aquestes operacions. També cal tenir cura de l'accessibilitat necessària en el procés de muntatge, ja sigui manual o automatitzat.

Sistemes d'unió i connexió

La consideració de les unions i connexions són de vital importància en la composició d'un producte ja que una part molt important del temps i dels costos totals correspon a les tasques de preparació i muntatge d'aquests elements. La primera recomanació és la d'evitar les unions sempre que sigui possible i, en cas contrari, procurar simplificar-les al màxim. La Figura 17.12*a* mostra els costos relatius d'alguns tipus d'unió.

Cal tenir en compte que les unions constitueixen elements bàsics en els productes que afecten a múltiples aspectes del disseny:

a) *Unions desmuntables / Unions permanents*
   Generalment, les unions permanents solen ser més econòmiques que les unions desmuntables. Però, per altra part, les unions desmuntables permeten el manteniment del producte mentre que les unions permanents el dificulten o fins i tot l'impedeixen

b) *Unions per al muntatge fàcil / Unions per al desballastament*
   El disseny per al muntatge fàcil va destinat a abaratir la producció, mentre que les unions per al desballastament (per desmuntatge fàcil, eventualment per ruptura o deformació permanent de certs elements) van destinades a facilitar el reciclatge de materials (Secció 17.5). No sempre és fàcil de coordinar aquests dos requeriments i, en molts casos, un va contra l'altre.

Unions cargolades

Les unions cargolades clàssiques figuren entre les de cost més elevat, tant per la preparació que requereixen (mecanització dels forats, dels assentaments, eventualment, de les rosques) com pel temps de muntatge que comporten (el cost de cargols i femelles sol tenir poc impacte). No obstant això, presenten els avantatges de la seva gran capacitat mecànica i la facilitat de desmuntatge.

No totes les unions cargolades tenen els mateixos costos, ja que varien els preus dels comporten (cargols, femelles, volanderes, elements de retenció), les tasques de preparació (forats cecs o passants, amb o sense rosca, amb o sense assentament), i els temps de muntatge (Figura 17.12*b*).

Ecliquetatges

Entre les unions per a un muntatge fàcil tenen una gran difusió els ecliquetatges que són dispositius que realitzen la unió per mitjà d'una força elàstica amb l'ajuda d'un element d'autocentratge. Generalment són molt ecnòmics, però poden presentar dificultats funcionals a causa d'una força de retenció dèbil (la unió es desfà) o en el manteniment a causa de ruptures en el desmuntatge.

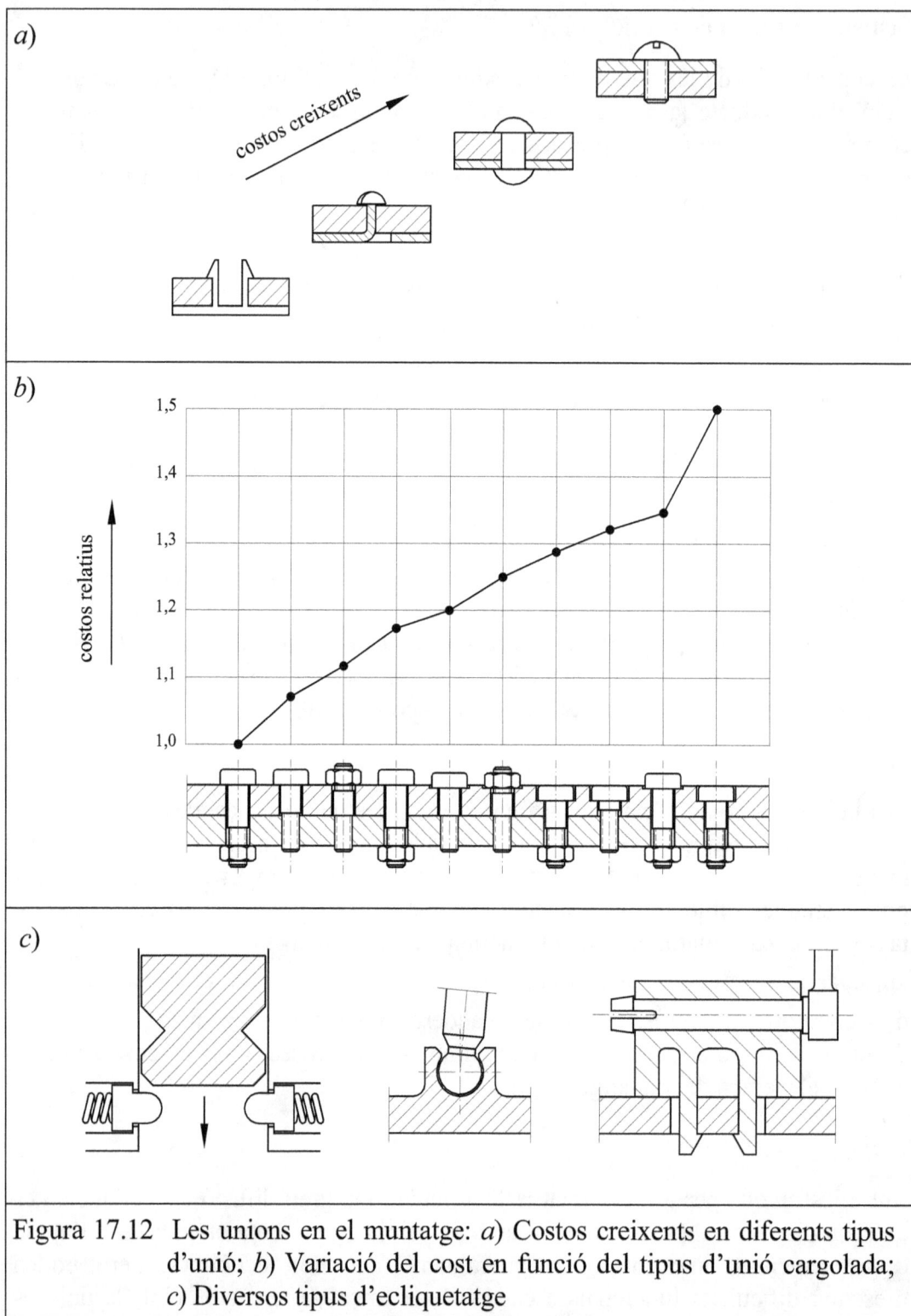

a)

b)

c)

Figura 17.12 Les unions en el muntatge: *a*) Costos creixents en diferents tipus
d'unió; *b*) Variació del cost en funció del tipus d'unió cargolada;
c) Diversos tipus d'ecliquetatge

Avaluació del muntatge manual.
Mètode de Boothroyd & Dewhurst

En l'aplicació del *disseny per al muntatge*, a més de nous conceptes i recomanacions, és important de disposar de mètodes per avaluar las diferents solucions generades.

El *factor de complexitat*, C_f, pot proporcionar una primera avaluació qualitativa del muntatge, però és poc discriminatori respecte a la incidència de les manipulacions i composicions dels diferents tipus de peces i unions (no incideixen el mateix en el muntatge un tap d'ampolla que un cable elèctric, com tampoc són el mateix 4 cargols que 4 ecliquetatges).

Boothroyd i Dewhurst [Boo, 1986] van proposar l'any 1986 una metodologia per a estudiar amb més profunditat el nivell d'adequació d'una solució en relació al muntatge per mitjà del càlcul de l'*eficiència de muntatge* basada en l'avaluació dels temps de les diferents operacions de muntatge.

Eficiència de muntatge

Parteix de considerar que els principals factors que incideixen en els costos del muntatge són els següents:

$N_{mín}$ = Nombre mínim de peces del conjunt considerat (eliminant les que no són funcionalment necessàries)

t_a = Temps genèric de muntatge d'una peça (es pren $t_a = 3$ segons)

t_{ma} = Temps estimat per al muntatge del producte real

A partir d'aquests factors, la fórmula per a l'eficiència de muntatge és:

$$E_{ma} = \frac{N_{mín} \cdot t_a}{t_{ma}}$$

El mètode de Boothroy & Dewhurst inclou un codi de dos dígits per a la classificació de les operacions de manipulació manual, un altre codi de dos dígits per a la classificació de les operacions d'inserció i subjecció manuals i sengles taules que donen les estimacions d'aquests temps (vegeu més endavant).

Abans de continuar, val la pena comentar alguns dels conceptes i paràmetres que apareixen en aquestes taules de Boothroyd & Dewhurst (simetries, efecte dels gruixos i dimensions de les peces, de les toleràncies i xamfrans, de les dificultats d'accés i visió) a fi d'avaluar amb precisió el seu significat i utilitzar-les amb coneixement de causa.

Efectes de les simetries

Unes de las principals característiques geomètriques que afecten el temps requerit per a agafar i orientar una peça són les simetries. Es defineixen dos tipus de simetries en les peces (vegeu la Figura 17.13*a*):

Simetria α, que depèn de l'angle que ha de girar una peça al voltant d'un eix perpendicular a la direcció d'inserció

Simetria β, que depèn de l'angle que ha de girar una peça al voltant del seu eix d'inserció

Efectes del gruix i de les dimensions de les peces

La grandària i proporcions de les peces tenen una gran influència en la seva manipulació i, en concret, en la seva prensió i orientació.

Gruix (Figura 17.13*b*): en una peça cilíndrica (o poligonal de cinc o més costats), és el diàmetre, i si aquest és més gran que la longitud, les peces són tractades com a no cilíndriques. En una peça no cilíndrica, és la màxima altura quan la seva dimensió més gran se situa sobre una superfície plana.

Dimensió (Figura 17.13*b*): és la distància no diagonal més gran de la peça quan es projecta sobre una superfície plana.

Efectes de les toleràncies i els xamfrans en les operacions d'inserció

En les operacions d'inserció, a més de la influència de l'orientació, qüestió ja comentada en l'apartat de simetries, influeixen les toleràncies i els xamfrans.

Com més petit és el joc entre pern i forat més gran és el temps d'inserció. Són igualment beneficiosos els xamfrans en la inserció de cargols i molles.

La presència de xamfrans, ja sigui en el pern o en el forat, faciliten en gran mesura les operacions d'inserció.

Efectes de la restricció d'accés o de visió

S'han realitzat molts treballs experimentals sobre el temps necessari per a inserir diferents tipus de cargols en diverses condicions.

D'aquests estudis es dedueix que, en gran part, les restriccions visuals es resolen a través de les percepcions tàctils. També pot establir-se que, a partir de certs marges a les vores, les restriccions a l'accés ja no disminueixen.

Efectes de l'autoretenció durant el muntatge

És un efecte a evitar, ja que comporta una gran pèrdua de temps. Cal analitzar que no es produeixin autoretencions en la manipulació ni en el muntatge.

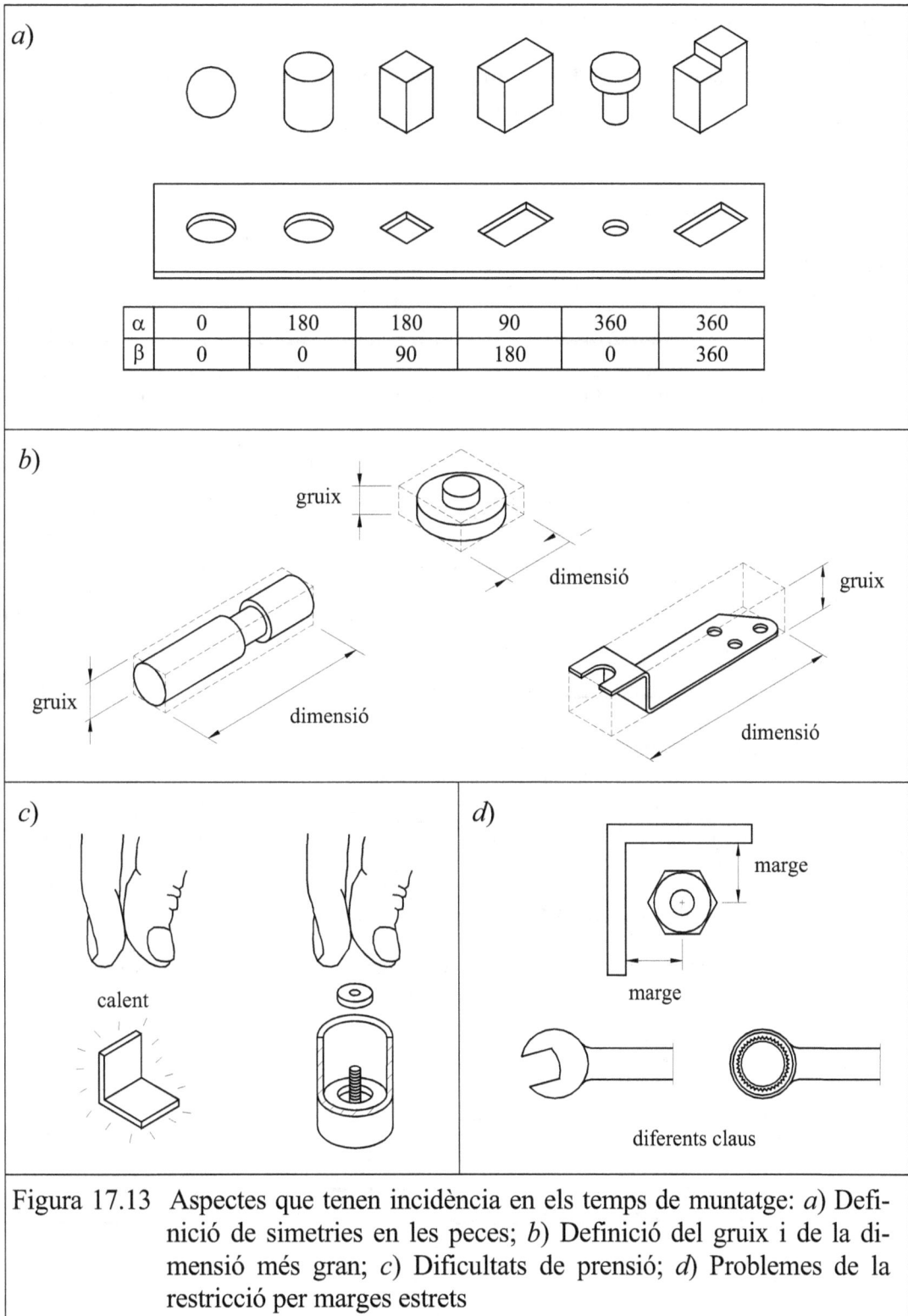

a)

α	0	180	180	90	360	360
β	0	0	90	180	0	360

b)

gruix

dimensió

gruix

gruix

dimensió

dimensió

c)

calent

d)

marge

marge

diferents claus

Figura 17.13 Aspectes que tenen incidència en els temps de muntatge: *a)* Definició de simetries en les peces; *b)* Definició del gruix i de la dimensió més gran; *c)* Dificultats de prensió; *d)* Problemes de la restricció per marges estrets

Temps estimats de manipulació manual (en segons)

Peces que poden ser agafades i manipulades per una mà sense ajuda d'eines											
		fàcil d'agafar i manipular					difícil d'agafar i manipular				
gruix		> 2			≤ 2		> 2			≤ 2	
dimensió		>15	6÷15	<6	>6	<6	>15	6÷15	<6	>6	<6
		0	1	2	3	4	5	6	7	8	9
$(\alpha+\beta)<360°$	0	1,13	1,43	1,88	1,69	2,18	1,84	2,17	2,65	2,45	2,98
$360°\le(\alpha+\beta)<540°$	1	1,50	1,80	2,25	2,06	2,55	2,25	2,57	3,06	3,00	3,38
$540\le(\alpha+\beta)<720°$	2	1,80	2,10	2,55	2,36	2,85	2,5	2,90	3,38	3,18	3,70
$(\alpha+\beta)=720°$	3	1,95	2,25	2,70	2,51	3,00	2,73	3,06	3,55	3,34	4,00

Peces que poden ser agafades i manipulades per una mà amb ajuda d'eines											
		es necessiten pinces								altres eines (no pinces)	eines especials
		sense ampliació òptica				amb ampliació òptica					
agafar i manipular		fàcil		difícil		fàcil		difícil			
gruix		>0,25	≤0,25	>0,25	≤0,25	>0,25	≤0,25	>0,25	≤0,25		
		0	1	2	3	4	5	6	7	8	9
$\alpha\le180°$ — $0°\le\beta\le180°$	4	3,60	6,85	4,35	7,60	5,60	8,35	6,35	8,60	7,80	7,00
$\alpha\le180°$ — $\beta=360°$	5	4,00	7,25	4,75	8,00	6,00	8,75	6,75	9,00	8,00	8,00
$\alpha=360°$ — $0°\le\beta\le180°$	6	4,80	8,05	5,55	8,80	6,80	9,55	7,55	9,80	8,00	9,00
$\alpha=360°$ — $\beta=360°$	7	5,10	8,35	5,85	9,10	7,10	9,55	7,85	10,1	9,00	10,0

Peces embolicades o flexibles que es poden agafar amb una mà (amb o sense eines)											
		sense dificultats addicionals					enganxoses, delicades, relliscoses				
		$\alpha\le180°$			$\alpha=360°$		$\alpha\le180°$			$\alpha=360°$	
dimensió		>15	6÷15	<6	>6	<6	>15	6÷15	<6	>6	<6
amb ajuda d'eines de prensió, si cal		0	1	2	3	4	5	6	7	8	9
	8	4,10	4,50	5,10	5,60	6,75	5,00	5,25	5,85	6,35	7,00

Peces grans que requereixen dues mans, dues persones o ajuda mecànica per a la prensió i el transport											
		es pot manipular per una persona sense ajuda mecànica								pec. embol. o flexibles	dues persones o ajuda mecànica
		no són molt embolicades ni flexibles									
		pesen menys de 2,5 kg				pesen més de 2,5 kg					
agafar i manipular		fàcil		difícil		fàcil		difícil			
α		≤180°	=360°	≤180°	=360°	≤180°	=360°	≤180°	=360°		
		0	1	2	3	4	5	6	7	8	9
	9	2,00	3,00	2,00	3,00	3,00	4,00	4,00	5,00	7,00	9,00

Temps estimats d'inserció i subjecció manuals (en segons)

Peces muntades però no assegurades								
després de muntar	no necessita subjecció				necessita subjecció			
posicionar i alinear	fàcil		difícil		fàcil		difícil	
resistència a la inserció	no	si	no	si	no	si	no	si
	0	1	2	3	6	7	8	9
fàcil accés — 0	1,50	2,50	2,50	3,50	5,50	6,50	6,50	7,50
obstruc., mala visió — 1	4,00	5,00	5,00	6,00	8,00	9,00	9,00	10,0
obstruc., mala visió — 2	5,50	6,50	6,50	7,50	9,50	10,5	10,5	11,5

(1) i (2) representen diferents nivells de severitat en l'obstrucció o en la mala visió

Peces muntades i assegurades immediatament									
	circlips, e-cliquetatges		deformació plàstica després d'inserció						cargolada
			flexió o torsió plàstica			reblons o similars			
posicionar i alinear	fàcil	dific.	fàcil	dific.	dific.	fàcil	dific.	dific.	fàcil	dific.
resistència a la inserció	no	si/no		no	si		no	si	no	si/no
	0	1	2	3	4	5	6	7	8	9
accés fàcil — 3	2,00	5,00	4,00	5,00	6,00	7,00	8,00	9,00	6,00	8,00
obstruc., mala visió — 4	4,50	7,50	6,50	7,50	8,50	9,50	10,5	11,5	8,50	10,5
obstruc., mala visió — 5	6,00	9,00	8,00	9,00	10,0	11,0	12,0	13,0	10,0	12,0

(4) i (5) representen diferents nivells de severitat en l'obstrucció o en la mala visió

Operacions sobre peces muntades									
	processos mecànics				processos no mecànics				sense fixació
	sense def. plàstica			gran deformació plàstica	proc. metal·lúrgic			adhesius i processos químics	manipulacions (aixecar, ajustar)
	doblegaments i similars	reblonat i similars	cargolat i similars		sense material addicional	amb mater. addicional			altres processos (ompleria de
						soldadura tova	soldadura forta		
	0	1	2	3	4	5	6	7	8	9
peces ja en el seu lloc — 9	4,00	7,00	5,00	12,0	7,00	8,00	12,0	12,0	9,00	12,0

Cas 17.7
Avaluació de l'eficiència de muntatge en dues alternatives de cilindre pneumàtic

La Figura 17.14 mostra el espeçajament de dues alternatives constructives per a un cilindre pneumàtic de baixa pressió, de cursa curta i amb retorn per molla. La solució de mà dreta és una versió millorada, especialment pel que fa a l'element de tanca que incorpora les funcions de topall del pistó i la unió amb el cos. Es tracta d'analitzar l'*eficiència de muntatge* d'aquestes dues versions.

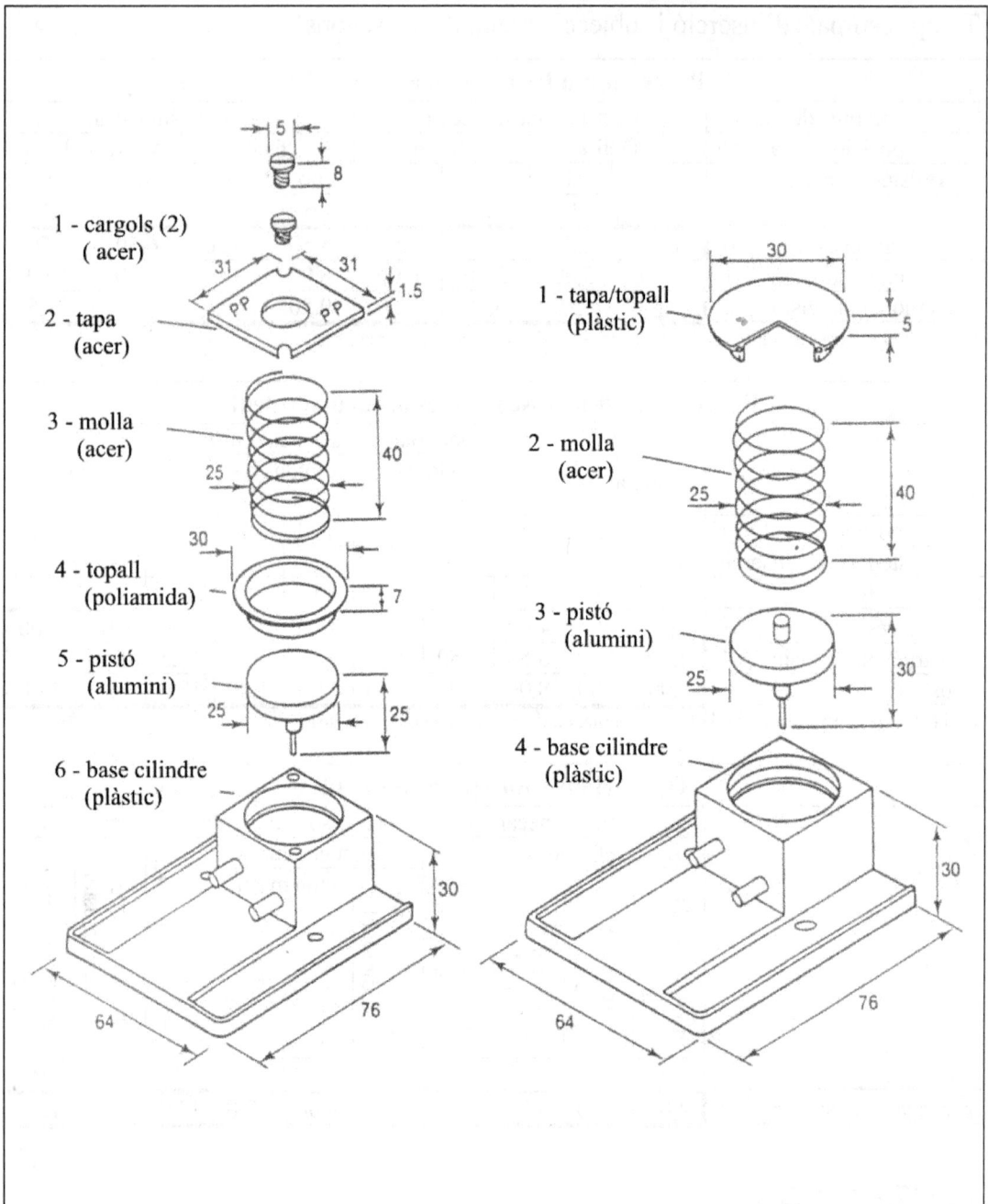

Figura 17.14 Dues solucions alternatives per a un cilindre pneumàtic de baixa pressió, cursa curta i retorn per molla: *a*) Solució original amb set peces, sis de diferents; *b*) Nova solució que, en la perspectiva del *disseny per al muntatge*, s'han reduït el nombre de peces a quatre.

Taules comparatives per al càlcul de l'eficiència de muntatge
Cilindre pneumàtic original i redissenyat

cilindre pneumàtic (original)	1 número de peça	2 cops que s'executa l'operació	3 codi de manipulació manual	4 temps de manipulació manual	5 codi d'inserció manual	6 temps d'inserció manual	7 temps d'operació (2)x((4)+(6))	8 peces funcionals mínimes (1)
Base	6	1	30	1,95	00	1,50	3,45	1
Pistó	5	1	10	1,50	02	2,50	4,00	1
Topall del pistó	4	1	10	1,50	00	1,50	3,00	1
Molla	3	1	05	1,84	00	1,50	3,34	1
Tapa	2	1	23	2,36	08	6,50	8,86	0
Cargol	1	2	11	1,80	39	8,00	19,60	0
Eficiència de muntatge = $=N_{min} \cdot t_a/t_{ma} = 4 \cdot 3/42,25 =$	**0,29**						42,25 t_{ma}	4 N_{min}

cilindre neumàtic (redissenyat)	1 número de peça	2 cops que s'executa l'operació	3 codi de manipulació manual	4 temps de manipulació manual	5 codi d'inserció manual	6 temps d'inserció manual	7 temps d'operació (2)x((4)+(6))	8 peces funcionals mínimes (1)
Base	4	1	30	1,95	00	1,5	3,45	1
Pistó	3	1	10	1,50	00	1,5	3,00	1
Molla	2	1	05	1,84	00	1,5	3,34	1
Tapa amb topall	1	1	10	1,50	30	2,0	3,50	1
Eficiència de muntatge = $=N_{min} \cdot t_a/t_{ma} = 4 \cdot 3/13,29 =$	**0,90**						13,29 t_{ma}	4 N_{min}

Si es calcula el *factor de complexitat*, s'obté:

Solució original: $N_t = 7$; $N_t = 6$; $N_t = 11$,   seria: $C_f = 7,7$
Solució redissenyada: $N_t = 4$; $N_t = 4$; $N_t = 5$,   seria: $C_f = 4,3$

La distància més gran entre els valors de l'*eficiència de muntatge* respecte als del *factor de complexitat* es deu a la major incidència de la valoració de les unions cargolades en el primer.

17.4 Disseny per a la qualitat (DFQ)

Concepte de qualitat

La norma ISO 8402 de 1986, referent a la terminologia sobre qualitat, estableix la següent definició: *qualitat és el conjunt de propietats i característiques d'un producte o servei que li confereix l'aptitud per a satisfer unes necessitats expressades o implícites.*

En un sentit ample, aquesta simple definició condueix a un punt de vista globalitzador per a l'empresa que es proposa respondre les següents preguntes:

1. *Aptitud per a què?*
   La qualitat d'un producte o servei és, en primer terme, donar una resposta adequada a les necessitats manifestades o latents dels usuaris o clients.

2. *Aptitud des de i fins a quan?*
   La qualitat és, també, assegurar el correcte funcionament d'un producte o servei durant tot el seu cicle de vida, evitant els defectes de concepte, les fallades de fabricació i les incidències que es puguin produir durant la seva utilització.

3. *Aptitud a quin preu?*
   I, finalment, la qualitat també inclou administrar i gestionar de forma òptima els recursos, evitant les despeses inútils (consums d'energia, temps morts, malbaratament de materials, estocs excessius).

La qualitat implica un conjunt d'actituds noves en les empreses que afecten en profunditat els sistemes d'organització i els mètodes de gestió, i que es poden resumir en:

1. Fer el treball bé des del principi i una sola vegada

2. Evitar o reduir costos inútils

3. Realitzar una acció preventiva, anticipar-se a les fallades, evitar els rebuigs

Tanmateix, més enllà d'atendre la qualitat individual de cada un dels productes i serveis, les empreses han d'establir les condicions i els mitjans perquè la qualitat esdevingui un fet habitual.

Tot i que es podria pensar en situacions límits on una empresa fabrica productes de gran qualitat en un context desorganitzat i caòtic o, una altra empresa, fabrica productes de baixa qualitat amb una organització modèlica, el fet és que la qualitat dels productes i serveis sol anar associada a una bona organització amb procediments, metodologies i eines adequades. L'objectiu d'un *sistema de gestió de la qualitat* és assegurar aquests darrers aspectes.

Sistema de gestió de la qualitat

Un *sistema de gestió de la qualitat* té per objecte definir *com* s'ha d'obtenir la qualitat (sense entrar en *què* s'ha de fer per d'obtenir-la) i, per tant, afecta a tot tipus d'empresa de productes i de serveis. La norma ISO 8402:1986 defineix un sistema de gestió de la qualitat com el conjunt de l'estructura l'organització, les responsabilitats, els procediments, els processos i els recursos que estableix una empresa per a dur a terme la gestió de la qualitat. Consta de dues parts:

1. La creació d'un projecte que ha d'incloure una anàlisi de la situació, el disseny de l'organització, els procediments, les instruccions i la documentació tècnica necessària així com redactar els documents requerits per les normes.

2. I, l'aplicació pràctica del sistema de qualitat que ha d'incloure uns mitjans materials (locals, instal·lacions, màquines, instruments) i uns recursos humans (coneixement de les responsabilitats, entrenament, formació).

Les normes ISO 9000 (assegurament de la qualitat a les empreses), estructurades en diverses parts (ISO 9001 per empreses amb activitats des del disseny fins a la postvenda; ISO 9002 per empreses que se centren en la fabricació; ISO 9003 per empreses que havien de demostrar la capacitat per a inspeccionar i assajar els productes), van ser aprovades per primer cop l'any 1987, revisades el 1994 i s'han aplicat a nombroses indústries.

Tanmateix, les noves normes ISO 9000 del 2000 sobre *gestió de la qualitat* (més d'una dotzena) estableixen un canvi de punt de vista respecte a les edicions anteriors i posen l'èmfasi en l'orientació vers el client, la gestió per processos i la millora contínua (això fa, entre altres coses, que s'integrin millor amb les normes ISO 14000 sobre el medi ambient). La norma ISO 9001:2000 (*Sistemes de gestió de la qualitat – Principis essencials i vocabulari*) presenta els següents apartats (en el 7 també es descriuen els subapartats):

1. Objecte i camp d'aplicació
2. Referències normatives
3. Termes i definicions
4. Sistema de gestió de la qualitat
5. Responsabilitat de la direcció
6. Gestió dels recursos
7. Realització del producte
   7.1 Planificació de la realització del producte
   7.2 Processos relacionats amb el client
   7.3 Disseny i desenvolupament
   7.4 Compres
   7.5 Producció
8. Mesura, anàlisi i millora

A continuació es desgrana el contingut dels suapartats 7.1, 7.2 i 7.3 ja que són els que es relacionen més amb l'objecte d'aquest text:

7.1 *Planificació de la realització del producte*
En la planificació de la realització del producte cal establir per avançat la planificació de la qualitat seguint les següents etapes: subprocés de planificació i definició del programa; subprocés de disseny i desenvolupament del producte; subprocés de disseny i desenvolupament del procés productiu; Subprocés de validació del producte i procés; Subprocés de retroacció, avaluacions i accions correctores.

7.2 *Processos relacionats amb el client*

7.2.1 *Determinació dels requisits relacionats amb el producte*
Els requisits tècnics, de servei i econòmics demanats i acordats amb el client s'han de documentar en ofertes, comandes o contractes. L'empresa ha de documentar les característiques tècniques, d'ús, reglamentàries, legals dels productes, en especificacions tècniques, catàlegs, etc. que es comuniquen als clients.

7.2.2 *Revisió dels requisits relacionats amb el producte*
Previ a la presentació d'una oferta o a l'acceptació d'una comanda o un contracte, l'empresa ha de fer una revisió tècnica, econòmica, de lliurement i d'assistència postvenda i s'han d'establir les responsabilitats i competències per dur a terme aquesta revisió en el si de l'empresa.

7.2.3 *Comunicació amb el client*
L'empresa ha d'establir la forma eficaç de comunicar-se amb els clients en relació a informacions sobre productes, consultes, contractes o comandes, modificacions, així com les reclamacions, necessitats i grau de satisfacció.

7.3 *Disseny i desenvolupament*

7.3.1 *Planificació.* L'empresa ha de planificar i controlar el disseny i desenvolupament del producte. En concret, n'ha de determinar les responsabilitats i les etapes, així com els procediments de verificació, validació i, eventualment, de revisió.

7.3.2 *Entrades al disseny.* Cal definir i documentar els requisits d'entrada relacionats amb el producte (funcionals i de rendiment, legislació i reglamentació, informació aplicable de dissenys anteriors i altres requisits essencials). Les modificacions han de ser aprovades pels responsables i comunicades a l'equip de disseny i, en el seu cas, als clients.

7.3.3 *Resultats.* Cal documentar i aprovar els resultats del disseny i desenvolupament a fi de comprovar si satisfan els requisits d'entrada, de servir de referència per als criteris d'acceptació del producte, per definir els criteris essencials per utilitzar-lo de forma segura i apropiada i com a font d'informació per a les operacions de compra, producció i de servei.

7.3.4 *Revisió*. Cal realitzar (i documentar) revisions sistemàtiques del disseny i desenvolupament on hi participin representants de les funcions corresponents, com a mínim en les fases d'identificació dels requisits del client, d'establiment de les entrades i resultats del disseny i de la realització del producte.

7.3.5 *Verificació*. Cal realitzar verificacions del disseny i desenvolupament (càlculs alternatius, simulacions, assaigs, comparacions amb productes anàlegs) per assegurar que els resultats compleixen l'especificació d'entrada, registrar-los i, en cas de discrepàncies, establir i documentar les accions a prendre.

7.3.6 *Validació*. Abans del lliurement o de la implantació del producte, cal validar el disseny i desenvolupament a través de simulacions virtuals, d'assaigs dels prototipus en el laboratori, de proves en condicions operatives o de validacions d'ús per part dels clients, per confirmar que compleix l'ús previst. En cas de discrepància amb allò esperat, es documenta i es prenen les decisions per corregir-ho.

7.3.7 *Control dels canvis*. Cal identificar, documentar i controlar qualsevol canvi en el disseny i desenvolupament, així com els seus efectes sobre els components i productes. És convenient que els canvis siguin verificats, validats i aprovats abans de la seva implantació.

Evolució de la qualitat

Es poden esbossar les següents etapes de la encara curta història de la qualitat (les darreres dècades han vist, però, un gran volum d'activitats i de bibliografia):

1. *Control de qualitat* (QC). Detecta els defectes de fabricació i els elimina abans que els productes o serveis arribin a l'usuari. Per tant, resol la qualitat del passat

2. *Control estadístic de processos* (SPC, *statistical process control*). Assegura la qualitat del present

3. *Gestió de la qualitat total* (TQM, *total quality management*). A partir de noves concepcions i metodologies, posa les bases per assegurar la qualitat del futur.

La *qualitat en línia* (*on-line quality*) té lloc durant o després de la producció, i correspon a tècniques i metodologies per determinar si cal prendre o no una acció correctora. Correspon al *control de qualitat*, que es manifesta en accions d'acceptació o de refús de peces i components ja fabricats (o la seva eventual recuperació), i també al *control estadístic de processos*, conjunt de tècniques per ajudar a corregir en el present els paràmetres i processos de fabricació.

La *qualitat fora de línia* (*off-line quality*) es refereix a les accions que es realitzen durant el procés de disseny del producte o servei (o dels mitjans de producció), i que tenen com a objectiu essencial assegurar-ne la qualitat futura. És el punt de vista de les noves tècniques i metodologies del *disseny per a la qualitat* les activitats del qual recauen fonamentalment en les etapes de definició i concepció.

Qualitat per mitjà del disseny

Aquesta és una nova perspectiva de l'*enginyeria concurrent* que incorpora la consideració dels requeriments de qualitat des de l'etapa de disseny, fet que presenta els següents punts d'interès:

1. Assegura que el producte o servei respongui als requeriments i necessitats dels usuaris

2. Estableix criteris, paràmetres i toleràncies adequats per a una fabricació i un funcionament *robustos* del producte (poc sensibles a pertorbacions)

3. Concep els productes perquè els processos de fabricació i muntatge facilitin una producció sense errors i amb els mínims costos i incidències

4. Assegura que el producte o servei funcioni sense fallades durant la seva utilització o, en caso necessari, que el seu manteniment i reparació siguin adequats.

Si un disseny no té en compte els objectius de la qualitat, és difícil que en etapes posteriors (fabricació, comercialització, utilització) es puguin corregir eficaçment les seves conseqüències negatives.

Tradicionalment s'han usat determinades eines clàssiques per assegurar la qualitat del futur, com ara els càlculs de fatiga d'elements sotmesos a sol·licitacions dinàmiques o els assaigs de durabilitat de peces i components, destinats a assegurar la *fiabilitat* del producte. Tanmateix, en temps més recents han sorgit nous mètodes i ajudes al disseny que es basen en la concepció més global de la qualitat descrita a l'inici d'aquesta secció. Entre ells es destaquen i es descriuen els tres següents:

a) *Desenvolupament de la funció de qualitat* (QFD, *quality functional deployment*)
É s un mètode globalitzador que té per objectiu principal assegurar que es té en compte la veu de l'usuari o client, alhora que constitueix una ajuda per a la planificació de la *qualitat* durant tot el cicle de vida

b) *Disseny d'experiments* (DOE, *design of experiments*)
Metodologies per adquirir un major coneixement d'un sistema o d'un procés a partir de la realització d'un nombre reduït d'experiments. G. Taguchi [Tag 1986, Tag 1989] va introduir el concepte *robustesa* (insensibilitat en el funcionament d'un sistema o procés davant de variacions intrínseques i extrínseques) i van proporcionar tècniques per aconseguir-ho.

c) *Anàlisi de modes de fallada i els seus efectes* (AMFE)
(FMEA, *failure modes and effects analysis,* MIL-STD 16291)
Eina de predicció, prevenció i millora (aplicable a diversos nivells: producte, procés, mitjans de producció, planificació del manteniment) que, a partir de l'anàlisi dels possibles modes de fallada, n'analitza les causes, els efectes i la seva criticitat per proposar millores.

Desenvolupament de la funció de qualitat, QFD

Introducció i definicions

Com ja s'ha dit, el *desenvolupament de la funció de qualitat* QFD (*quality function deployment*) és un mètode globalitzador que té per objectiu principal assegurar que en la definició d'un producte o servei s'han tingut en compte les necessitats i requeriments dels usuaris (o, la *veu de l'usuari*), alhora que també constitueix una eina per planificar la *qualitat* durant el seu cicle de vida. Consisteix en un procés estructurat que permet traduir els requeriments i desigs dels usuaris en requeriments tècnics d'enginyeria en cada una de les fases del disseny i de fabricació.

Va ser introduït per primera vegada al Japó el 1972, i immediatament va tenir una gran acceptació en aquest país; més tard, el 1983, va ser introduir a EUA de la mà de Yoji Akao i, avui dia, s'utilitza en nombroses empreses dels països desenvolupats i en vies de desenvolupament.

És un mètode que pressuposa l'establiment d'un *equip pluridisciplinari* orientat al *consens*, basat en *aproximacions creatives*, i que permet la síntesi de noves idees d'una *manera estructurada*.

Les 4 fases

Yoji Akao va definir una sèrie de matrius per guiar el procés del *desenvolupament de la funció de qualitat*. Cada fase del desenvolupament d'un producte (planificació del producte, desplegament de components, planificació del procés i planificació de la producció), es representa per una matriu les *característiques* de disseny de la qual aporten les *especificacions* d'entrada de la matriu següent, en una seqüència en forma de cascada de quatre salts (Figura 17.15):

a) *Planificació del producte* (o *casa de la qualitat*)
   Tradueix les *demandes dels clients* en *característiques tècniques del producte*

b) *Desplegament de components*
   Tradueix les *especificacions del producte* (o *característiques tècniques* de la matriu anterior) en *característiques dels components*

c) *Planificació del procés*
   Tradueix les *especificacions dels components* (o *característiques dels components* de la matriu anterior) en *característiques del procés de fabricació*

d) *Programació de la producció*
   Tradueix les *especificacions del procés* (o *característiques del procés de fabricació* de la matriu anterior) en *procediments de planificació de la producció*.

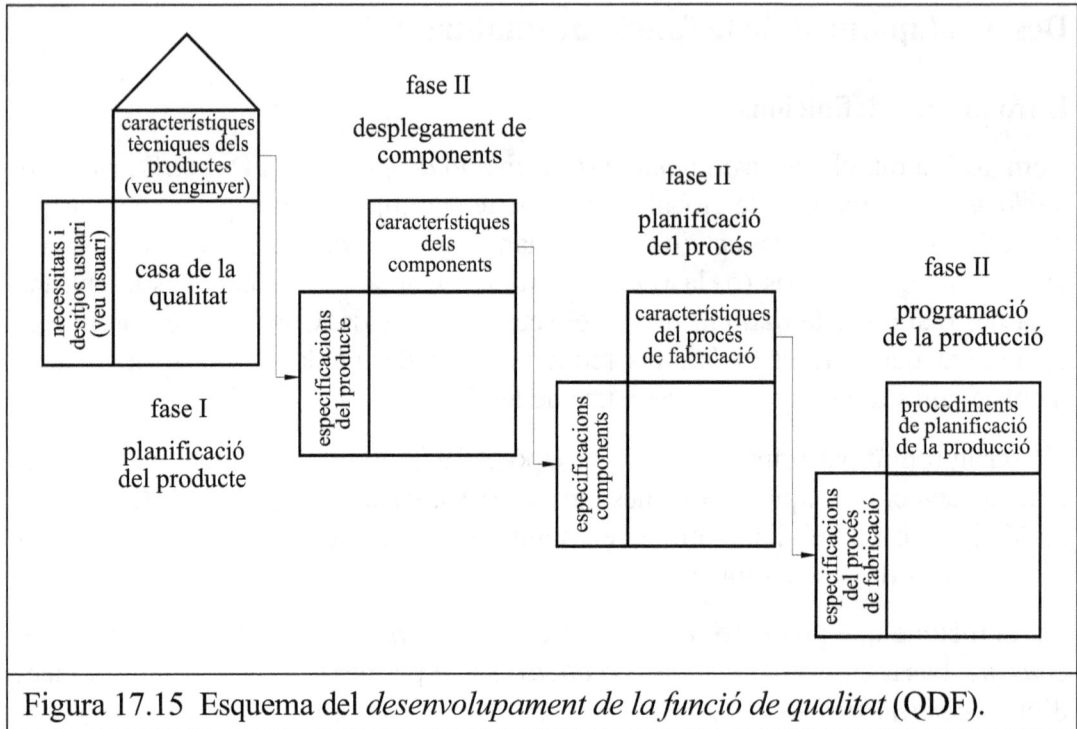

Figura 17.15 Esquema del *desenvolupament de la funció de qualitat* (QDF).

La casa de la qualitat

La primera d'aquestes matrius (o *casa de la qualitat*; vegeu Figures 17.15 i 17.16), tradueix les *demandes* dels usuaris (o *veu del client*) en *requeriments tècnics del producte*. És la d'aplicació més freqüent i en ella es distingeixen 6 passos:

1. *Veu de l'usuari*
   Descriu les *demandes* (*requeriments* i *desigs*) dels usuaris

2. *Anàlisi de competitivitat*
   Descriu, segons l'usuari, el grau de satisfacció que proporcionen els productes o serveis de l'empresa respecte als de la competència

3. *Veu de l'enginyer*
   Descriu els requeriments tècnics que caldria articular per a satisfer les necessitats dels usuaris

4. *Correlacions*
   Estableix les correlacions entre la veu dels usuaris i la veu de l'enginyer

5. *Comparació tècnica*
   Compara el producte de l'empresa amb els de la competència

6. *Compromisos tècnics*
   Estableix els *compromisos* potencials entre les diferents característiques tècniques del producte

Pas 1. *La veu de l'usuari*

En el *desenvolupament de la funció de qualitat*, les *demandes* dels usuaris (*requeriments* i *desigs*) constitueixen l'element conductor de tot el procés de disseny d'un nou producte o servei. El primer pas consisteix, doncs, en demanar a un grup representatiu d'usuaris (en el sentit més ampli: distribuïdors, venedors, usuaris finals) quins són els seus requeriments i desigs. Una de las formes més freqüents de fer-ho és a través del *diagrama d'afinitat*. Es procedeix de la següent forma:

> Es realitza un *brainstorming* (o pluja d'idees) entre un grup d'usuaris, en relació a tots els seus requeriments i desigs sobre el nou producte, encara que siguin expressats de forma vaga, incompleta i amb redundàncies.

> Per mitjà d'un expert en el mètode QFD, els requeriments i desigs dels usuaris són formulats de forma precisa i útil com a entrades al sistema.

Totes les demandes han de tenir un mateix nivell de detall; si la llista resulta massa llarga (cosa que esdevé amb freqüència), cal agrupar les demandes sota títols més generals fins que s'identifiquin un màxim d'entre 20 i 30 categories. Segons la percepció que l'usuari en té, aquestes demandes poden classificar-se en:

1. *Demandes bàsiques*
   Sovint no són formulades pels usuaris ja que es consideren òbvies; però si els productes no les compleixen, els usuaris manifesten insatisfacció

2. *Demandes unidimensionals*
   Amb la seva millora, augmenta proporcionalment la satisfacció dels usuaris

3. *Demandes estimulants*
   Aquestes característiques complauen l'usuari i diferencien un producte d'un altre. En cas de no donar-se, no produeixen insatisfacció en l'usuari

Amb el pas del temps, les *demandes estimulants* es converteixen en *unidimensionals* i, aquestes, en *bàsiques*.

Pas 2. *Anàlisi de la competència*

A continuació, cal plantejar al grup d'usuaris les tres preguntes següents sobre l'anàlisi de la competència en relació amb cada demanda:

a) Quina importància té per a vostè el seu compliment ?
b) En quin grau els productes de l'empresa la compleixen ?
c) En quin grau els productes de la competència la compleixen ?

Un cop obtingudes aquestes respostes (avaluades generalment de 1 a 5), les dades es compilen i els resultats s'introdueixen en la *casa de la qualitat*:

Columna A: Avaluació del compliment del producte de l'empresa

Columnes B i C: Avaluació del compliment dels productes de la competència

A partir de l'anàlisi de la competència, l'empresa estableix uns *objectius* a complir (columna D) en relació a les *demandes* dels usuaris, així com un *índex de millora* (columna E), que indica el grau de millora que l'empresa es proposa per a cada *demanda*. També es fa un especial èmfasi en les *demandes* que es consideren punts forts en la venda (avaluat pel *factor de venda*, columna F) i en la *importància* (columna G) avaluada pels usuaris

Columna D: *Objectius* (fixació del nivell desitjat, de 1 a 5)

Columna E: *Índex de millora* (E = D/A ≥1)

Columna F: *Factor de venda* (avaluació en nivells de 1/1,2/1,5)

Columna G: *Importància* (a partir de les respostes dels usuaris, de 1 a 5)

Finalment, s'estableix una *ponderació* (columna H), i una *ponderació percentual* (columna I) per a cada una de les *demandes* de l'usuari:

Columna H: *Ponderació* (H = E·F·G)

Columna I: *Ponderació percentual* (en % sobre el total de les demandes)

Pas 3. *La veu de l'enginyer*

El repte més important en la construcció de la *casa de la qualitat* és la traducció de les *demandes* subjectives dels usuaris en *característiques tècniques* objectives del producte, la qual cosa constitueix la *veu de l'enginyer*.

Per realitzar aquest pas, l'equip de disseny ha de crear una llista de *característiques tècniques* (mesurables, a l'abast de l'empresa) que puguin donar compliment a les *demandes*. Com a mínim, per a cada *demanda* s'ha d'identificar una *característica tècnica*. De forma anàloga a les *demandes* dels usuaris, el nombre màxim de característiques tècniques ha de situar-se entre 20 i 30.

Pas 4. *Correlacions*

El cos de la *casa de la qualitat* mostra les capacitats de cada *característica tècnica* per a satisfer l'usuari en cada una de les *demandes*. En aquest pas cal formular-se la següent pregunta:

Fins a quin punt es podrà predir que se satisfaran les *demandes* a partir de les *característiques tècniques* elegides ?

El resultat d'aquesta pregunta ha d'obtenir-se per consens de l'equip de disseny, i s'estableix en tres nivells: *fort*, *mitjà* i *dèbil* (simbolitzats per un cercle amb punt, un cercle i un triangle i, si no existeix relació, l'espai es deixa en blanc). Aquest treball d'avaluació estableix un llenguatge comú entre els membres de l'equip de disseny i fomenta les comunicacions entre els departaments durant tot el projecte.

Pas 5. Avaluació tècnica

Aquest pas es realitza després d'haver completat el quadre de correlacions del pas anterior i consisteix en l'avaluació de la incidència de cada una de las *característiques tècniques* en la satisfacció de les demandes de l'usuari.

Per dur-lo a terme, l'equip de disseny calcula la *incidència* de cada *característica tècnica* en base al sumatori de productes dels *factors de incidència, I_d*, funció de cada correlació (forta = 9; mitjana = 3; dèbil = 1; vegeu Figura 17.16), pel correponent valor de la *ponderació, S_{dt}*, (columna H de la Figura 17.16):

Incidència t = $\Sigma\ I_d \cdot S_{dt}$
Incidència percentual (en forma de % sobre el total de característiques tècniques)

Normalment, s'assenyalen unes poques *característiques tècniques* per a ser millorades, en funció del valor de la *importància* i de la posició en l'avaluació tècnica.

Pas 6. Compromisos tècnics

El sostre de la *casa de la qualitat* conté els diferents *compromisos* entre les *característiques tècniques* del producte, que l'empresa ha de sospesar i decidir per a situar-se el millor possible en el mercat. S'han establert quatre nivells de correlació amb els corresponents símbols: *molt negativa, negativa, positiva* i *molt positiva*.

Prèviament, els membres de l'equip de disseny han d'haver establert un disseny conceptual bàsic per mitjà de tècniques d'enginyeria concurrent. Poden donar-se diversos casos d'interacció entre característiques tècniques:

a) *Correlació positiva*
   En millorar una *característica tècnica*, també millora l'altra
b) *Correlació negativa*
   En millorar una *característica tècnica*, empitjora l'altra
c) *Sense correlació*
   Les variacions de dues *característiques tècniques* no tenen influència mútua

Implantació del QFD

La implantació del *desenvolupament de la funció de qualitat* no és una tasca simple i involucra una sèrie de factors com ara la cultura de l'empresa i la confiança amb la millora contínua. És una metodologia que exigeix una gestió participativa presidida per l'impuls i la confiança de la direcció general en l'equip humà. Cal informar a tot el personal dels objectius del QFD i convèncer-lo que el treball addicional de documentació i de recollida de dades que comporta és beneficiós.

En un altre ordre de coses, la implantació del *desenvolupament de la funció de qualitat* sol ser més simple si s'aplica inicialment a la millora d'un producte conegut. Més endavant s'estarà en condicions d'abordar el disseny de nous productes.

Entre els beneficis de la implantació del QFD hi ha:

- Defineix de forma molt consistent el producte
- Escurça els terminis de desenvolupament
- Acumula coneixement
- Requereix pocs canvis durant el desenvolupament
- Millora la relació entre departaments de l'empresa
- Elimina processos que no afegeixen valor
- Identifica processos que requereixen millores
- Genera una documentació molt més accessible
- Descobreix nínxols de mercat
- Facilita els canvis ràpids
- Augmenta la productivitat
- Elimina reclamacions dels usuaris

Cas 17.8
Definició d'un fogó de camping

Es planteja a un grup d'usuaris el següent escenari: "En una excursió de fi de setmana a un paratge no habitat, en què cal carregar amb tot l'equip a l'espatlla, es necessita un fogó per a coure el menjar en un lloc on no està permès fer foc. Què es requereix i què es desitja d'aquest fogó?"

Passos 1 i 2
Un cop recollida les respostes d'un grup d'usuaris i agrupada per mitjà del *diagrama d'afinitat*, s'obté la següent llista de *demandes*:

1. Que sigui molt compacte
2. Que sigui molt lleuger
3. Que s'encengui fàcilment
4. Que sigui molt estable (no bolqui)
5. Que funcioni silenciosament
6. Que escalfi ràpidament
7. Que no requereixi manteniment
8. Que pugui coure a foc lent
9. Que pugui estar encès durant molt de temps
10. Que el dipòsit es pugui recarregar
11. Que el gas combustible sigui fàcil d'obtenir

Atès que el grup d'usuaris no ha fet cap indicació sobre quines d'aquestes demandes són bàsiques, unidimensionals o estimulants, correspon a l'equip de disseny d'arriscar-se a fer-ho.

B = bàsic
O = unidimensional
E = estimulant

compromisos

⊙ molt positiva
○ positiva
× negativa
✶ molt negativa

veu de l'enginyer — característiques tècniques

veu de l'usuari — necessitats i desitjos usuari

correlacions

veu de l'usuari		volum	pes	temps d'encesa	nivell de soroll	temps mig per bullir	capacitat dipòsit	temps a flama màxima	aigua bullida/unitat gas	Nº recàrregues dipòsit	punts de recàrrega	temps a flama mínima	A pròpia empresa	B competència 1	C competència 2	D objetius	E índex de millora	F factor de venda	G importància	H ponderació	I ponderació en %
molt compacte	O	⊙					○						3	3	5	3	1,0		3	3,0	3,6
molt lleuger	E	○	⊙				⊙	⊙					3	3	4	4	1,3	●	5	9,8	11,7
encesa fàcil	O			⊙									5	2	3	5	1,0	●	4	6,0	7,2
molt estable	B		▽										3	5	3	3	1,0		3	3,0	3,6
funcionam. silenciós	O				⊙								4	1	4	4	1,0	•	4	4,8	5,7
que escalfi ràpid	O					⊙		⊙					3	5	3	3	1,0		4	4,0	4,8
sense manteniment	O		▽	▽									5	3	4	5	1,0		5	5,0	6,0
coure a foc lent	O											⊙	3	1	5	5	1,7	•	5	10,2	12,1
cremi molt temps	O	▽					○	○	○	⊙			2	4	3	4	2,0	●	5	15,0	17,9
dipòsit recarregable	B									⊙			1	5	5	5	5,0		4	20,0	23,8
gas fàcil de trobar	B										⊙		3	5	3	3	1,0		3	3,0	3,6
																				83,8	100

anàlisi de la competència

	volum	pes	temps d'encesa	nivell de soroll	temps mig per bullir	capacitat dipòsit	temps a flama màxima	aigua bullida/unitat gas	Nº recàrregues dipòsit	punts de recàrrega	temps a flama mínima	
propia empresa	3	3	5	3	3	3	5	3	3	5	3	
competencia 1	3	3	4	4	3	3	4	4	3	4	4	
competencia 2	5	2	3	5	5	2	3	5	2	3	5	
incidencia	71	96	59	43	81	133	178	135	180	27	92	1095
incidencia en %	6,5	8,8	5,4	3,9	7,4	12,1	16,2	12,3	16,4	2,5	8,4	100

avaluació tècnica

factor d'incidència
fort = 9 ⊙
mitjà = 3 ○
baix = 1 ▽

valors de referència	3,2 litres	0,3 kg	2 segons	50 decibelis	3 minuts	1,2 litres	5 hores per dipòsit	50 litres	3 recàrregues/dipòsit	existeix distribució	6 minuts

$E = D/A$

$H = E \cdot F \cdot G$

factor de venda
fort = 1,5 ●
possible = 1,2 •
cap = 1,0

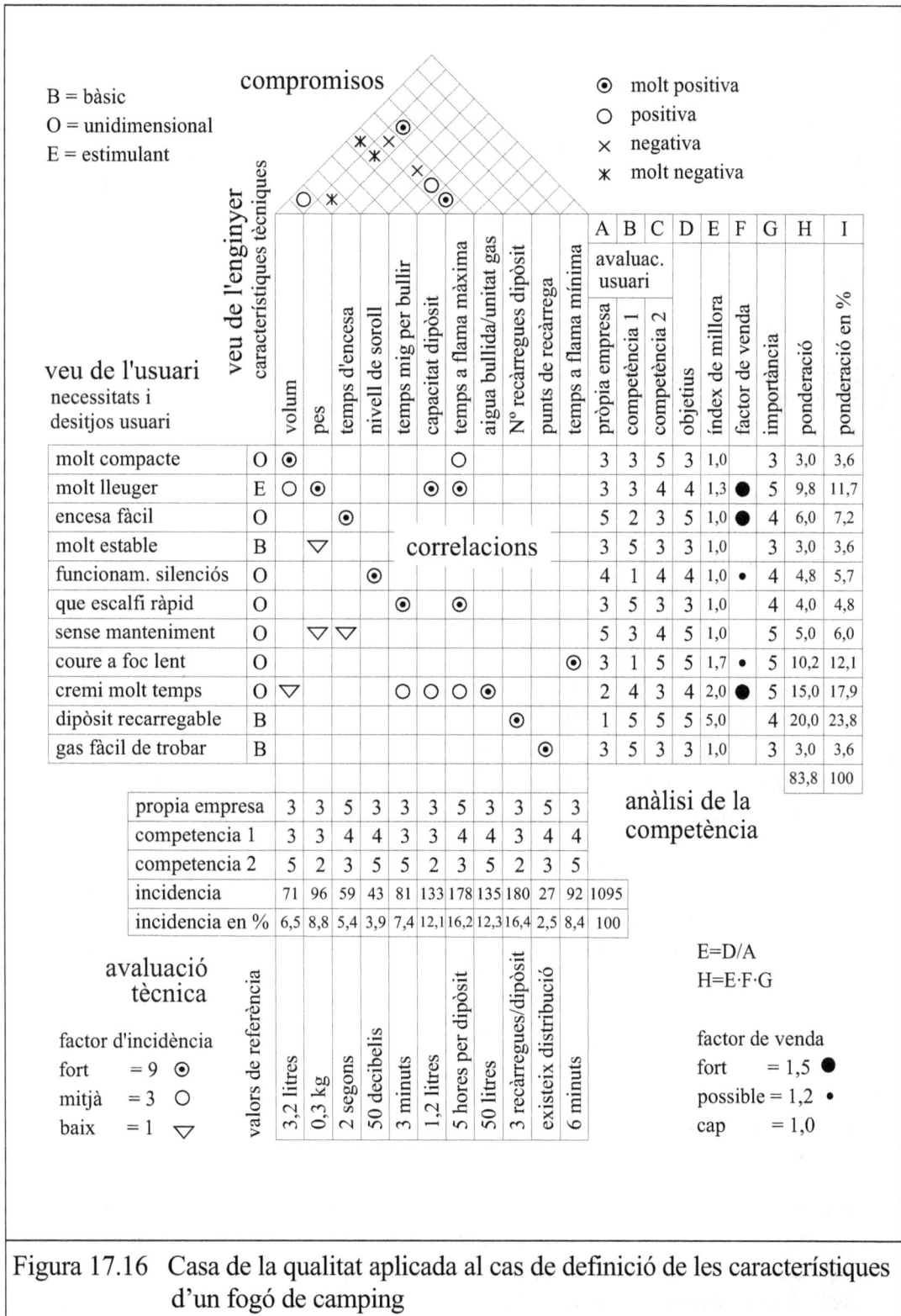

Figura 17.16 Casa de la qualitat aplicada al cas de definició de les característiques d'un fogó de camping

El resultat és:

Demandes bàsiques:	4, 10, 11
Demandes unidimensionals:	1, 3, 5, 6, 7, 8, 9
Demandes estimulants:	2

A continuació, es realitza l'anàlisi de la competència (columnes de la A fins a la I, Figura 17.16). El resultat indica que cal centrar els esforços en quatre punts que concentren el 65% de les millores potencials i que, en ordre d'importància són: *dipòsit recarregable, temps de funcionament, poder coure a foc lent* i *millorar la lleugeresa*.

Passos 3, 4 i 5

El grup de disseny crea la següent llista de *característiques tècniques* que constitueixen la veu de l'enginyer:

1.	Volum	m^3
2.	Pes	kg
3.	Temps d'encesa en aire quiet a 0°	s
4.	Nivell de soroll	dB
5.	Temps per bullir aigua a 20° C amb l'olla tapada, a nivell del mar	min
6.	Capacitat del dipòsit	m^3
7.	Temps de combustió a flama màxima	min
8.	Aigua bullida per unitat de gas	kg/m^3
9.	Nombre de recàrregues per dipòsit	(-)
10.	Nombre de punts de recàrrega en el món	(-)

En omplir la taula de correlacions, els enginyers es troben amb què no hi ha cap *característica tècnica* per mesurar *coure a foc lent*. Es fan consultes i, finalment, es decideix afegir una nova característica tècnica a les establertes en el pas 3:

12.   Màxim temps d'ebullició amb flama mínima

Hi ha encara uns altres dos punts dèbils en la matriu de correlacions: no existeixen característiques tècniques per a mesurar les demandes de *que sigui molt estable*, i *que no requereixi manteniment*. Havien passat desapercebudes però tampoc havien donat problemes posteriors.

Després es decideix avaluar la incidència de les característiques tècniques en la millora del producte de la que es desprèn que 6 d'elles tenen incidències significatives (81% del total) essent les dues mes destacades les següents: *nombre de recàrregues per dipòsit*, i *temps de combustió a flama màxima*.

Pas 6

El grup de disseny estableix els compromisos entre característiques tècniques d'on es desprèn, per exemple, que augmentant la *capacitat del dipòsit*, augmenta també el *temps de combustió a flama màxima* (correlació positiva), mentre que empitjora el *nivell de soroll* (correlació negativa).

Disseny d'experiments (DOE, *design of experiments*)

Introducció

Un dels objectius del disseny és aconseguir que determinats paràmetres o característiques relacionades amb la qualitat dels productes i dels processos siguin òptimes. En uns casos, es volen els valors més grans possibles (per exemple, el nombre de monedes processades per unitat de temps en una màquina universal de classificar monedes; Figura 15.10); en altres casos, es volen els valors més petits possibles (per exemple, limitar al mínim el moviment del grup flotant d'una rentadora-centrifugadora durant la centrifugació; Figura 15.6 i Exemple 17.2); i, en un tercer tipus de casos, es volen els valors més pròxims a una determinada referència (per exemple, la posició on l'elevador-bolcador d'una unitat de recollida d'escombraries retorna automàticament el contenidor després de buidar-lo; Figura 15.11).

Els valors que prenen aquestes característiques de qualitat depenen de diverses variables que poden ser quantitatives (longituds, velocitats, temperatures, tensions) o qualitatives (materials, disposicions, obert-tancat). El dissenyador controla algunes de les variables (dimensions de les peces, temperatura del procés, tensió elèctrica) mentre que, d'altres, depenen de la producció, l'entorn o la utilització (toleràncies de fabricació, temperatura ambient, accions de l'usuari, baixades de tensió).

En general, les relacions entre les característiques de qualitat dels productes i processos i els factors que les afecten són mal compreses ja que, o bé no responen a lleis conegudes de la ciència i de la tècnica (o són insuficients per explicar la complexitat de la realitat), o bé el coneixement que les empreses en tenen es basa en una experiència adquirida al llarg del temps de forma intuïtiva i poc metòdica.

Experimentar és canviar deliberadament les condicions de funcionament dels sistemes per millorar el coneixement dels productes i processos i, alhora, orientar les accions a prendre en el disseny i desenvolupament. L'objectiu bàsic del *disseny d'experiments*, basat en tècniques i metodologies estadístiques, consisteix en determinar el conjunt de proves a realitzar per obtenir el màxim coneixement útil sobre el sistema amb el mínim nombre (i, per tant, cost) d'experiments.

El *disseny d'experiments* té el seu precedent en els estudis de R. Fisher i les aplicacions a l'agronomia a partir dels anys 1930, però pràcticament no va transcendir al camp de l'enginyeria fins molt més tard (vers els anys 1970 al Japó i els anys 1980 a EUA i Europa) quan els treballs de G. Taguchi [Tag, 1986] van posar l'èmfasi en el concepte de *disseny robust*, poc sensible a les variacions.

Confluint amb l'estratègia de l'enginyeria concurrent, el *disseny d'experiments* parteix de la idea que el millor moment per posar les bases de la qualitat dels productes i processos és durant les seves etapes d'especificació i de concepció.

Estratègies d'experimentació

Experimentar consisteix en realitzar una sèrie de proves per tal de conèixer millor l'evolució de les característiques de qualitat d'un sistema.

Qualsevol estratègia d'experimentació ha de fer els següents passos: *a*) Comença amb una anàlisi del sistema per determinar les característiques de qualitat (o *respostes*) d'interès, les variables (o *factors*) que incideixen de forma significativa en cada una d'elles, així com el nombre de valors (o *nivells*) que convé que prenguin aquestes variables; *d*) Després, estableix el nombre d'experiments i les combinacions de nivells dels factors en cada un d'ells (*matriu de disseny*); *d*) Finalment, a partir de la interpretació dels resultats, estableix criteris i calcula valors dels factors per a obtenir una resposta òptima.

En determinades estratègies d'experimentació es decideix inicialment el conjunt de proves a realitzar (per la totalitat del pressupost) mentre que, en d'altres estratègies (anomenades seqüencials), es reserva una part de les proves per després de conèixer els resultats dels primers experiments. Aquesta segona estratègia sol proporcionar resultats més fiables o requereix un menor nombre d'experiments, però pot ser inviable quan les condicions de les proves són difícilment reproduïbles.

A continuació es descriuen breument algunes de les estratègies d'experimentació més conegudes:

Experimentar sense planificar

Probablement és la més utilitzada. Es basa en el coneixement previ que les empreses tenen dels sistemes i processos sobre els quals es vol experimentar i depèn de la perícia i de la intuïció de les persones que els duen a terme. Pot esdevenir molt llarga, de resultats incerts i antieconòmica.

Experimentar factor a factor

És un mètode seqüencial que es basa en aïllar l'efecte de cada un dels factors i consisteix en partir del valor més beneficiós del factor anterior abans de considerar la variació d'un nou factor. El gran avantatge d'aquest mètode és que requereix pocs experiments, però pot donar lloc a resultats erronis quan les interaccions (el fet que la resposta a les variacions d'un factor depengui del nivell d'un altre factor) són importants, ja que no les té en compte.

En l'Exemple 17.2, on es vol minimitzar la resposta, aquesta estratègia recorreria seqüencialment els quatre experiments 1, 2, 3 i 7; atès que en aquest cas les interaccions no són significatives, el resultat és correcte.

Disseny d'experiments factorial complet

És un disseny d'experiments que considera totes les possibles combinacions de nivells dels factors en l'experimentació. Té l'avantatge que permet analitzar no tan sols els efectes principals, sinó també les seves interaccions, però presenta el desavantatge de requerir un nombre d'experiments relativament elevat, sobretot quan el nombre de factors a considerar augmenta.

Els dissenys d'experiments factorials més freqüents són aquells en què la *resposta* depèn de *k factors* que prenen valors a tan sols dos *nivells* (indicats per +1 i –1; o, simplement, per + i –). El nombre d'experiments és, doncs, la potència 2^k.

S'estableix la matriu de disseny en base a alternar els nivells – i + del primer factor en la primera columna, 2 nivells – i 2 nivells + del segon factor en la segona columna, 4 nivells – i 4 nivells + del tercer factor en la tercera columna, i així successivament. La resposta òptima (la major, la menor, la més ajustada) entre les dels experiments realitzats constitueix una primera solució del problema.

Per mitjà de l'algorisme de Yates s'obtenen els efectes principals entre factors i les seves interaccions (vegeu un cas d'aplicació en l'exemple 17.2). A partir d'aquests efectes i dels factors quantitatius convenientment codificats, es pot establir un model polinomial sense termes quadràtics que pot permetre trobar òptims més enllà dels donats directament pels experiments. En aquest disseny d'experiments a dos nivells, convé separar-se poc del camp d'experimentació.

Disseny d'experiments factorial fraccional

El principal inconvenient d'un disseny factorial complet és que requereix un nombre elevat d'experiments que creix exponencialment amb els factors considerats i, alhora, proporciona una informació excessiva sobre les interaccions. Per exemple, un disseny amb 5 factors requereix 32 experiments i s'obtenen 5 efectes principals, 10 interaccions de 2 factors, 10 de tres factors, 5 de 4 factors i 1 dels 5 factors.

Atès que són molt rares les interaccions significatives de 3 o més factors, els *dissenys factorials fraccionals* permeten reduir el nombre d'experiments a costa d'eliminar informació sobre les interaccions superiors. En efecte, si s'elegeixen convenientment la meitat dels 32 experiments d'un disseny factorial complet de 5 variables (seguint una matriu de disseny de quatre factors amb una nova columna afegida per al cinquè factor amb els nivells que s'obtenen de multiplicar els signes de les quatre columnes anteriors), es poden obtenir els 5 efectes principals i les 10 interaccions de 2 factors (*disseny factorial fraccional 2^{5-1}*).

El procés de fraccionament (contracció dels experiments amb pèrdua d'informació sobre les interaccions) es pot dur a terme fins que només queden els efectes principals i, aleshores, s'anomenen *dissenys saturats* (3 variables en 4 experiments; 7 variables en 8 experiments; 15 variables en 16 experiments) i les seves matrius són les utilitzades per G. Taguchi en la seva metodologia de dissenys robusts.

Exemple: 17.2
Disseny d'experiments per al desequilibri d'una rentadora-centrifugadora

El desequilibri de la roba en una rentadora-centrifugadora és un fenomen intrínsec del mateix procés de centrifugació. Un dels aspectes més importants és la limitació del moviment del grup flotant en passar per la velocitat de ressonància, ja que amplituds excessivament grans poden originar cops amb les tapes exteriors i, fins i tot, salts i desplaçaments de la màquina.

Es proposa realitzar un disseny d'experiments factorial complet prenent com a *resposta* l'amplitud màxima de moviment (Y, mesurada en mil·límetres de pic a pic) i tres *factors* a dos nivells: X_S, suspensió formada pel conjunt molla-amortidor (tova, –, i forta, +); X_A, acceleració del moviment (baixa, –, i alta, +); i, X_M, massa del grup flotant (petita, –, i gran, +). Els resultats (imaginats però possibles) dels experiments són:

	Matriu de disseny			Resp.	Columnes auxiliars			Divisió	Efectes	Identific.
	X_S	X_A	X_M	Y	(1)	(2)	(3)			
1	–	–	–	38,1	79,9	138,0	247,6	/8	30,95	Mitjana
2	+	–	–	41,8	58,1	109,6	10,0	/4	2,50	X_S
3	–	+	–	27,9	65,8	6,0	-43,8	/4	-10,95	X_A
4	+	+	–	30,2	43,8	4,0	-2,2	/4	-0,55	$X_S X_A$
5	–	–	+	31,7	3,7	-21,8	-28,4	/4	-7,10	X_M
6	+	–	+	34,1	2,3	-22,0	-2,0	/4	-0,50	$X_S X_M$
7	–	+	+	21,1	2,4	-1,4	-0,2	/4	-0,05	$X_A X_M$
8	+	+	+	22,7	1,6	-0,8	0,6	/4	0,15	$X_S X_A X_M$

Atès que es vol minimitzar la resposta Y (com més petita l'amplitud del moviment, millor), la solució òptima correspon l'experiment 7: nivell baix del factor X_S (suspensió tova), i nivells alts dels factors X_A (acceleració alta del moviment) i X_M (massa gran del grup flotant).

Per obtenir un major coneixement dels efectes i les interaccions dels factors sobre la resposta es pot aplicar l'algorisme de Yates (vegeu-lo amb major extensió a [Pra, 1997]): 1) Darrera de la columna de respostes s'afegeixen tantes columnes auxiliars com factors. 2) La primera meitat dels termes de la primera columna auxiliar són les sumes de les respostes (1a+2a, 3a+4a, etc.) i la segona meitat en són les diferències (2a–1a, 4a–3a, etc.). 3) Les columnes auxiliars següents s'obtenen de la mateixa manera a partir dels valors de la columna anterior. 4) Es crea una columna d'efectes dividint el primer valor de la darrera columna auxiliar pel nombre de condicions experimentals i, els restants valors, per la meitat de condicions experimentals. 5) El primer valor de la columna d'efectes és la mitjana de les respostes mentre que els restants valors corresponen als efectes principals o a les interaccions (seguint els signes + en la matriu de disseny).

Els efectes depenen de la variabilitat dels experiments i són necessaris criteris i mètodes [Pra, 1997] per discernir a partir de quins valors són significatius. En l'exemple anterior resulten significatius els efectes dels factors X_A i X_M i caldria comprovar si ho és l'efecte del factor X_S, mentre que cap de les interaccions són significatives. Quan els nivells són quantificables, es pot establir un model matemàtic a partir de la mitjana i dels efectes significatius que permeti obtenir un òptim millor que el dels experiments.

El concepte de producte robust de G. Taguchi

Les metodologies de disseny d'experiments presentades en els apartats anteriors permeten analitzar els factors que afecten una determinada característica de qualitat i fixar els seus nivells que l'optimitzen. Tanmateix, moltes de les característiques de qualitat són afectades per factors que difícilment es poden controlar en les etapes de definició, concepció i disseny dels productes ja que corresponen a etapes posteriors com ara la fabricació o el seu ús.

Avui dia s'accepta de forma general que la variabilitat és la causa principal de la falta de qualitat dels productes i processos i que el millor moment per resoldre el problema és en les etapes de definició i concepció. Dit d'una altra manera, els productes i processos no tan sols han de respondre correctament a les condicions de laboratori, sinó també a les condicions normals de fabricació, d'operació i ambientals on es veuen sotmesos a diversos tipus de pertorbacions (o *sorolls*, per analogia al soroll de fons dels senyals).

En aquest sentit, G. Taguchi [Tag, 1986] va introduir el concepte de *producte robust*, o sigui, aquell que manté les característiques de qualitat en valors acceptables independentment de les pertorbacions, tant si aquestes es deuen a la fabricació (variabilitat dels processos), a causes externes (factors ambientals, d'utilització) o a causes internes (deteriorament o degradació), per la qual cosa planteja la separació dels factors que intervenen en la resposta d'un sistema en dos grups:

Factors de control
Són aquells que el dissenyador controla en el moment de la definició, concepció i disseny del producte (tipus de components adoptats, dimensions de les peces, velocitats dels accionaments, temperatura dels processos).

Factors de soroll
Són aquells que el dissenyador difícilment pot controlar i que depenen de causes extrínseques al disseny com ara la fabricació (toleràncies dimensionals, desequilibris en els rotors, dispersió en els components electrònics), l'entorn (temperatura ambiental, humitat, contaminació electromagnètica) o la utilització (forces aplicades per l'usuari, maniobres no previstes, temps de funcionament).

No sempre la *resposta* òptima de les característiques de qualitat d'un sistema per a una determinada combinació de *nivells* dels *factors de control* és la més convenient des del punt de vista de l'enginyeria. Quan s'hi fa intervenir la variabilitat originada pels *factors de soroll* poden aparèixer fenòmens que el disseny tradicional d'experiments no havia posat de manifest.

A continuació es reprèn l'Exemple 17.2 tot introduint-hi uns factors de soroll. Malgrat que no és el mètode d'anàlisi més habitual del fenomen de la variabilitat, aquest exemple té la virtut que en facilita la comprensió.

Exemple: 17.2 (continuació)
Disseny d'experiments per al desequilibri d'una rentadora-centrifugadora

A continuació, es consideren dos factors de soroll típics de les operacions de centrifugació de roba i que introdueixen variabilitat al procés: Z_H, humitat que absorbeix la roba per kg (baixa, –, i alta, +; per exemple, roba de fibra i roba de cotó); Z_C, nivell de càrrega de la rentadora (petita, –, i gran, +; per exemple, mitja càrrega i plena càrrega). Amb aquests dos factors de soroll es crea una matriu de disseny (4 alternatives) que se situa en la part superior de la taula i que, junt amb els valors obtinguts anteriorment (nominals), dona lloc a cincs respostes per a cada combinació de nivells dels factors de control:

	Factors de control			Z_H	nom.	–	–	+	+	Resultats	
	X_S	X_A	X_M	Z_C	nom.	–	+	–	+	mitjana	desvia. tipus
1	–	–	–		38,1	17,0	7,7	48,0	24,5	27,1	16,2
2	+	–	–		41,8	36,0	27,0	50,8	31,5	37,4	9,3
3	–	+	–		27,9	27,3	8,6	29,5	11,9	21,0	9,9
4	+	+	–		30,2	19,6	16,8	33,9	26,3	25,4	7,1
5	–	–	+		31,7	18,0	7,7	37,3	11,4	21,2	12,8
6	+	–	+		34,1	24,8	24,3	44,4	25,8	30,7	8,6
7	–	+	+		21,1	8,9	6,5	28,4	10,8	15,1	9,3
8	+	+	+		22,7	20,0	16,2	23,7	19,4	20,4	2,9

A partir de les dades de la taula es poden calcular els valors mitjans i les desviacions tipus dels resultats per a cada una de les combinacions de nivells dels factors de disseny (les dues darreres columnes de la taula).

Tot i que el valor mitjà més favorable continua essent el de l'experiment 7 (15,1 mm), la variabilitat dels resultats és molt elevada (desviació tipus de 9,3 mm).

Tanmateix, s'observa que l'experiment 8 dóna un resultat més interessant. En efecte, tot i que la mitjana dels resultats és molt més elevada (20,4 mm), la seva variabilitat és molt més baixa (desviació tipus de 2,9 mm) per la qual cosa la combinació de nivells d'aquest experiment dóna lloc a un comportament molt més robust del sistema. Aquest resultat també es pot confirmar observant que el desplaçament màxim pic-a-pic del tambor durant la centrifugació amb nivells dels paràmetres de control de l'experiment 8 és sensiblement més baix que amb els nivells de l'experiment 7.

D'aquests resultats se'n desprèn, doncs, que en una rentadora-centrifugadora ajustada als nivells dels factors de control de l'experiment 8, caldrà avortar la centrifugació molts menys cops que ajustada amb els nivells de l'experiment 7.

Visió de conjunt de les aportacions de G. Taguchi

Hi ha un reconeixement unànim que l'enginyer japonès Genichi Taguchi ha fet una de les aportacions més importants a l'enginyeria de qualitat de les darreres dècades, tot i que diversos dels aspectes estadístics i metodològics que va proposar han estat contestats i millorats per altres autors.

Per a fer efectiva la seva estratègia de concebre productes robusts des de les etapes de definició i disseny, G. Taguchi [Tag, 1986] divideix les activitats de la planificació i la millora de la qualitat *fora de línia* en els tres passos següents:

Disseny primari (o *del sistema*)
Consisteix en l'aplicació del coneixement científic i tècnic per a produir uns prototipus virtuals que defineixin les característiques de qualitat bàsiques del sistema i els seus valors inicials. Una eina de gran ajuda per a resoldre aquest primer pas és el *desenvolupament de la funció de qualitat* (QDF).

Disseny secundari (o *de paràmetres*)
És el pas més important del mètode i consisteix en trobar uns paràmetres de forma que el comportament del sistema sigui poc sensible (i a cost baix) a les variacions tant intrínseques (degudes al propi sistema) com extrínseques (degudes a l'entorn).

Disseny terciari (o *de toleràncies*)
Aquest pas té per objecte disminuir la variació de les característiques de qualitat reduint els camps de tolerància dels factors de control quan la variabilitat del disseny de paràmetres és encara excessiva.

Els dos darrers passos (*disseny de paràmetres* i *disseny de toleràncies*) constitueixen el nucli de les tècniques de *disseny d'experiments* proposades per G. Taguchi.

Primera prioritat d'actuació
Sempre que sigui possible, és recomanable d'abordar la concepció dels sistemes en base al *disseny de paràmetres* per, d'aquesta manera, aconseguir minimitzar intrínsecament les causes de la variabilitat i crear *productes robusts*. Després d'identificar els factors de control, els factors de soroll i els seus nivells d'experimentació, es construeixen dues matrius factorials fraccionals (una per als factors de control i una altra per als factors de soroll) i es realitzen els experiments per a cada una de les condicions de la matriu de soroll. Posteriorment s'analitza el significat dels seus efectes i, abans de donar-los per bons, Taguchi recomana de realitzar uns experiments de confirmació.

Segona prioritat d'actuació
Tan sols si la via del disseny de paràmetres no dóna uns resultats suficientment acceptables, cal recórrer al *disseny de toleràncies* i, a tal fi, G. Taguchi defineix unes funcions de *pèrdua de qualitat* que han de ser minimitzades.

Mètode AMFE

Definició

L'AMFE (*anàlisi dels modes de fallada i els seus efectes*; FMEA, *failure modes and effects analysis*, MIL-STD-16291) és una eina de predicció i prevenció, que, a través de l'estudi de la disponibilitat i seguretat dels productes, processos (i, fins i tot organitzacions), s'orienta a proposar millores.

Concretament, consisteix en una anàlisi qualitativa sistemàtica de les fallades potencials o reals d'un sistema, de les seves causes i conseqüències i permet posar en evidència els punts crítics per a definir accions correctores.

La seva aplicació més freqüents és a productes i processos (tant en la fase de disseny com després de la seva fabricació o implantació), però també pot abraçar altres aspectes dels productes i processos com ara els mitjans de producció o la seguretat i, fins i tot, pot aplicar-se a una organització. Resumint, poden donar-se els següents tipus d'AMFE:

denominacions	objectius desitjats
AMFE producte	Millorar la fiabilitat d'un producte a través de la seva concepció i disseny
AMFE procés	Millorar el procés de fabricació d'un producte
AMFE mitj. producció	Millorar la fiabilitat dels mitjans de fabricació del producte
AMFE seguretat	Garantir la seguretat de productes o processos que presentin riscs per a l'home
AMFE organització	Millorar la fiabilitat de l'organització d'una activitat o d'un servei

Per a la seva aplicació s'estableix un grup de treball pluridisciplinari, amb la presència, depenent de l'àmbit, de les diferents veus significatives: disseny, fabricació, qualitat, manteniment, usuaris).

L'AMFE va ser aplicat per primera vegada a la indústria aerospacial americana en la dècada de 1960 i, en temps més recents ha estat objecte d'aplicació en altres indústries, especialment en les d'automoció (algunes empreses exigeixen realitzar un AMFE abans de la recepció d'equips de fabricació). Aquesta és una eina de suport interessant en la perspectiva de l'enginyeria concurrent.

Passos a seguir

La realització d'un AMFE (i, en concret, d'un AMFE producte) requereix un procés en el qual s'han de planificar les següents activitats:

- Constitució del grup de treball
- Anàlisi preliminar
  - Definició del sistema o del producte
  - Descomposició funcional i estructural
  - Anàlisi de les condicions d'utilització
  - Límit i objectiu de l'estudi
- Anàlisi AMFE pròpiament dit
  - Anàlisi qualitatiu de les fallades
  - Avaluació de la criticitat
  - Cerca de solucions preventives o correctives
- Seguiment

Fase 1: *Anàlisi preliminar*

Ha de ser realitzat per un tècnic amb suficient coneixement de l'objecte analitzat (producte, procés) i del mètode AMFE. És una activitat molt important per a la posterior eficàcia del seu desenvolupament, i comprèn els apartats següents:

Definició del producte o sistema:

- Divisió del sistema en subsistemes (o mòduls)
- Descomposició funcional dels mòduls

Anàlisi de les condicions d'explotació:

- Modes d'operació
- Condicions d'ambient
- Condicions d'utilització
- Condiciones de manteniment

Límit i objectius de l'estudi

Fase 2: *Anàlisi qualitatiu de les fallades*

Té per finalitat identificar els mecanismes de fallada de manera exhaustiva i es procedeix a través dels següents passos:

Per a cada component del sistema en el mode d'operació considerat:
- Identificació dels modes de fallada

Per a cada mode de fallada:

- Cercar els efectes en el sistema (locals, finals). Cercar les possibles causes

Per a cada conjunt causa / mode de fallada:
- Llistat dels mitjans de prevenció posats en pràctica
- Llistat dels mitjans de detecció adoptats

Per a poder precisar més aquestes accions s'estableix la següent terminologia:

Funció	Acció d'un component en termes de finalitat
Fallada	Pèrdua o degradació de la funció
Mode de fallada	Forma d'apreciar la fallada
Causa de la fallada	Circumstància que origina la fallada
Efecte de la fallada	Conseqüència en els diferents nivells del sistema
Mecanisme de fallada	Processos pels quals es produeix la fallada
Mitjà de prevenció	Mitjà per evitar la causa (o el mode) de fallada
Mitjà de detecció	Mitjà per detectar la causa (o el mode) de fallada abans que es produeixi

En el quadre següent es classifiquen els *modes de fallada*, les *causes de fallada* i els *efectes de la fallada* (per a components mecànics):

Modes de fallada

classificació	exemples
pèrdua de la funció	ruptura, bloqueig, gripatge
degradació de la funció	joc, desalineació, desgast deformació, afluixament corrosió, fuga, incendi

Causes de fallades

classificació		exemples
causes internes al sistema	Disseny o projecte	elecció de principis de funcionament elecció de components dimensions, formes, materials
	Fabricació	estats superficials processos
causes externes al sistema	entorn	temperatura ambient, humitat, pol·lució vibracions, xocs
	mà d'obra explotació	muntatge, reglatge, control utilització i manteniment
	altres sistemes	fonts d'energia instal·lacions (aigua, gas, aire comprimit)

Efectes de les fallades

classificació	exemples
efectes locals sobre el component	sobre el seu funcionament sobre el seu estat
efectes locals sobre altres components o subsistemes	sobre el seu funcionament sobre el seu estat
efectes finals sobre l'equip, sistema global o sobre equips exterior al sistema	sobre la disponibilitat del sistema sobre la productivitat del sistema sobre el manteniment del sistema sobre la seguretat de l'usuari

Fase 3: *Avaluació de la criticitat*

El seu objectiu és donar un valor (índex) de criticitat, *C*, per a cada fallada avaluat a partir de tres criteris

F: Freqüència (o probabilitat) d'aparició de la fallada
N: Probabilitat de no detectar la fallada
G: Gravetat de l'efecte final de la fallada

segons l'expressió: $C = F \cdot N \cdot G$. Com més elevat sigui aquest valor, més crític és la fallada. En aquesta fase es procedeix a través dels següents passos:

- Escollir el nombre de nivells (3 a 10)
- Definir el significat de cada nivell (taula de fitació)
- Definir el límit d'acceptació (sols per a la criticitat)
- Revisar totes les combinacions de causes/modes/efectes i procedir a la fitació de *F*, *N* i *G*
- Calcular la criticitat en cada cas i jerarquitzar les fallades segons el seu valor

Exemple d'escala de fitació a 4 nivells amb unes possibles definicions

Fitació	freqüència *F*	no detectabilitat *N*	gravetat *G*
1	molt fiable (1 fallada a l'any)	detecció al 100 % (evident)	mínima (fallada no molesta)
2	fiable (1 fallada al trimestre)	detecció probable (no evident, però aparent)	significativa (molèstia moderada)
3	poc fiable (1 fallada al mes)	detecció improbable (delicada d'identificar)	crítica (molèstia important)
4	gens fiable (1 fallada a la setmana)	no detectable (no es pot descobrir)	catastròfica (gran dany)

Fase 4: *Cerca de mesures correctives o preventives*

El seu objectiu és disminuir aquells modes de fallada que sobrepassin un determinat llindar de l'índex de criticitat, *C*, a través de proposar i implantar mesures correctives o preventives. Es pot actuar sobre tots els factors de la criticitat, però se sol actuar sobre algun d'ells que sobresurti de forma destacada.

L'establiment del llindar és un aspecte important ja que, amb un llindar excessivament baix, s'estarien cercant solucions per aspectes poc crítics, mentre que amb un llindar excessivament elevat, no es tractarien alguns modes amb criticitat important. Tanmateix, aquest és un tema que pot decidir-se a la vista de l'anàlisi de les criticitats.

Mesures a prendre:
- Modificacions de concepte, fabricació i muntatge
- Posar en pràctica controls i assaigs
- Recomanacions sobre formes i limitacions d'ús
- Recomanacions sobre el manteniment

Exemples de mesures correctives i preventives

factor a disminuir	mesures a prendre
freqüència, *F*	millorar la fiabilitat en la concepció revisar els processos de fabricació i utillatges de muntatge condicions d'utilització, de detecció facilitar els sistemes de reglatge i posta a punt preveure mesures de manteniment preventiu
no detectabilitat, *N*	modificar el principi de solució facilitar la visió o l'accés a determinades parts incorporar sistemes de detecció, alarmes proposar mesures de manteniment predictiu
gravetat, *G*	modificar el principi de solució incorporar proteccions i resguards advertir dels perills proposar mesures de manteniment

Cas 17.9
Aplicació del mètode AMFE a un bolígraf

S'analitza un bolígraf retràctil recanviable amb una pestanya que forma part del mateix cos plàstic per a la subjecció en una butxaca.

Alguns dels seus elements amb els corresponents modes de fallada són:

- *Bola* d'acer per a l'escriptura, el gir de la qual distribueix la tinta en el paper
- Mecanisme *retràctil*, per a treure i retirar el conjunt bola-dipòsit de tinta del cos del bolígraf
- *Pestanya* de fixació, per a subjectar el bolígraf en una butxaca de la roba

Els principals modes de fallada, els seus efectes i causes, són els següents:

- La *bola* pot deformar-se (o trencar-se) a causa d'un defecte de fabricació o d'una caiguda fet que dóna lloc a una escriptura irregular inadmissible
- El mecanisme *retràctil* pot fallar ja sigui no retenint el conjunt bola-dipòsit en la seva posició sortida, ja sigui encallant-se i no permetent la seva retirada. Els efectes en ambdós casos són diferents: mentre que en el primer impedeix l'escriptura, en el segon propicia el perill de taques a la roba.
- La *pestanya* de subjecció pot fallar per deformació (fluència) i per ruptura. També aquí els efectes són diferents: en el primer cas, el bolígraf pot perdre's, mentre que en el segon cas, s'oblida, no està al seu lloc o propicia taques.

En la taula de suport a l'AMFE s'han valorat (col·lectivament, entre tots els participants) els diferents factors i criticitats i, a la vista dels resultats, es decideix actuar a partir d'un índex de criticitat de $C \geq 9$:

- *Bola* deformada o trencada durant la fabricació, 9. Probablement, la millor mesura és actuar sobre la inspecció del producte, ja que disminueix la falta de detectabilitat.
- El mecanisme *retràctil* no manté obert, 9: Les mesures poden dirigir-se a la fiabilitat, ja sigui a través de la fabricació (per exemple, treure rebaves, si és el cas), ja sigui a través del redisseny del mecanisme
- *Pestanya* trencada i perill de taques, 12. Sobre l'únic factor que es pot actuar és sobre la fiabilidad. Per exemple, se substitueix per una peça metàl·lica.

Taula per a l'anàlisi AMFE del bolígraf

| components | | fallades | | | mitjans | fitació | | | | accions |
design.	func	modes	efectes	causes	actuals	F	N	G	C	a prendre
bola		no gira	escriu	fabricació		1	3	3	9	
			malament	caiguda, ús		2	1	3	6	
retràctil		no obert	no escriu	fabr/disseny		3	1	3	9	
		no tancat	taques	disseny		1	1	4	4	
pestanya		se desprèn	es perd	deformada		1	2	3	6	
		no es subjecta	s'oblida	trencada		3	1	2	6	
			taques			3	1	4	12	

17.5 Disseny per a l'entorn (DFE)

Introducció

Cada dia augmenta el nombre de circumstàncies a l'entorn dels productes, màquines i sistemes que incideixen i condicionen el seu disseny des de nombrosos punts de vista, tendència que, probablement, no farà mes que incrementar-se. Ens estem referint entre altres a:

- La disponibilitat dels productes i sistemes
- La relació home-màquina
- La seguretat de les màquines
- L'estalvi energètic i els impactes ambientals
- La problemàtica de la fi de vida dels productes

La característica comuna de tots aquests temes és que la seva incidència va més enllà de l'empresa i els seus efectes recauen fonamentalment en els usuaris i en la col·lectivitat (vegeu *enginyeria concurrent orientada a l'entorn*; Secció 15.1) i el mercat no constitueix una eina adequada per a la seva regulació ja que la majoria d'ells repercuteixen en costos per a les empreses sense una contrapartida tangible en prestacions o arguments de venda per als productes.

És per això que els poders públics i les administracions estan sotmetent aquests temes a regulacions que, si ben constrenyen les llibertats de disseny, són necessàries per assegurar la qualitat de vida de la societat. Entre aquestes regulacions destaquen la directiva de la CE 93/1989 i les normes EN 292 i 293 (i derivades) par a la seguretat de màquines, les normes ISO 14000 relatives al sistema de gestió del medi ambient, i diverses directives per a sectors concrets (automoció, embalatge) que regulen aspectes de la fi de vida.

Sovint es produeixen contradiccions entre els diferents requeriments i necessitats de l'entorn i de l'empresa. Per exemple, certes estratègies de manteniment xoquen amb la reutilizació o el reciclatge; alguns requeriments ergonòmics poden ser contradictoris amb la seguretat; o determinats dispositius de protecció del medi ambient redueixen la competitivitat.

Tot això fa pensar que en els temps que venen es produirà un gran debat sobre l'enginyeria concurrent orientada a l'entorn i que en els futurs projectes s'hauran de prendre importants decisions relacionades amb aquests aspectes en iniciar el disseny dels productes.

En aquesta darrera Secció del text es tracta la incidència de diversos d'aquests temes en el disseny de productes, màquines i sistemes.

Disseny i disponibilitat

El concepte de *disponibilitat*, que transcendeix els conceptes de *fiabilitat* i de *mantenibilitat*, es defineix com l'aptitud d'un producte, màquina o sistema per a complir la seva funció, o estar en condicions de fer-ho, en un moment donat qualsevol.

Exemple: si un granger requereix 100 vegades el seu tractor i 98 funciona correctament, la disponibilitat haurà estat del 98% (també hauria pogut mesurar-se en temps: de 100 hores de treball requerides, 98 ha funcionat satisfactòriament).

La noció de disponibilitat articula els efectes de tres conceptes:

- *Fiabilitat*
  És l'aptitud d'un sistema per a funcionar correctament al llarg d'un temps determinat prefixat. Per a precisar el concepte de fiabilitat cal establir unes *condicions admissibles* de funcionament, por sota de les quals es considera que s'ha produït una fallada.

- *Mantenibilitat*
  És l'aptitud d'un sistema per a ser mantingut. I manteniment és el conjunt d'accions que permeten *mantenir* o *restablir* un producte o un sistema a una condició admissible per assegurar un determinat servei, tot això al cost global òptim al llarg del seu cicle de vida.

- *Logística de Manteniment*
  És el conjunt de mitjans materials (tallers, utillatges, recanvis, documentació, mitjans de transport) i personals (operaris especialitzats) necessaris per a, després d'haver-se produït una incidència, tornar a situar el producte, màquina o sistema en condicions d'utilització.

Exemple: Reprenent el cas del granger i el seu tractor, podria donar-se el cas que la màquina tingués una gran fiabilitat però que, arribat el cas d'una incidència (per exemple, un cop amb una roca), el temps de reparació fos extraordinàriament llarg o que durant dies calgués esperar l'arribada de determinada peça. Tot i la bona fiabilitat, els restants aspectes incidirien negativament en la disponibilitat.

A partir d'aquí es podrien definir amb més gran rigor com mesurar els conceptes de fiabilitat i mantenibilitat, precisar què és una fallada i, en definitiva, avançar en les disciplines sobre la fiabilitat, el manteniment i la logística. Tanmateix, aquest no és l'objectiu d'aquest apartat, sinó el de cridar l'atenció sobre el fet que en concebre i dissenyar un producte, una de les grans decisions que cal prendre (o, en tot cas, es pren implícitament) és sobre l'estratègia davant de la *disponibilitat*.

Estratègies sobre la disponibilitat

Hi ha dues estratègies límit en el disseny davant de la *disponibilitat*:

a) La disponibilitat del producte descansa enterament sobre la *fiabilitat* i s'anul·len la *mantenibilitat* (no se preveu el seu desmuntatge) i la *logística de manteniment* (xarxa de tallers especialitzats, manuals de manteniment, utillatges especials i recanvis). Són, doncs, productes *fiables*, però *no mantenibles*.

b) En l'altre extrem es troben les màquines o sistemes, generalment fabricats en petites sèries o, fins i tot en una sola unitat, en les que la combinació de diversos factors (costs elevats i vida prolongada; dificultats per a realitzar simulacions i assaigs per assegurar la *fiabilitat*; condicions de funcionament severes que comporten desgasts, corrosions, o altres deterioraments inevitables) fa recomanable fer descansar la *disponibilitat* en el *manteniment* i la seva *logística* (dispositius de detecció de fallades, facilitat d'inspecció i reparació, equips de manteniment especialitzats).

Altres productes i màquines han estat dissenyats per a respondre, respecte a la *disponibilitat*, a situacions intermèdies entre las dues descrites anteriorment. La decisió sobre quina *disponibilitat* ha de tenir un producte i com aconseguir-la constitueix una de les principals decisions i tasques del disseny.

Un-sol-ús, usar-i-llançar

Ja s'ha comentat anteriorment la proliferació de productes d'*un-sol-ús* o d'*usar-i-llançar*. Aquesta estratègia s'aplica a productes de consum per raons de comoditat o d'higiene (embalatges; tovalloles, tovalles, mocadors de paper; material clínic). Aquesta estratègia dóna lloc a importants repercussions en consums d'energia i en el reciclatge de materials.

Usar-fins-a-fallar

Molts dels petits electrodomèstics s'han inclinat per una estratègia similar a la d'*usar-i-llançar* i que denominem d'*usar-fins-a-fallar*. Es basa en una *fiabilitat* molt ben estudiada (es pondera curosament el preu i el temps d'utilització previst) i una elevada qualitat de fabricació (per evitar retorns) i l'eliminació total de *manteniment* i la seva *logística* associada.

Aquesta estratègia dóna lloc a un important abaratiment de costos i, si s'ha previst un temps de vida raonable, les seves repercussions ambientals no són superiors a altres alternatives (vegeu el Cas 17.10)

Manteniment per substitució de mòduls

Aquesta estratègia es dóna en productes fabricats en sèrie però de més gran complexitat que els casos anteriors (automòbils, grans electrodomèstics, equips industrials estàndard). Consisteix en basar una part important de la *disponibilitat* en la *fiabilitat*, però admetre el *manteniment* en la substitució de mòduls. Amb això s'aconsegueix una simplificació de la política de recanvis i uns requeriments professionals més baixos per als operaris que realitzen el manteniment.

Té repercussions negatives en la fi de vida ja que simples fallades en elements concrets indueixen el refús de mòduls sencers de notable complexitat i cost.

Sistemes basats en components

En el cas de màquines, sistemes o instal·lacions de gran complexitat, on no sol ser possible (o han de ser limitades) la realització de simulacions i assaigs, hi ha una tendència a fer descansar part de la *disponibilitat* en components de mercat que, en general, tenen una *fiabilitat* provada, i la mateixa estructura del sistema per composició de components facilita la seva *mantenibilitat* i, el mateix mercat, assegura la *logística de manteniment*, de manera que compensen la falta de disponibilitat que es podria derivar de la complexitat del conjunt del sistema.

Exemple: Moltes màquines o sistemes de processos específics cauen dintre d'aquesta categoria. Entre elles hi hauria l'exemple del sistema de classificació de caixes (Exemple 16.2 de la Secció 16.4)

Exemple 17.3

Nova estratègia sobre disponibilitat en robots industrials

Els robots industrials són màquines de procés que, més enllà de les seves prestacions, se'ls exigeix una disponibilidad molt elevada per evitar repercussions negatives en la producció.

Fa uns anys, un dels principals fabricants de robots industrials va canviar radicalment la seva estratègia respecte a la disponibilitat de les seves màquines: *a*) Per un costat, va reforçar la fiabilitat del producte i els seus components; *b*) Per altra part, va redissenyar les seves màquines sobre la base de un concepte modular i va procurar que qualsevol mòdul del robot pogués ser substituït en menys d'una hora; *c*) I, finalment, va decidir eliminar les reparacions de mòduls, i concentrar la resolució d'aquestes incidències (sempre per substitució) en la seu central.

Els arguments de l'empresa per a fer aquests canvis van ser: 1) El robot i els seus mòduls tenen una alta fiabilitat i, per tant, són d'esperar molt poques incidències; 2) En aparèixer una incidència, la gran mantenibilitat per substitució redunda molt favorablement en la disponibilitat; 3) Finalment, a causa del baix nombre d'incidències (per exemple, la fallada d'un accionament, de cost molt elevat), i davant de la dificultat de dur a terme una reparació amb garanties (part de la vida consumida, ajust de paràmetres, reductors amb joc zero), és més econòmica la seva simple substitució.

Cas 17.10
Evolució de las batedores en relació amb la disponibilitat

Batedora de vas

Les primeres batedores dels anys 1950 i 1960 tenien el motor a la base i damunt s'hi col·locava un vas dins del qual s'hi movia l'agitador (Figura 17.17*a*). Ja s'endevina no tan sols la dificultat d'operació d'aquest aparell (desmuntar el vas amb el producte batut dins a la vegada que es desconnecta l'eix que, a la seva vegada, travessa el fons del vas), sinó a més el perill de filtracions de líquids cap a la part del motor que podria originar fallades. Tampoc la neteja era fàcil.

La disponibilitat d'aquest aparell, el preu del qual era relativament elevat comparat amb els d'avui dia, es confiava més que en la fiabilitat en la mantenibilitat (o sigui, en la possibilitat de ser reparat, en l'existència de recanvis i en una xarxa de tallers capaços de realitzar la reparació).

Batedora de mà mantenible

Cap als anys setanta es van comercializar les batedores de mà en les que el concepte havia canviat totalment. S'havia convertit en un aparell per a ser manipulat a mà introduint-lo per dalt dins d'un vas qualsevol. El motor es troba en la part superior de l'aparell, fora del vas, i un llarg eix transmet el moviment fins el rotor a l'altre extrem (Figura 17.17*b*).

Aquest aparell, de preu encara relativament elevat comparat amb els d'avui dia, està previst per a ser desmuntat en cas de reparació. En relació amb la disponibilitat, la diferència amb l'aparell anterior és que les probabilitats de filtració de líquids durant el funcionament són molt menors, ja que la gravetat tendeix a apartar els líquids del motor. Tanmateix, durant el rentat és fàcil que es filtri aigua. L'estructura de la disponibilitat és semblant al cas anterior a on millora una mica la fiabilitat.

Batedora integral no desmuntable

Aquest tercer tipus de batedora (Figura 17.17*c*), encara que semblant a l'anterior, canvia radicalment el concepte pel que es refereix a la disponibilitat. En aquest cas la batedora és integral, o sigui que després del seu muntatge s'ha tancat de manera que no es pot desmuntar i, per tant, no és mantenible. Respecte a la versió anterior, s'hi donen vàries circumstàncies que són importants: *a*) Ha augmentat la fiabilitat intrínseca (a través del disseny) i l'extrínseca (una dificultat molt superior de filtracions d'aigua, tot i que ha de situar-se sota l'aixeta per rentar-lo); *b*) Al no ser mantenible, a més de facilitar el muntatge, s'eliminen totes les activitats relacionades amb el manteniment i la reparació (manuals de reparació, utillatges específics, recanvis, xarxa de tallers de reparació) el que permet una important disminució dels costos i, per tant, del preu.

Aquí la *disponibilitat* es confia enterament en la *fiabilitat*.

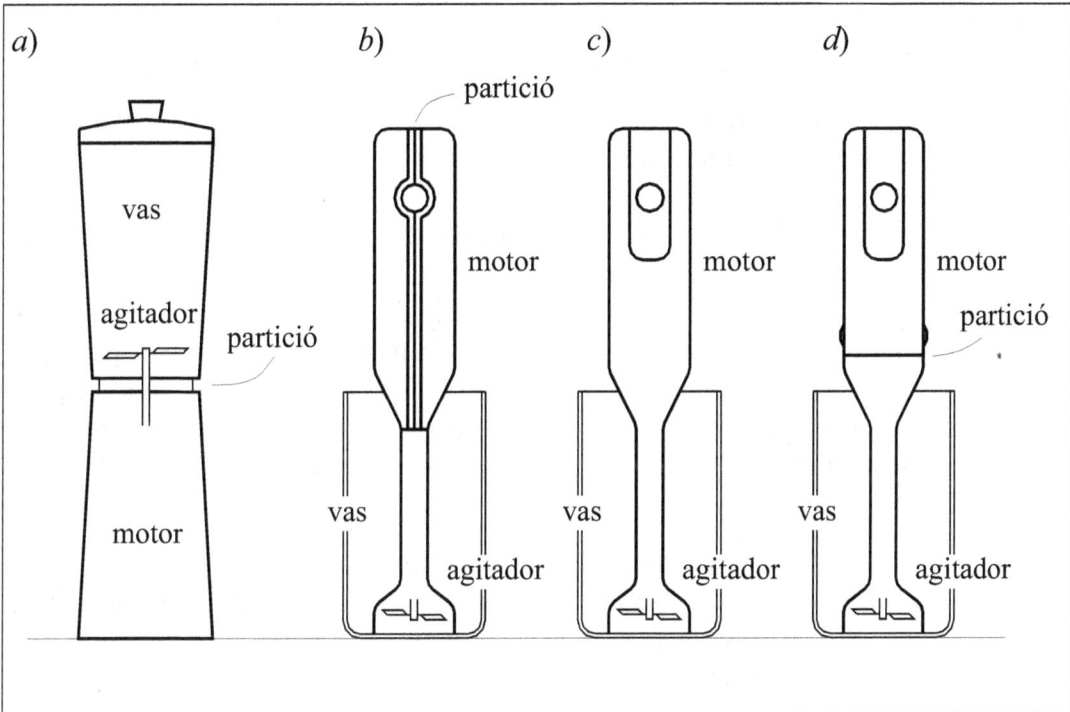

Figura 17.17 Evolució de les batedores i la seva relació amb les estratègies de manteniment: *a*) Batedora de vas; *b*) Batedora de mà, mantenible (es pot desmuntar); *c*) Batedora de mà integral, no mantenible (no desmuntable); *d*) Batedora de mà integral amb agitador separable, no mantenible (no desmuntable).

Batedora integral amb agitador desmuntable

Aquesta és una nova versió de batedora que ha aparegut als últims anys (Figura 17.17*d*). Es caracteritza per ser una batedora de mà integral (no pot desmuntar-se per a accedir a la maquinària) però té un dispositiu que permet separar l'agitador, o sigui la part que entra dins el vas i que, per tant, s'embruta de producte. La part de l'agitador està construïda de manera que no té cap problema en ser rentada, fins i tot dins d'un rentaplats, mentre que la part on hi ha el motor (també protegida, fins i tot amb els botons de comandament i per a activar la separació fets d'un material de elastòmer que es deforma) no té perquè rentar-se sota l'aixeta. En no ser mantenible, estalvia tots els costos relacionats amb el manteniment i la seva logística, el que representa una eliminació de costos i una disminució del preu, encara que major que en el cas anterior.

La disponibilitat s'obté íntegrament mitjançant la fiabilitat, però en aquest cas encara s'assegura més ja que s'evita el contacte de la part del motor amb l'aigua durant el rentat.

Cas 17.11
La mantenibilitat en el projecte d'un mòdul d'andana de geometria variable

El projecte d'un mòdul d'andana de geometria variable desenvolupat conjuntament entre la Universitat Politècnica de Catalunya i Ferrocarrils de la Generalitat de Catalunya S.A., té per funció principal adaptar l'andana i un ferrocarril metropolità (andana a nivell de la plataforma) en estacions en corba per tal d'evitar la caiguda de passatgers (de greus conseqüències) en els espais que queden entre la forma necessàriament poligonal del ferrocarril i la forma necessàriament corba de l'andana. A tal efecte s'hi disposen el nombre de mòduls necessaris en paral·lel, amb la part extensible alineada amb la vora de l'andana. Després d'aturat el tren, els mòduls es despleguen fins a fer contacte amb els vehicles i llavors retrocedeixen una petita distància per tal de deixar obrir les portes enfora. Abans de sortir el tren, els mòduls es repleguen un altre cop.

El disseny del mòdul va estar presidit per dues preocupacions principals: la *seguretat* i la *disponibilitat*, ja que no pot permetre's que els elements auxiliars d'una explotació de ferrocarril, com és l'andana de geometria variable, provoquin una aturada i, molt menys, un accident a la línia.

La disponibilitat és funció de la *fiabilitat*, de la *mantenibilitat* i de la *logística de manteniment*. La primera es va assegurar per mitjà d'assaigs de durabilitat en un banc de proves construït a tal efecte (vegeu la Figura 15.8), i la companyia havia d'assumir la logística de manteniment. S'havia de resoldre, doncs, la mantenibilitat.

El mòdul d'andana es va concebre per a, en cas d'avaria, ser retirat ràpidament de l'andana i ser substituït per un altre en la mateixa operació. Per això, es va disposar un element de suport fix a l'andana amb capacitat de regulació (alçada i posició) a la primera instal·lació. El mòdul llisca per aquest element de suport, de manera semblant a un calaix, es trava amb uns forats a la part anterior i es fixa amb 2 cargols a la posterior. Les preses pneumàtica i elèctrica del mòdul són de connexió ràpida.

Ja al taller, el mòdul també fou concebut per a un manteniment fàcil. Trets els 10 cargols laterals que fixen la tapa superior amb la base del mòdul, la resta dels grups se separa sense necessitat d'eines, simplement per desacoblament: primer el terra extensible, després el suport del terra extensible (entre aquest grup i el següent hi ha un connector ràpid) i finalment, la caixa de mecanismes (vegeu la Figura 17.18).

Al seu torn, cada un d'aquests grups té una gran accessibilitat i la reparació de qualssevol dels seus components no comporta dificultats excessives.

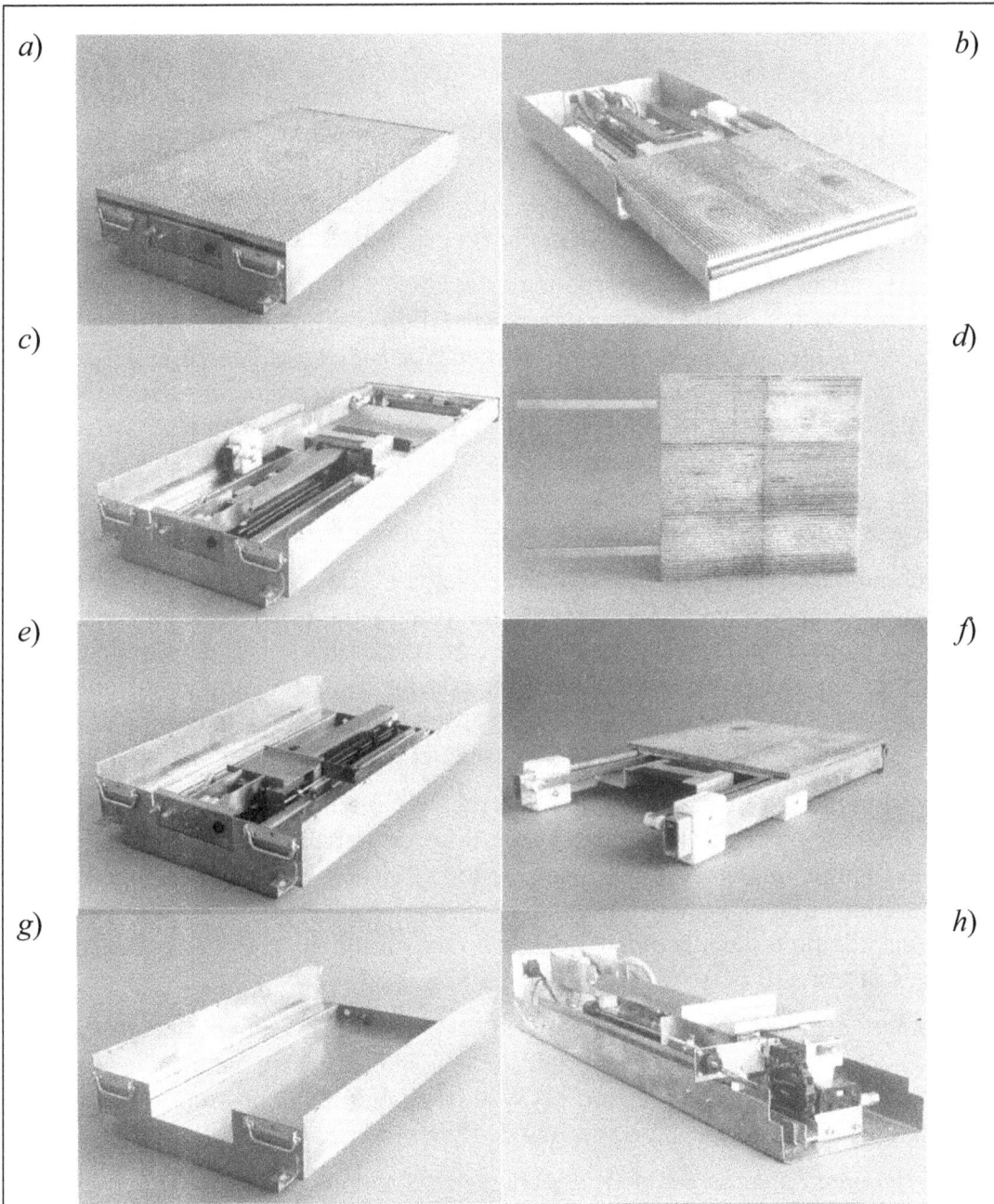

Figura 17.18 Mòdul d'andana de geometria variable. Seqüència de desmuntatge: *a*) Mòdul complet (vista posterior); *b*) Mòdul sense tapa (vista anterior, desplegat); *c*) Sense tapa ni terra extensible; *d*) Terra extensible; *e*) Sense suport de terra extensible; *f*) Suport i terra extensible amb terra; *g*) Caixa del mòdul; *h*) Caixa de mecanismes

Disseny i ergonomia

El concepte modern d'*ergonomia*, que etimològicament procedeix dels mots grecs *ergon* (treball) i *nomos* (llei o norma), es deu a K.F. Murrell i va ser adoptat per l'associació anglesa Ergonomics Research Society, el 1949, amb l'objectiu d'*adaptar el treball a l'home* [Mon, 2001-1]. Els americans solen fer ús del terme *factor humà* que, amb certs matisos, té la mateixa significació.

Entre les moltes definicions d'ergonomia se citen les dues següents: la primera, donada per Wisner el 1973, és més pròxima a l'objectiu d'aquest text (*conjunt de coneixements científics relatius a l'home necessaris per a concebre eines, màquines i dispositius que puguin ser utilitzats amb la màxima eficàcia, seguretat i confort*), mentre que la segona, adoptada per la International Ergonomics Association, té un caràcter més general (*integració de coneixements derivats de les ciències humanes per estudiar de forma conjunta treballs, sistemes, productes i condicions ambientals vinculades a habilitats mentals, físiques i limitacions de les persones*).

L'ergonomia és, doncs, una disciplina que inclou els dos aspectes següents: *a*) *Estudi* pluridisciplinari (enginyeria, medecina, psicologia, estadística, economia) de la relació entre les persones i el seu entorn, especialment de les seves limitacions i condicionants; *b*) *Intervenció* en la realitat exterior, tant la natural com l'artificial, per millorar la relació de les persones amb el seu entorn (tant amb els objectes com en les formes d'actuació) en vistes a l'eficàcia, el confort, la salut i la seguretat.

Els primers estudis i aplicacions de l'ergonomia s'orientaven al món laboral i posaven l'èmfasi en la millora i disseny de llocs de treball (aplicació que avui dia continua tenint una gran importància [Mon, 2001-2]), però cada vegada més l'ergonomia ha anat prenent un caràcter general i avui dia s'aplica a una gran diversitat d'àmbits de l'activitat humana (utensilis d'ús quotidià, conducció de vehicles, sistemes d'oci).

En un altre ordre de coses, es pot parlar d'*ergonomia preventiva* (o planificada en el moment de la concepció de productes, màquines i sistemes) i l'*ergonomia correctiva* (que intervé després que els sistemes hagin estat construïts). La primera és la interessa més des de la perspectiva de l'enginyeria concurrent.

En l'*ergonomia aplicada* es poden enunciar els següents principis: *a*) *Supremacia de la persona*. En qualsevol producte, procés o sistema cal mantenir la supremacia de la persona que l'utilitza, el manipula i se'n beneficia en totes les etapes del cicle de vida; *b*) *Capacitat limitada de modificació de la persona*. Cal reconèixer la limitació per modificar els aspectes psíquics i físics de les persones, més enllà de l'entrenament; *c*) *Evitar danys a les persones*. Els productes, màquines i processos mai han de causar danys a les persones ni físics ni mentals, ni accidents ni malalties o defectes que s'adquireixen amb el temps.

El marc de la intervenció ergonòmica

Qualsevol activitat humana es realitza en un marc determinat per les possibilitats i limitacions de les persones (càrrega física i càrrega mental) i els condicionants imposats pels factors d'entorn

Càrrega física.
Incidència d'una activitat en determinats sistemes físics de les persones (especialment els sistemes muscle-esquelet, respiratori i cardiovascular) on tenen una especial importància l'aixecament i manipulació de càrregues i la despesa energètica.
S'han desenvolupat diversos mètodes per avaluar i valorar certs aspectes de la càrrega física de llocs de treball en línies de producció, entre els quals els més coneguts són: mètode NIOSH (National Institute of Safety and Helath, USA) per a l'avaluació de l'aixecament de càrregues; mètode OWAS aplicable a llocs de treball on el treballador adopti posicions de treball extremes o fixes; i el mètode RULA (alemany), especialment adequat per a l'avaluació de moviments repetitius.

Càrrega mental
Incidència en les capacitats mentals d'una persona de la quantitat d'informació que ha de tractar, el temps de què disposa i la importància de les decisions que ha de prendre, afectades per altres factors més subjectius com l'autonomia, la motivació, la frustració o la inseguretat.
El desajustos entre les capacitats de les persones i la càrrega mental condueixen a trastorns, tant si es tracta de sobrecàrrega mental quantitativa (massa per fer), qualitativa (massa difícil) o d'infracàrrega mental (treballs per sota de la qualificació professional). En altres casos, es pot incidir en el disseny de les màquines i sistemes per disminuir la càrrega mental.

Factors ambientals
Les condicions ambientals incideixen en la intervenció ergonòmica, ja sigui a través de les capacitats de les persones per suportar la càrrega física o mental, ja sigui a través d'influir en les interaccions de persona-màquina:
Il·luminació. És un dels factors ambientals que tenen més importància ja que d'ell en depèn una bona i correcta comunicació visual. La il·luminació té una especial incidència en els nous sistemes basats en la informàtica, sobretot aquells que impliquen estar-se llargues hores davant de pantalles d'ordinador.
Soroll. La limitació del soroll ambiental és un dels factors importants en aquelles activitats que comportin la comunicació a través de la veu o de senyals sonors. En tot cas, un excessiu nivell sonor incideix negativament en la càrrega mental.
Temperatura. El confort o l'estrès tèrmic són aspectes determinants per a l'ús eficaç dels objectes i les màquines. En especial cal tenir cura de temperar els objectes que hagin de ser manipulats durant llargues estones (per exemple, el volant d'un automòbil).

Ergonomia en el disseny

Els productes, màquines i sistemes són concebuts per satisfer les necessitats de les persones i no a l'inrevés i, per tant, els principis ergonòmics són un dels principals aspectes que cal tenir presents en el disseny.

No tots els productes i màquines tenen els mateixos tipus de requeriments en funció dels usos previstos. Per exemple, no és el mateix el disseny d'una bicicleta on són prioritaris aspectes relacionats amb la càrrega física (dimensions, aplicació dels esforços, despesa energètica), el disseny d'un ordinador, on és prioritària la càrrega mental (facilitar la comunicació, eliminar operacions mentals innecessàries), o el disseny de determinats comandaments de l'automòbil on cal assegurar respostes precises i ràpides.

Es destaquen les següents aspectes de la intervenció ergonòmica en el disseny:

Diversitat i antropometria

Algunes intervencions ergonòmiques es destinen a una persona concreta (aparells ortopèdics, vestits fets a mesura), però la majoria dels productes, màquines i sistemes es preveuen per a ser utilitzats per amplis col·lectius de població en un mercat cada cop més globalitzat.

L'*antropometria* estudia les mesures de les persones (dimensions del cos humà, moviments i forces, masses i volums) valors que són diferents d'unes persones a d'altres i on incideixen aspectes com ara la procedència, l'edat o el sexe. Cal aplicar amb prudència les bases de dades antropomètriques disponibles ja que, per exemple, els valors d'una població nòrdica poden ser una mala referència per a les persones de països llatins.

Per a resoldre el problema de la diversitat antropomètrica en el disseny, cada dia és més freqüent l'estratègia de l'adaptabilitat, ja sigui a través de la regulació física de posicions i dimensions (seients i volant, en l'automòbil) o de la personalització (configuració de funcions i presentacions, en els sistemes informàtics).

Interacció persona-màquina

També té una gran incidència en el plantejament de la intervenció ergonòmica la consideració global sobre el subministrament de l'energia i el control de les màquines o sistemes, per a la qual es poden donar les següents situacions:

Interacció manual. La persona usuària aporta l'energia per al funcio-nament del sistema i la informació per al control del sistema va indissolublement lligada a l'energia de l'actuació. Per exemple, unes alicates o un pany.

Interacció mecànica. La persona usuària aporta una quantitat limitada d'energia i la màquina l'amplifica per mitjà d'una font exterior. L'activitat principal de la persona se centra en la recepció i emissió d'informació per al govern del sistema. Per exemple, un torn manual o un automòbil.

Interacció automàtica. Sistemes autoregulats en què la intervenció de la persona es dóna fonamentalment en la programació i el manteniment. Per exem-ple, una màquina eina de control numèric o una porta d'obertura automàtica.

Per determinar quin tipus d'interacció és la més adequada en cada cas (manual, mecànica o automàtica) és bo de caracteritzar els punts forts i febles de les persones i de les màquines: les persones són superiors en la detecció d'estímuls febles (per exemple, estímuls sonors amb un elevat nivell de soroll), reconèixer patrons complexos o situacions inesperades, una gran flexibilitat d'actuació i decidir sobre solucions alternatives. Les màquines poden rebre estímuls més enllà del camp de percepció humana, i són millors en emmagatzemar molta informació codificada, donar una resposta ràpida de forma automàtica, exercir grans forces i traçar moviments ben guiats, executar operacions repetitives durant molt de temps sense acusar fatiga, realitzar accions simultànies i actuar en ambients hostils a la persona.

Comunicació i comandament

Emetre i rebre informació i donar ordres de comandament formen part de les activitats més rellevants de la relació de les persones amb l'entorn, les quals es realitzen fonamentalment a través de la vista, l'oïda i el tacte (en algun cas es recorre a altres sentits com, per exemple, l'olfacte per facilitar la detecció de fugues de gas natural amb l'addició de substàncies d'olor repulsiva).

Sistemes i dispositius visuals. Una de les formes més completes i fiables de comunicació entre les persones és a través del llenguatge escrit. Altres dispositius d'informació visual són els indicadors, els dials i quadrants, els símbols, i les pantalles. L'eficàcia dels dispositius visuals no depèn tan sols del receptor sinó també de diverses condicions externes (il·luminació, distància, reflexos, objectes interposats). Els missatges visuals poden ser extensos i romandre en el temps, però la seva capacitat per a cridar l'atenció és baixa i requereixen una posició adequada del receptor per la qual cosa no són adequats quan impliquin una resposta immediata.

Sistemes i dispositius sonors. La major part de les comunicacions directes entre persones es realitzen per mitjà de la veu. Altres dispositius d'informació sonors són els altaveus, els timbres, les alarmes i les sirenes. No necessiten d'una posició determinada del receptor i, en general, criden més l'atenció, però requereixen un ambient sonor adequat i no són permanents.

Sistemes i dispositius tàctils. La percepció tàctil s'utilitza per a reconeixements en situacions de baixa lluminositat o per a invidents. En canvi, els dispositius tàctils constitueixen la major part dels comandaments de màquines i sistemes (botons, polsadors, tecles, interruptors i selectors rotatius, volants i manubris, palanques, pedals, ratolí).

El disseny dels dispositius de comunicació i comandament són una de les tasques fonamentals de la intervenció ergonòmica. Cal assegurar una correcta percepció dels missatges, evitar confusions o males interpretacions en els continguts (es pot duplicar la informació a través de dos sistemes diferents; per exemple, alarma sonora i missatge visual per pantalla), aconseguir una bona accessibilitat dels comandaments i procurar que no produeixi cansament o estrès en les persones.

Eines de simulació ergonòmica

Una adequada resposta del disseny a les relacions entre persones i màquines té la seva base en els conceptes i mètodes ergonòmics descrits en els apartats anteriors. Tanmateix, com en altres camps de les tècniques aplicades, cada dia són més importants les eines de càlcul i simulació.

Avui dia existeixen nombrosos programes informàtics que, en base a extenses utilitats de modelatge humà i la creació d'escenaris en sistemes de CAD convencionals, permeten modelitzar relacions ergonòmiques que responguin a una gran diversitat de criteris (antropomètrics, biomecànics, i psiquicofísics), els quals constitueixen veritables eines de simulació ergonòmica.

Per un costat, aquestes eines permeten simular el funcionament ergonòmic d'un sistema o la mesura de certs paràmetres que d'altra manera comportarien uns costos i uns temps molt importants i, per altre costat, permeten detectar certs errors o dificultats que poden ser corregits en l'etapa de disseny abans de la realització dels productes, màquines o sistemes.

La intervenció de persones amb una bona formació ergonòmica és la garantia per evitar errors en la interpretació dels resultats de la simulació i, com en altres simulacions, és recomanable realitzar proves ergonòmiques en condicions reals per confirmar el comportament previst.

Les diferents eines de simulació ergonòmica avaluen, entre altres aspectes:

Postures i prensions. En base a la definició d'un escenari, amb un maniquí virtual es poden simular i avaluar postures complexes, seqüències de moviments, la prensió d'objectes, accions de comandament o operacions de manteniment. Alguns programes incorporen bases de dades antropomòrfiques.

Manipulació de càrregues. Definida una tasca, permeten simular i avaluar, entre d'altres, les manipulacions de càrregues pesades, les manipulacions repetitives de petites càrregues, detectar postures difícils o inadequades i el consum energètic en base a algun dels mètodes més freqüents (NIOSH, RULA, GARG).

Visualització de pantalles. Permeten avaluar el confort i l'eficàcia de la visualització de pantalles des d'un lloc de treball. Els nous sistemes de fabricació flexible tendeixen a substituir els treballs de manipulació per tasques de disseny i de control [Gue, 2001] on el temps d'activitat davant de les pantalles és cada dia més gran (sistemes CAD/CAE en el disseny; sistemes CAD/CAM en la producció).

Un dels reptes més importants en el futur dels programes de modelització i simulació ergonòmica és que s'incorporin progressivament en els grans sistemes CAD 3D, com una eina més de suport a les tasques de disseny. Junt amb això, cal també que es difonguin els conceptes i les tècniques bàsiques de l'ergonomia entre els dissenyadors, com a garantia d'una correcta aplicació i interpretació de resultats. En tot cas, les situacions incertes o complexes poden ser resoltes per especialistes.

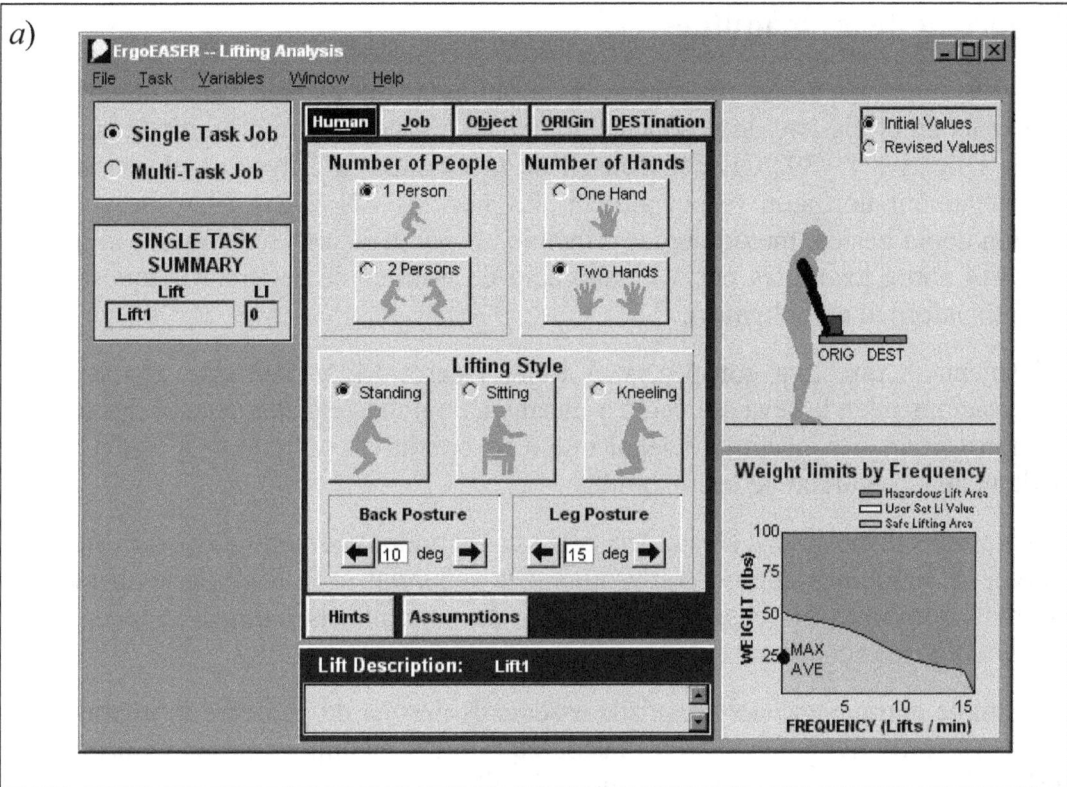

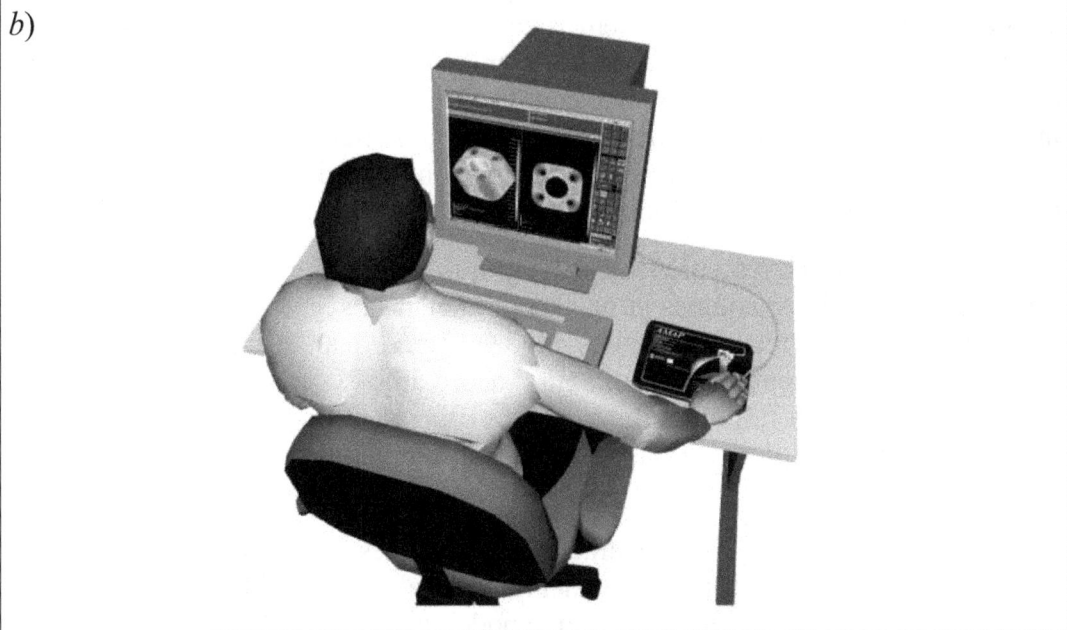

Figura 17.19 Programes de simulació ergonòmics: *a*) Simulació i avaluació d'un lloc de treball amb el programa ErgoEASER; *b*) Simulacions de posicions de treball amb maniquins virtuals (DELMIA-Solutions)

Seguretat de les màquines

Si bé la seguretat de les màquines havia obtingut una atenció i una importància creixents en el disseny de productes, màquines i sistemes, amb l'entrada en vigor de la Directiva 89/392/CE del Consell de la Comunitat Europea i el conseqüent desplegament normatiu (especialment, les normes EN 292-1/292-2 referents a terminologia bàsica, metodologia, principis i especificacions tècniques, i la norma EN 414 sobre les regles per a l'elaboració de normes de seguretat), aquest tema s'ha transformat en obligatori.

L'esmentada directiva europea, i el Reial Decret 1425/1992 que estableix les disposicions per a la seva aplicació a Espanya, contenen els elements bàsics de tota la transformació conceptual i legal que s'ha operat (i continua desplegant-se) al voltant de la seguretat de les màquines.

En aquestes disposicions s'estableix que només podran comercialitzar-se i ficar en servei les màquines que no comprometin la seguretat ni la salut de les persones, animals domèstics ni béns, pel que hauran de complir els *requisits essencials de seguretat i salut* continguts al seu annex.

La simple enumeració dels requisits essencials permet de percebre la importància d'aquest canvi de concepció en la seguretat de les màquines: principis d'integració de la seguretat; materials, productes i enllumenat; òrgans d'accionaments, posada en marxa, parada i parada de emergència; mesures de seguretat contra perills mecànics (estabilitat, caigudes, ruptures, elements mòbils); resguards i dispositius de protecció; mesures de seguretat contra altres perills (elèctrics, temperatura, incendi, explosió, soroll i vibracions, radiacions); manteniment; indicacions i dispositius d'informació; i manual de instruccions. També es donen indicacions sobre algunes categories de màquines.

Dit l'anterior, la directiva europea estableix que només es poden comercialitzar i ficar-se en servei les màquines si no comprometen la seguretat ni la salut de les persones, ni dels animals domèstics ni dels béns, quan estiguin instal·lades i mantingudes convenientment i s'utilitzin d'acord amb el seu ús previst. En aquest punt es confonen les responsabilitats entre el fabricant de la màquina i els seus usuaris, del que se'n deriva la importància del contingut dels manuals d'ús i de manteniment.

En cas d'incompliment, l'administració pren les mesures adequades que poden arribar a ser la retirada dels productes del mercat i els responsables de les empreses fabricants incorren en responsabilitats que poden tenir conseqüències legals i fins i tot penals. Les obligacions sobre seguretat també afecten als que comercialitzen màquines els fabricants de les quals siguin de fora de la Comunitat Europea.

El contingut d'aquestes disposicions i normes no pot ser exposat en aquest text. Tanmateix, és interessant seguir, encara que molt breument, alguns dels conceptes, regles i mètodes continguts en aquelles ja que aporten elements de gran utilitat en el disseny de màquines.

El concepte de màquina

Aquestes disposicions parteixen d'un concepte molt ampli de màquina, com un conjunt de peces i òrgans units entre ells mateixos, dels quals almenys un és mòbil i, en el seu cas, d'òrgans d'accionament, circuits de comandament o de potència, associats de forma solidària per a una aplicació determinada i, en particular, per a la transformació, el tractament, el desplaçament i el condicionament d'un material. També entren en aquesta definició qualsevol conjunt de màquines que funcionen solidàriament i els equips intercanviables que modifiquen el funcionament d'una màquina.

Requisits essencials i estat de la tècnica

Els requisits essencials de seguretat i salut contemplats en l'annex de la directiva són imperatius, si bé en alguns casos són difícils d'assolir. Quan això passi, la directiva estableix que, en funció de l'estat de la tècnica, la màquina haurà de dissenyar-se per a apropar-se al màxim a ells.

El concepte d'*estat de la tècnica* permet no incorporar el que encara està en fase de investigació mentre que obliga a adoptar el que ja és del domini comú. En tot cas, l'estat de la tècnica està en contínua evolució.

Exemple: Fa uns anys l'*airbag* estava en fase experimental i s'aplicava en alguns vehicles de grans prestacions; avui en dia està en l'estat de la tècnica.

Seguretat en tots els modes d'operació

Les màquines hauran de ser aptes per a realitzar la seva funció i manteniment sense que les persones s'exposin a perill sempre que les operacions es portin a terme en les condicions previstes pel fabricant (usos previstos i usos no previstos, continguts als manuals d'utilització i de manteniment).

Les mesures que es prenguin han d'anar dirigides a suprimir riscos durant la vida útil previsible, incloses les fases de muntatge, desmuntatge i fins i tot quan els riscos es presentin en situacions anormals però previsibles.

Exemple: Introduir els dits en un endoll elèctric és una situació anormal; però és previsible que un nen de curta edat ho faci.

Principis de seguretat

En escollir per les solucions més adequades per a la seguretat de las màquines, el fabricant ha de aplicar els següents principis i per l'ordre en què s'indiquen:
- Eliminar si és possible la causa del risc (*seguretat intrínseca*)
- Adoptar proteccions (*resguards*)
- I, en últim cas, informar del risc als usuaris

Exemple: En el *Cas* 17.12 apareixen uns exemples de seguretat intrínseca i de la possible aplicació d'un resguard.

Òrgans d'accionament

La posada en funcionament d'una màquina només ha de poder efectuar-se mitjançant una acció voluntària exercida damunt un òrgan d'accionament previst a tal efecte. Aquest requisit també és aplicable després d'una parada, sigui quina sigui la causa, o quan hi hagi una modificació important de les condicions de funcionament.

També es regulen les màquines amb diversos òrgans d'accionament, la parada i la parada d'emergència.

Cas 17.12
Accident amb una màquina de raigs X

Fa uns anys en un hospital de Barcelona hi va haver un accident greu (amb mort) causat per una màquina de raigs X fabricada amb anterioritat a la publicació de la directiva comunitària.

Aquest tipus d'aparells disposen d'una plataforma horitzontal (pot adoptar també lleugeres inclinacions vers al cap o vers als peus; posició A de la Figura 17.20), on jeu el pacient, sobre la qual es desplaça un braç a l'extrem del qual s'articula la càmera de raigs X. El desplaçament del braç juntament amb el gir de la càmera permeten dirigir els raigs X a multitud de parts del cos i en una gran varietat de inclinacions. Just sota del llit hi ha un element per a realitzar radiografies.

També hi són previstos altres usos d'aquest aparell en els quals la plataforma juntament amb el braç i la càmera basculen fins a la posició vertical. En aquestes, el pacient es pot col·locar de peu, paral·lelament a la plataforma (posició B de la Figura 17.20) o sobre una llitera, per al que s'ha de girar la càmera de raigs X 90° per a orientar-la cap a avall (posició C de la Figura 17.20).

El funcionament en les posicions A i B sol ser oferir una bona seguretat, ja que el moviment del braç i de la cambra són paral·lels al pacient (seguretat intrínseca). Emperò (en aquest tipus d'utilització no es dóna la seguretat intrínseca). En efecte, la baixa velocitat del moviment i la important desmultiplicació de la reducció mecànica fan que el capçal amb la càmera de raigs X pugui arribar a exercir una força de més de 5000 N.

En aquest cas, un moviment fortuït del braç va aixafar al pacient, fet que hauria pogut evitar-se si el fabricant hagués incorporat un sistema de detecció i parada en cas que la càmera entrés en contacte amb el pacient (resguard).

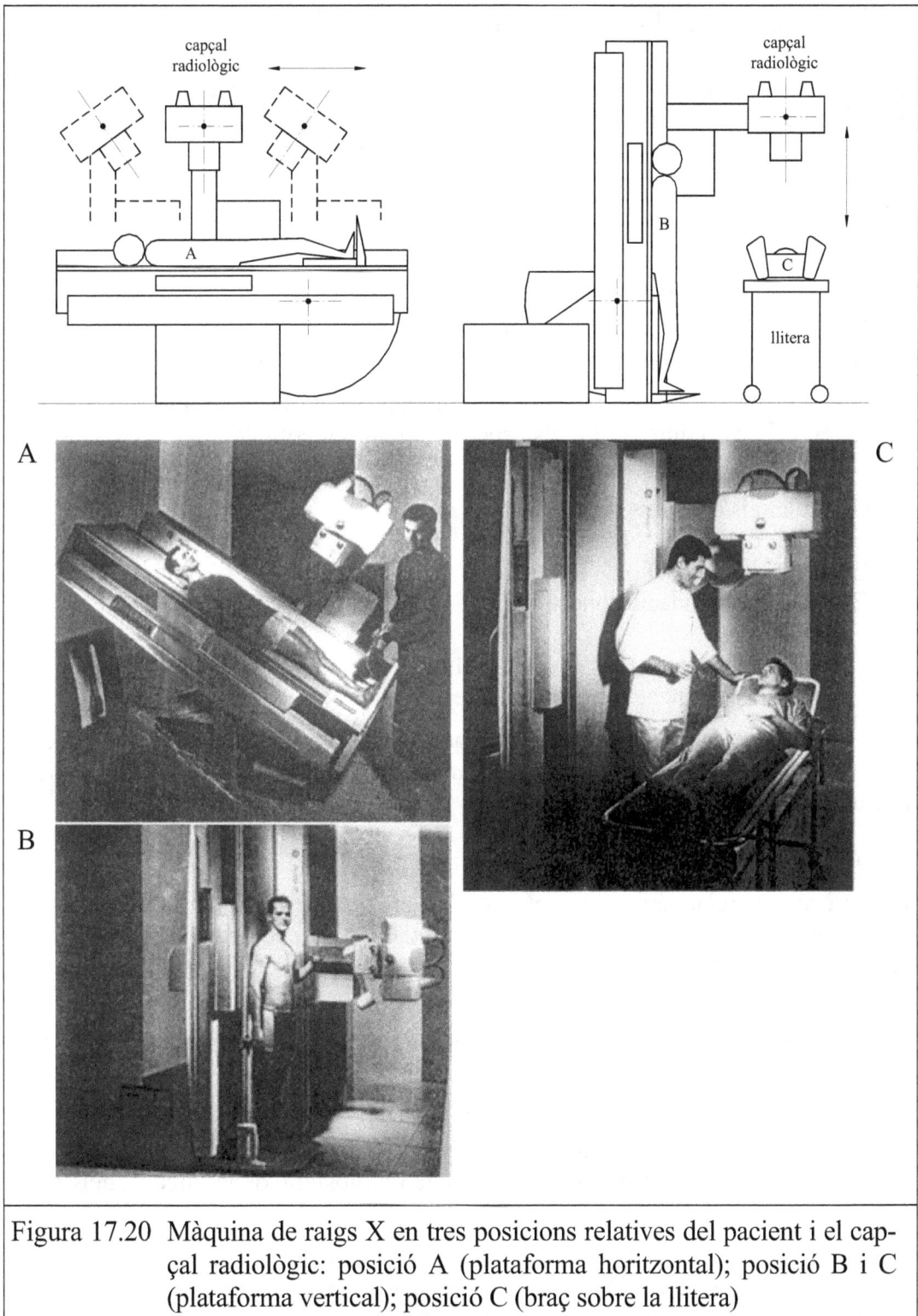

Figura 17.20 Màquina de raigs X en tres posicions relatives del pacient i el capçal radiològic: posició A (plataforma horitzontal); posició B i C (plataforma vertical); posició C (braç sobre la llitera)

Impactes ambientals i fi de vida

Entre els aspectes de l'entorn, els *impactes ambientals* són, probablement, els que més interès i atenció susciten en els darrers temps. En efecte, es procura que els productes i serveis no produeixin agressions al medi en cap de las etapes del *cicle de vida*:

- Ni a causa de las matèries primes
- Ni en la seva producció
- Ni durant la seva distribució i comercialització
- Ni en la seva utilització, ni en el manteniment
- Ni en la seva fi de vida

S'analitza la incidència de les diferents alternatives en el medi ambient, etapa a etapa i en el seu conjunt. Entre els aspectes a tenir en compte, i les accions a emprendre, figuren:

a) Controlar els consums de energia
b) Evitar les emissions a l'atmosfera
c) Evitar la contaminació de les aigües
d) Evitar la contaminació sonora
e) Evitar les radiacions
f) Evitar els productes nocius per a la salut
g) Preveure la reutilització o el reciclatge.

La problemàtica del medi ambient sobrepassa l'abast d'aquest text. Tanmateix, es tracta amb certa extensió el tema de la *fi de vida* per les connexions i implicacions que té en el disseny.

Etapes en las consciències sobre l'entorn

Fins a èpoques relativament recents no s'ha pres consciència de la incidència de l'activitat de l'home sobre els recursos naturals, i de la necessitat d'establir mesures per a limitar les agressions al medi ambient. Aquesta preocupació per l'entorn s'ha anat enriquint amb nous temes i sensibilitats:

- A mitjans dels anys 1970, la crisi del petroli va acabar amb el mite de l'energia barata i posà de manifest la necessitat, d'una banda, d'aprofundir en l'estalvi energètic i, de l'altre, de desenvolupar energies alternatives renova-bles.

- En els anys 1980, augmenta la consciència i les accions encaminades a la protecció del medi ambient (contaminació de l'atmosfera, de les aigües, dels mars i els rius, contaminació acústica).

- La dècada dels anys 1990 amplia aquesta consciència i aquestes accions a la necessitat de reciclar els materials escassos (especialment els plàstics en les indústries de l'embalatge i de l'automoció).

- Finalment, amb l'entrada en el segle XXI arriba la consciència de l'impacte de la combustió dels carburants fòssils sobre el canvi climàtic, d'imprevisibles conseqüències, així com la preocupació sobre fenòmens transnacionals relacionats amb els aliments i la salut.

L'atenció en els impactes a l'entorn ha anat ampliant el camp des de les etapes de fabricació i utilització vers l'etapa de la *fi de vida*

A nivell normatiu es va produir un important tombant quan ISO va crear el 1993 el nou comité tècnic TC 207 sobre gestió ambiental, el resultat del qual han estat les normes ISO 14000 (avui dia, més de 20) sobre *sistemes de gestió ambiental.*

D'entre aquestes normes, les que tenen més incidència en el disseny de productes (i serveis) són la ISO 14040 i connexes que tracten de l'*anàlisi del cicle de vida* (ACV; en anglès, LCA, *life cycle assessment*), o estudi de la relació entre els sistemes tecnològics (productes, serveis) i el medi ambient com a base per a prendre mesures orientades a un desenvolupament més sostenible tenint en compte els vessants ambiental, social i econòmic.

Formes de fi de vida

En funció de consideracions tècniques, econòmiques i ètiques, hi ha diverses maneres de posar fora d'ús els productes que han arribat al final de la seva vida útil. Cadascuna d'aquestes té distinta incidència en l'entorn i diferents implicacions en la concepció del producte. A continuació es defineixen breument aquestes alternatives, establint l'ordre de major a menor exigència en el rigor i, en correspondència, de menor a major incidència al medi ambient:

Reutilització

Consisteix en recuperar el conjunt d'un producte, o determinades parts, per a donar-les-hi un nou ús, una nova utilització. Per exemple:
a) La recuperació de components per a recanvis als desguassos
b) La reutilització de material informàtic en desús per a tasques de docència
c) La reutilització de pneumàtics triturats per a nous paviments de carreteres

En general, la reutilització és la forma que menor impacte té a l'entorn, excepte si mantenen en ús productes basats en tecnologies molt contaminants o consumidores de energia.

La reutilització, en general, està limitada a determinats tipus de productes, i avui en dia es fa difícil aplicar-la de manera generalitzada per la ràpida obsolescència que provoca el canvi tecnològic. Tanmateix, en els països desenvolupats convindria revisar els conceptes de productes d'*un-sol-ús*, d'*usar-i-llençar*, o les formes de manteniment basades en substituir enlloc de reparar.

Reciclatge

Consisteix en recuperar els materials dels productes en la seva fi de vida per a tornar-los a utilitzar com a matèria prima en un nou procés. Per exemple:

a)　El reciclatge del coure de les conduccions elèctriques
b)　El reciclatge del vidre, per fosa i nova conformació

En el reciclatge de certs materials es produeixen degradacions degudes a barreges (alumini), o contaminació i degradació de propietats (molts polímers).

Tant les unions íntimes entre materials (compostos, plàstics amb inserits metàl·lics, xapes amb recobriments encolats) com la diversitat de composicions i aliatges, dificulten en gran mesura les possibilitats de reciclatge.

Tot i això, el *reciclatge* de materials (els metàl·lics, de manera més fàcil, i els polímers, amb més dificultat) constitueixen avui potser la forma més prometedora de resoldre la *fi de vida* dels productes. En determinats casos, el reciclatge ve forçat pels efectes contaminants dels materials (piles, olis usats)

Recuperació de energia

Consisteix en extraure, per mitjà de combustió, el contingut energètic de determinats tipus de materials (paper, teixits, fustes, plàstics, líquids combustibles). El volum i pes del material a eliminar es redueix enormement, però queda un residu (cendres) que s'ha d'eliminar en un abocador. Per exemple:

a)　La combustió de residus urbans amb un alt contingut d'embalatges.
b)　La combustió de restes de fusta d'una serradora

La combustió de barreges de composició incontrolada (com els residus urbans) produeix gasos altament contaminants que incideixen en l'atmosfera, les aigües i els boscos, efectes que difícilment poden ser eliminats per complet amb els moderns sistemes de filtrat. En aquest sentit, el Parlament Europeu ha iniciat mesures per a la recollida específica del PVC per tal d'evitar el seus efectes contaminants, especialment en la combustió.

En alguns casos, la recuperació de energia pot ser una bona solució.

Abocament

És el més senzill recurs per a l'eliminació dels productes en la seva fi de vida. Exigeix una preparació del terreny per a impermeabilitzar-lo i el control dels seus abocaments, circumstàncies que, la majoria de vegades, no es donen. Una instal·lació ben gestionada comporta l'omplerta per capes alternatives d'abocaments i terres compactades i l'existència d'un dipòsit per a la recollida de lixiviats.

Els abocadors solen presentar impactes importants (contaminació d'aigües superficials i subterrànies; mals olors; impacte paisatgístic) i, per tant, han de ser considerats com un últim recurs. S'ha d'evitar llençar materials susceptibles de reutilització o reciclatge (molts abocadors seran veritables "mines" quan escassegin determinats materials en el futur).

La problemàtica de la fi de vida

La nostra societat ha creat nombroses necessitats que són cobertes per una gran varietat de productes que es produeixen en quantitats molt elevades. Per exemple:

- Equip domèstic: frigorífics, rentadores, televisors, forns microones
- Mitjans de transport: automòbils, motocicletes, bicicletes
- Equips d'oficines i administracions: ordinadors, impressores, telèfons
- Equips industrials: màquines eines, útils, sistemes de manutenció
- Equips per a la construcció: calefaccions, ascensors, sistemes de seguretat

Aquests productes i equips tenen una vida útil que es pot xifrar entre 3 fins a 20 anys, el que origina amb el pas del temps uns volums creixents de productes que arriben la seva fi de vida.

Per exemple, cap a finals del segle XX, el parc mundial de automòbils era ja superior als 500 milions d'unitats i, l'europeu, superior a 150 milions. Prenent una mitja de vida útil d'uns 10 anys i, considerant que el mercat europeu és madur (fonamentalment de reposició), en Europa arriben de forma difusa i silenciosa a la seva fi de vida uns 15 milions de vehicles per any.

Això representaria omplir uns 15.000 estadis de futbol fins a una alçada de 10 metres d'automòbils sense compactar, i el repte de reciclar unes 18 milions de tones de materials amb la composició aproximada següent: 13 d'elles, d'acer; 2 d'alumini i altres metalls; 1,5 més de plàstics; unes altres 0,9 de cautxús i elastòmers; i, finalment, 0,6 milions de tones de vidre.

Si s'anés analitzant la fi de vida d'altres productes (televisors, frigorífics, ordinadors, telèfons mòbils) els resultats vindrien a confirmar l'esmentat per a l'automòbil, a la vegada que es percebria la importància que el tema de la fi de vida va adquirint en los països desenvolupats.

Materials i reciclabilitat

Consideracions inicials

Com s'ha dit, el reciclat de materials sembla ser un dels camins que ofereix més possibilitats en el tractament de la *fi de vida* dels productes.

Fins a la primera meitat del segle XX, el reciclatge de productes havia estat molt alt gràcies a unes tecnologies més simples i a uns materials menys variats i de fàcil reciclatge (ferro, coure, fusta, teixits, paper).

Emperò, la creixent complexitat dels productes, la irrupció de nous materials (especialment els plàstics), la proliferació de peces i components que combinen varis materials i, sobretot, les creixents produccions, han pertorbat notablement els esquemes de fi de vida existents fins llavors.

La problemàtica que existeix en relació a ficar en pràctica polítiques de reciclatge de materials, és la següent:

a) S'han de ficar a punt processos de reciclatge efectius, econòmics i respectuosos amb el medi ambient per als nous materials, especialment els derivats de polímers (plàstics i elastòmers).

b) S'han de crear mercats, canals de distribució i empreses especialitzades per a la recollida, el tractament i, sobretot, per a la nova utilització dels materials reciclats.

c) Les iniciatives que s'implanten en relació amb el disseny per al reciclatge tardaran entre 3 i 10 anys (depenent dels productes) en donar fruits sobre el reciclatge.

Reciclatge dels plàstics

La recuperació econòmica dels materials plàstics està directament relacionada amb la facilitat de desmuntatge, el volum de material recuperat per peça, el temps de descontaminació, en el seu cas, i el valor del material.

En primer lloc, s'ha de distingir entre materials termoplàstics, que poden ser conformats de nou per fusió i emmotllament, i materials termostables, que una vegada polimeritzats no poden canviar de forma por fusió i que, en tot cas, amb la temperatura experimenten una degradació.

Tot i això, s'ha de matisar la bona reciclabilitat dels termoplàstics i la dolenta reciclabilitat dels termostables per las següents raons:

a) Els termoplàstics no ofereixen bona reciclabilitat quan formen aliatges, quan presenten càrregues de diversos tipus (fibres, plastificants, materials de farciment) o quan estan contaminats (absorció de líquids per dipòsits, pintures, recubriments).

b) Els termoplàstics tampoc es reciclen amb facilitat quan formen part d'estructures amb varis components (materials compostos, inserits metàl·lics, components obtinguts per coextrussió o per injecció-sandwich).

c) Per a un reciclatge rentable dels termoplàstics, han de recollir-se peces de dimensions mínimes (la indústria de l'automoció ha fixat 100 g), i el material ha de ser identificat amb facilitat.

d) D'altra banda, s'estan realitzant estudis per a reutilitzar materials termostables a partir del seu fraccionament, com càrrega per a materials compostos.

Gràcies a les seves baixes densitats, els materials plàstics tenen en general una repercussió beneficiosa en estalvi d'energia en aplicacions com ara l'automoció i el transport (un automòbil incorpora uns 100 kg de plàstic que substitueixen uns 700 kg d'acer).

Reciclatge de l'alumini

Cada dia és un material més important en la fabricació de productes, màquines i sistemes ateses les seves interessants propietats.

En efecte, presenta unes relacions resistència/pes i rigidesa/pes no molt diferents de les de l'acer, la gran resistència a la corrosió, la gran versatilitat en la conformació (fosa, injecció; forja, laminatge, extrusió; mecanització; anodització; tractaments tèrmics), una bona conductivitat elèctrica (usos elèctrics) i tèrmica (intercanviadors de calor, dissipadors d'energia) i, també, per la seva bona reciclabilitat.

Respecte a la reciclabilitat cal comentar dos aspectes diferents:

a) La primera obtenció de l'alumini por electròlisi a partir de la bauxita és molt costosa energèticament (més que l'acer); no obstant això, el procés de reciclatge absorbeix tan sols el 5% d'aquesta energia inicial. Això significa que és un disbarat energètic dissenyar productes d'alumini sense pensar en el seu reciclatge.

b) Els aliatges d'alumini solen tenir composicions relativament elevades d'altres materials (silici, coure, magnesi, zenc), por la qual cosa la identificació de l'aliatge pot representar una facilitat en el reciclatge.

De forma anàloga als plàstics, la baixa densitat de l'alumini proporciona indirectament millores en el medi ambient en vehicles i sistemes de transport a causa del menor combustible requerit.

Criteris per a una nova ecocultura del disseny

De tot el dit anteriorment, es desprèn que s'està caminant vers una nova concepció del disseny que tingui en compte les afectacions al medi ambient i, de forma destacada, la problemàtica de la fi de vida.

Tot i que aquesta nova ecocultura del disseny no ha fet més que donar els primers passos, s'han consolidat ja alguns criteris i principis que s'exposen a continuació:

a) Orientar el disseny vers el reciclatge i la reutilització
Un dels criteris que es van establint és el de dissenyar per al reciclatge i la reutilització per evitar la incineració i l'abocament. El disseny per al reciclatge posa èmfasi en aquells aspectes que fan possible la recuperació dels materials i la seva nova utilització en els processos productius, mentre que la reutilització propugna augmentar els segons usos dels productes o de les seves parts. Els punts *b)* i *c)* van destinats a facilitar el reciclatge, mentre que el punt *d)* millora tant el reciclatge com la reutilització.

b) *Simplificar i estandarditzar els materials*

En la perspectiva de l'ecodisseny, les noves recomanacions respecte als materials poden ser contradictòries amb les tendències fins al moment:

- Reduir la quantitat de material usat (sempre és beneficiós)
- Reduir la varietat de materials utilitzats (pot oposar-se a criteris tradicionals d'optimització
- Eliminar, o reduir, els aliatges i les barreges, així com solucions que comporten la imbricació íntima de materials diferents.

c) *Identificar els materials*

Consisteix en afegir una marca o indicació sobre les peces a partir d'unes certes dimensions de les peces que permetin la immediata identificació per part dels operaris de desballestament. Aquest aspecte té interès especialment en els termoplàstics i els aliatges d'alumini. Diverses indústries ja ho apliquen.

d) *Facilitar el desmuntatge i el desballestament*

Després de fer tant d'èmfasi en el disseny per al muntatge, ara també cal fer-lo per al desmuntatge. Els principals punts d'aquest apartat són:

- Establir l'estructura modular dels productes no tan sols orientada vers la fabricació, sinó també al desmuntatge per al reciclatge o la reutilització.
- Avançar en la creació de nous tipus d'unions que permetin la fàcil separació de components (encara que sigui per ruptura de zones dèbils ja previstes a tal efecte), així com les unions entre parts de materials diferents.

e) *Dissenyar per a la reutilització*

Aquest criteri és el que proporciona impactes ambientals més petits, per la qual cosa cal seguir les següents indicacions:

- Cal dissenyar, en el possible, per a la reutilització. Cal revisar l'aplicació dels conceptes de productes d'*un-sol-ús* o d'*usar-i-llançar*, alhora que, en el manteniment cal donar una més gran prioritat a la reparació davant de la simple substitució.
- Estandarditzar peces i components com a mesura per facilitar la reutilizació.
- Fomentar els mercats de reparació i reutilització de grups i donar-los un més gran contingut tècnic.

Potser alguns d'aquests criteris i recomanacions amb el temps prendran un relleu més gran, mentre que d'altres seran deixats de costat. En tot cas, aquesta nova *ecocultura del disseny* serà un dels aspectes que requeriran més gran atenció i més dosis d'imaginació en la perspectiva de l'*enginyeria concurrent*.

Bibliografia

ABBOTT, H. [Abb, 1987] *Safer by design: the management of product design risks under strict liability*, The Design Council, London.

AHM, T.; CHRISTENSEN, B.; OLESEN, J.; HEIN, L.; MÖRUP, M. [Ahm, 1994] *Design for Manufacture (DFM)*, Institute for Production Development (IPU), Lyngby, Dinamarca.

AMOROS I PLA, J. [Amo, 1998] *La nova cultura empresarial, una resposta agosarada als reptes del segle XXI*, CIDEM, Generalitat de Catalunya.

ANDREASEN, M.M.; HEIN, L. [And, 1987] *Integrated product development*, IFS (Publications) Ltd, UK, SpringerVerlag, Berlin.

ANDREASEN, M.M.; KÄHLER, S.; LUND, T.; SWIFT, K.G. [And, 1988] *Design for assembly* (segona edició), IFS (Publications) Ltd, UK, SpringerVerlag, Berlin.

ARCHER, L.B. [Arc, 1971] *Technological Innovation; a Methodology*, Inforlink, Frimley.

ASCAMM (Centro Tecnológico) [ASC, 2000] *El diseño industrial y el Rapid Manufacturing* (projecte ATICA), Fundación ASCAMM, Cerdanyola del Vallès, Barcelona.

BELAVENDRAM, N. [Bel, 1995] *Quality by Design*, Prentice Hall, London.

BOND, W.T.F. [Bon, 1996] *Design project planning*, Prentice Hall, London.

BOOTHROYD, G.; DEWHURST, P. [Boo, 1986] *Product Design for Assembly*, Boothroyd Dewhurst Inc., Wakefield, R.I.

BOOTHROYD, G. [Boo, 1992] *Assembly automation and product design*, Marcel Dekker, Inc., New York.

CARTER, A.D.S. [Car, 1986] *Mechanical reliability* (Segona edició), Macmillan Education Ltd., London.

CABARROCAS I BUALOUS, J. [Cab, 1999] *Disseny conceptual basat en la síntesi funcional de sistemes d'accionament amb múltiples modes d'operació* (tesi doctoral per la Universitat Politècnica de Catalunya, Barcelona).

CETIM [CET, 1992] *L'AMDEC, un Atout pour les PMI* (conferencias), CETIM, Senlis (França).

CIURANA GAY, J. DE [Clu, 1997] *Contribució a les bases conceptuals per la implantació de l'acotació funcional unidireccional en sistemes CAD*, (tesi doctoral per la Universitat Politècnica de Catalunya), Barcelona.

CLELAND, D.I.; BIDANDA, B. [Cle, 1990] *The Automated Factory Handbook. Technology and Management*, TAP Profesional and Reference Books, EE.UU (capítol: *Project Management in the Factory*, de H.J. Thamhain).

CORBETT, J.; DOONER,M.; MELEKA,J.; PYM,CH. [Cor, 1991] *Design for Manufacture. Strategies, Principles and Techniques*, Wesley Publishing Company, Wokingham, Anglaterra.

CROS, N. [Cro, 1999] *Métodos de diseño. Estrategias para el diseño de productos*, LIMUSA Noriega Editores, México.

DÍAZ LÓPEZ, V.; SAN ROMAN GARCÍA, J.L. [Dia, 1999] *Técnicas de seguridad aplicadas a las máquinas*, La LeyActualidad, Las Rozas (Madrid).

DIETER, G.E. [Die] *Engineering Design. A Materials and Processing Approach*, McGraw Hill, inc., New York.

ESCORSA CASTELLS, P.; VALLS PASOLA, J. [Esc, 1996] *Tecnologia i innovació a l'empresa. Direcció i Gestió*, Edicions UPC, Barcelona.

FULLANA, P.; PUIG, R. [Ful, 1997] *Análisis del ciclo de vida*, Rubes Editorial S.L., Barcelona.

FUNDACIÓN COTEC [COT, 2001] *Informe Cotec: Tecnología e Innovación en España, 2001*, Fundación Cotec, Madrid.

FRENCH, M.J. [Fre, 1997] *Engineering Design, The Conceptual Stage*, Heneiman, London.

GALLAGHER, C.C.; KNIGHT, W.A.; [Gal, 1986] *Group technology production methods in manufacture*, Ellis Hordwood Limited, Market Cros House, Chichester (England).

GROOVER, M.P. [Gro, 1987] *Automation, Production Systems, and Computer Integrated Manufacturing*, PrenticeHall International Editions, Englewood Cliffs, N.J.

GUÉDEZ TORCATES, V.M. [Gue, 2001] *Ergonomía y manifactura en la producción flexible*, (tesi doctoral per la Universitat Politècnica de Catalunya), Barcelona.

HUBKA, V.; EDER, W.E. [Hub, 1988a] *Theory of Technical Systems. A Total Concept Theory for Engineering Design*, SpringerVerlag, Berlin.

HUBKA, V.; ANDREASEN, M.M.; EDER, W.E. [Hub, 1988b] *Practical Studies in Systematic Design*, Butterworths, London.

HARTLEY, J.; MNORTIMER, J. [Har] *Simultaneous Engineering. The Management Guide to succesful Implementation*, Industrial Newsletters Ltd., publishers.

ISO 9001 [ISO, 2000] *Sistemes de gestió de la qualitat – Principis generals i vocabulari*, ISO, Ginebra

KUSIAK, A. (Editor) [Kus, 1993] *Concurrent Engineering. Automation, Tools, and Techniques*, John Wiley & Sons, Inc. (Wiley Interscience Publication), New York.

MAURY RAMÍREZ, H.E. [Mau, 2000] *Aportaciones metodológicas al diseño conceptual: aplicación a los sistemas continuos de manipulación y procesamiento primario de materiales a granel*, (tesi doctoral per la Universitat Politècnica de Catalunya), Barcelona.

MONDELO, P.R.; GREGORI TORADA, E.; BARRAU BOMBARDÓ, P. [Mon, 2001-1] *Ergonomía 1. Fundamentos*, Edicions UPC, Barcelona.

MONDELO, P.R.; GREGORI TORADA, E.; BLASCO BUSQUETS, J.; BARRAU BOMBARDÓ, P. [Mon, 2001-2] *Ergonomía 3. Diseño de puestos de trabajo*, Edicions UPC, Barcelona.

NEVINS, J.L.; WHITNEY, D.E. (Editors) [Nev, 1989] *Concurrent design of products and processes. A strategy for the next generation in manufacturing*, McGraw Hill Publishing Company, New York.

OBORNE, D.J. [Obo, 1987] *Ergonomía en acción. La adaptación del medio de trabajo al hombre*, Editorial Trillas S.A., México.

PAHL, G.; BEITZ, W. (WALLACE, K., editor) [Pah, 1984] *Engineering design. A systematic approach*, 2a edició revisada, SpringerVerlag, Londres.

PÉREZ RODRÍGUEZ, R. [Per, 2002] *Caracterización y representación de los requerimientos funcionales y las tolerancias en el diseño conceptual: aportaciones para su implantación en los sistemas CAD*, (tesi doctoral per la Universitat Politècnica de Catalunya), Barcelona.

PRAT BARTÉS, A.; TORT-MARTORELL LLABRÉS, X.; GRIMA CINTAS, P.; POZUETA FERNÁNDEZ, L. [Pra, 1997] *Métodos estadísticos. Control y mejora de la calidad*, Edicions UPC, Barcelona.

PUGH, S. [Pug, 1991] *Total design. Integrated methods for Successful product engineering*, Addison Wesley Publishing Company, Wokingham (UK).

RANKY, P.G. [Ran, 1994] *Concurrent /Simultaneous Engineering (Methods, Tools & Case Studies)*, CIMware Limited, Guildford, Surrey, (UK).

RIBA ROMEVA, C. [Rib, 1997-1] *Disseny de màquines IV. Selecció de materials 1*, Edicions UPC, Barcelona.

RIBA ROMEVA, C. [Rib, 1997-2] *Disseny de màquines IV. Selecció de materials 2*, Edicions UPC, Barcelona.

ROOZENBURG, N.F.M.; EEKELS, J. [Roo, 1995] *Product Design: Fundamentals and Methods*, John Wiley & Sons, Chichester.

SANDERS, M.S.; McCORMICK, E.J. [San, 1992] *Human Factores in Engineering and Design*, McGrawHill, Inc., New York.

SUH, N.P. [Suh, 1990] *The Principles of Design*, Oxford University Pres, New York.

SUSMAN, G.L. (Editor) [Sus, 1992] *Integrated Design and Manufacturing for Competitite Advantage*, Oxford University Pres, New York.

SYAN, C.H.; MENON, U. [1994] *Concurrente Engineering. Concepts, implementation and practice*, Chapman & Hall, Londres.

TAGUCHI, G. [Tag, 1986] *Introduction to Quality Engineering. Designing Quality into Products and Processes*, Asian Productivity Organization, Tokyo.

TASINARI, R. [Tas, 1994] *El productor adecuado. Práctica del análisis funcional*, Marcombo Boixareu Editores, Barcelona.

TORRES, L.; CAPDEVILA, I. (editors) [Tor, 1998] *Medi ambient i tecnologia. Guia ambiental de la UPC*, Edicions UPC, Barcelona. RIBA ROMEVA, C.; PAGÈS FIGUERAS, P., *L'impacte ambiental de la fabricació i transformació de materials* (capítol 19).

VDI 2221 [VDI, 1987] *Systematic Approach to Design of Technical Systems and Products* (traducció de *Methodik zum Entwickeln und Konstruieren technischer Systeme und Produkte*, VDI-Verlag, Düsseldorf, 1986).

VDI 2222 [VDI, 1975] *Konzipieren technischer Produkte*, VDI-Verlag, Düsseldorf.

www.ingramcontent.com/pod-product-compliance
Lightning Source LLC
Chambersburg PA
CBHW080532220326
41599CB00032B/6286